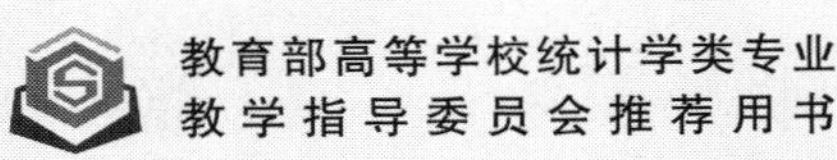

博雅·21世纪统计学规划教材

Applied Multivariate Statistical Analysis

应用多元统计分析

朱建平　主编

图书在版编目(CIP)数据

应用多元统计分析 / 朱建平主编. — 北京: 北京大学出版社, 2017.8
(21世纪统计学规划教材)
ISBN 978-7-301-28505-3

Ⅰ.①应… Ⅱ.①朱… Ⅲ.①多元分析—统计分析—高等学校—教材 Ⅳ.①O212.4

中国版本图书馆CIP数据核字(2017)第166793号

书　　名 应用多元统计分析
Yingyong Duoyuan Tongji Fenxi
著作责任者 朱建平 主编
责任编辑 潘丽娜
标准书号 ISBN 978-7-301-28505-3
出版发行 北京大学出版社
地　　址 北京市海淀区成府路205号 100871
网　　址 http://www.pup.cn 新浪微博: @北京大学出版社
电子信箱 zpup@pup.cn
电　　话 邮购部 62752015 发行部 62750672 编辑部 62752021
印 刷 者 北京市科星印刷有限责任公司
经 销 者 新华书店
787毫米×980毫米 16开本 15.75印张 330千字
2017年8月第1版 2021年5月第3次印刷
定　　价 39.00元

未经许可，不得以任何方式复制或抄袭本书之部分或全部内容。
版权所有，侵权必究
举报电话：010-62752024 电子信箱：fd@pup.pku.edu.cn
图书如有印装质量问题，请与出版部联系，电话：010-62756370

“21世纪统计学规划教材”编委会

主　编：何书元

编　委：（按姓氏拼音排序）

房祥忠　金勇进　李　勇　唐年胜

王德辉　王兆军　向书坚　徐国祥

杨　瑛　张宝学　朱建平

前　　言

随着互联网 (Internet) 的日益普及, 各行各业都开始采用计算机及相应的信息技术进行管理和决策, 这使得各企事业单位生成、收集、存储和处理数据的能力大大提高, 数据量与日俱增, 大量复杂信息层出不穷. 大数据时代已经到来, 数据产生的经济效益愈发凸显. 然而, 大量信息在给人们带来方便的同时也带来一系列问题. 比如: 信息量过大, 超过了人们掌握、消化的能力; 一些信息真伪难辨, 从而给信息的正确应用带来困难; 信息组织形式的不一致性导致难以对信息进行有效的统一处理; 在公共的网络环境之中, 用户隐私的保护, 不仅需要法律支持, 更需要社会公认的数据标准和规范; 等等. 因此, 我们将面临着复杂数据的处理问题, 特别是研究客观事物中多个变量 (或多个因素) 之间相互依赖的统计规律性, 它的重要理论基础之一是多元统计分析. 多元统计分析是统计学中一个非常重要的分支, 具有很广泛的应用性, 它在自然科学、社会科学和经济学等各领域中得到了越来越广泛的应用, 是一套非常有用的数据处理方法. 为了能更好地从统计学的角度解决这些问题, 我们组织编写了《应用多元统计分析》这本书, 并且作为 "教育部统计学类专业教学指导委员会" 推荐系列教材之一.

按照国家级教材规划要求, 本书的编写力求以统计思想为主线, 以 SPSS 软件为工具, 深入浅出地介绍各种多元统计方法的应用. 其基本框架是: 第一章为概述, 第二章和第三章介绍多元正态总体的参数估计和假设检验、多元线性回归模型, 第四章至第九章介绍常用的多元统计方法, 这些方法包括聚类分析、判别分析、主成分分析、因子分析、相应分析、典型相关分析, 第十章介绍多变量的可视化分析等.

在本书的编写过程中, 我们根据统计专业的要求, 突出以下特点:

第一, 把握统计实质, 贯穿统计思想. 注重统计思想的讲述, 在多元统计方法的应用上把握实质, 从实际问题入手, 在不失严谨的前提下, 淡化统计方法本身的数学推导, 体现统计学的实用性.

第二, 应用 SPSS 软件, 实现统计计算. 根据多元统计固有的特点, 我们选用在我国广泛流行的 SPSS 软件作为计算工具. 在每一章的最后, 都要讲述所介绍的多元统计方法在 SPSS 软件中的实现. 这样将 SPSS 软件的学习和案例分析有机结合, 不仅使得学生在实践运用中学习了 SPSS 软件的操作方法, 而且还使学生对多元统计分析的意义有深入的体会.

第三, 加强统计理论, 完成统计实践. 根据实际介绍的统计方法, 我们将编写的习题分为两类: 一类是继续巩固和加强统计理论和方法, 包括基本概念和基本思路训练的习题; 另一类是针对实际问题, 培养学生结合统计方法独立解决实际问题的能力和素质的习题.

为了提高学生的学习兴趣和学习的效率, 考虑到不同的使用对象和教学特点, 对部分内容可根据实际情况进行选讲.

本书第一、四、五、九章由厦门大学朱建平教授编写, 第六、七章由广东财经大学林海明教授编写, 第八章由厦门大学刘云霞副教授编写, 第二、三章由东北石油大学辛华副教授编写, 第十章由东北石油大学任晓萍助理教授编写. 本书由朱建平教授担任主编并进行统稿和总纂.

本书在编写和出版过程中, 得到了厦门大学数据挖掘研究中心、厦门大学管理学院 MBA 中心、广东财经大学经济学院、东北石油大学数学与统计学院、浙江工商大学现代商贸流通体系协同创新中心和北京大学出版社的支持, 潘丽娜编辑为本书的组稿、编辑做了大量的工作, 在此表示衷心感谢! 编写一本好的教材并不容易, 尽管我们努力想奉献给读者一本满意的书, 但仍有达不到读者各方面要求的地方. 书中难免有疏漏或错误之处, 恳请读者多提宝贵意见, 以便今后进一步修改与完善.

本书的编写得到了国家社会科学基金重大项目 "大数据与统计学理论的发展研究" (13&2D148) 的资助.

朱建平

2017 年 7 月于厦门珍珠湾花园

目　　录

第一章　多元统计分析概述

第一节　引　　言

多元统计分析是运用数理统计方法来研究解决多指标问题的理论和方法. 近 30 年来, 随着计算机应用技术的发展和科研生产的迫切需要, 多元统计分析技术被广泛地应用于地质、气象、水文、医学、工业、农业和经济等许多领域, 已经成为解决实际问题的有效方法. 由于计算机处理技术发生着日新月异的变化, 人们处理大规模复杂数据的能力日益增强, 从大规模复杂数据中提取有价值的信息能力也日益提高, 人们将会迅速进入大数据时代. 大数据时代, 不仅会带来人类自然科学技术和人文社会科学的发展变革, 还会给人们的生活和工作方式带来焕然一新的变化. 大数据时代的到来, 给多元统计分析理论的发展和方法的应用带来了发展壮大机会的同时, 也使其面临着重大的挑战.

多元统计分析起源于 20 世纪初, 1928 年 Wishart 发表论文《多元正态总体样本协差阵的精确分布》, 可以说是多元分析的开端. 20 世纪 30 年代 R. A. Fisher、H. Hotelling、S. N. Roy、许宝騄等人作了一系列的奠基性工作, 使多元统计分析在理论上得到了迅速的发展. 20 世纪 40 年代在心理、教育、生物等方面有不少的应用, 但由于计算量大, 使其发展受到影响, 甚至停滞了相当长的时间. 20 世纪 50 年代中期, 随着电子计算机的出现和发展, 使多元分析方法在地质、气象、医学、社会学等方面得到了广泛的应用. 20 世纪 60 年代通过应用和实践又完善和发展了理论, 由于新的理论、新的方法不断涌现又促使它的应用范围进一步扩大. 20 世纪 70 年代初期在我国才受到各个领域的极大关注, 并在多元统计分析的理论研究和应用上也取得了很多显著成绩, 有些研究工作已达到国际水平, 并已形成一支科技队伍, 活跃在各条战线上. 20 世纪 80 年代初期数据在不同信息管理系统之间的共享使数据接口的标准化越来越得到强调, 为数据的共享和交流提供了捷径; 80 年代后期, 互联网的概念兴起、“普适计算” (ubiquitous computing) 理论的实现以及传感器对信息自动采集、传递和计算成为现实, 为数据爆炸式增长提供了平台, 为多元统计理论和方法的应用开辟了新的领域. 20 世纪 90 年代, 由于数据驱动, 数据呈指数增长, 企业界和学术界也不断对此现象及其意义进行探讨, 为大数据概念的广泛传播提供了途径. 进入 21 世纪以来, 世界上许多国家开始关注大数据的发展和应用, 一些学者和专家发起了关于大数据研究和应用的深入探讨, 例如 Vikor Mayer-Schŏnberger and Kenneth Cukier 所著的《大数据时代》等, 对大数据促进人们生活、工作与思维的变革奠定了基础. 在此期间, 多元统计与人工智能和数据库技术相结合, 将通过互联网和物联网在经济、商业、金融、天文等行业得到更广泛的应用.

为了让人们更好地、较为系统地掌握多元统计分析的理论与方法, 本书重点介绍多元正态总体的参数估计和假设检验、多元线性回归模型以及常用的统计方法. 这些方法包括判别分析、聚类分析、主成分分析、因子分析、对应分析、典型相关分析及多变量的可视化分析等. 与此同时, 我们将利用在我国广泛流行的 SPSS 统计软件来实现实证分析, 做到 “在理论的学习中体会应用, 在应用的分析中加深理论”.

第二节 大数据时代与大数据

大数据是信息科技高速发展的产物, 如果要全面深入理解大数据的概念, 必须理解大数据产生的时代背景, 然后根据大数据时代背景理解大数据概念.

一、“大数据时代” 背景介绍

格雷布林克 (Grobelink. M) 在《纽约时报》2012 年 2 月的一篇专栏中称, “大数据时代” 已经降临, 在商业、经济及其他领域中, 管理者决策越来越依靠数据分析, 而不是依靠经验和直觉. “大数据” 概念之所以被炒得如火如荼, 是因为大数据时代已经到来.

如果说 19 世纪以蒸汽机为主导的产业革命时代终结了传统的手工劳动为主的生产方式, 并从而推动了人类社会生产力的变革; 那么 20 世纪以计算机为主导的技术革命则方便了人们的生活, 并推动人类生活方式发生翻天覆地的变化. 我们认为, 随着计算机互联网、移动互联网、物联网、车联网的大众化和博客、论坛、微信等网络交流方式的日益普及, 数据资料的增长正发生着 “秒新分异” 的变化, 大数据时代已经到来毋庸置疑. 据不完全, 一天之中, 互联网产生的全部数据可以刻满 1.68 亿张 DVD. 国际数据公司 (IDC) 的研究结果表明, 2008 年全球产生的数据量为 0.49ZB (1024EB=1ZB, 1024PB=1EB, 1024TB=1PB, 1024GB=1TB), 2009 年的数据量为 0.8ZB, 2010 年增长为 1.2ZB, 2011 年的数量量高达 1.82ZB, 相当于全球每人产生 200GB 以上的数据, 而到 2012 年为止, 人类生产的所有印刷材料的数据量是 200PB, 全人类历史上所有语言资料积累的数据量大约是 5EB. 哈佛大学社会学教授加里 · 金说: “大数据这是一场革命, 庞大的数据资源使得各个领域开始了量化进程, 无论学术界、商界还是政府, 所有领域都将开始这种进程.” 在大数据时代, 因为等同于数据的知识随处可寻, 对数据的处理和分析才显得难能可贵. 因此, 在大数据时代, 能从纷繁芜杂的数据中提取有价值的知识才是创造价值的源泉.

我们可以这样来定义大数据时代, 大数据时代是建立在通过互联网、物联网等现代网络渠道广泛大量数据资源收集基础上的数据存储、价值提炼、智能处理和展示的信息时代. 在这个时代, 人们几乎能够从任何数据中获得可转换为推动人们生活方式变化的有价值的知识. 大数据时代的基本特征主要体现在以下几个方面:

(1) 社会性. 在大数据时代, 从社会角度看, 世界范围的计算机联网使越来越多的领域以数据流通取代产品流通, 将生产演变成服务, 将工业劳动演变成信息劳动. 信息劳动的产品不需要离开它的原始占有者就能够被买卖和交换, 这类产品能够通过计算机网络大量复制和分配而不需要额外增加费用, 其价值增加是通过知识而不是手工劳动来实现的, 而实现这一价值的主要工具就是计算机软件.

(2) 广泛性. 在大数据时代, 随着互联网技术的迅速崛起与普及, 计算机技术不仅促进自然科学和人文社会科学各个领域的发展, 而且全面融入了人们的社会生活中, 人们在不同领域采集到的数据量之大, 达到了前所未有的程度. 同时, 数据的产生、存储和处理方式发生了革命性的变化, 人们的工作和生活基本上都可以用数字化表示, 在一定程度上改变了人们的工作和生活方式.

(3) 公开性. 大数据时代展示了从信息公开运动到数据技术演化的多维画卷. 在大数据时代会有越来越多的数据被开放, 被交叉使用. 在这个过程中, 虽然考虑对于用户隐私的保护, 但是大数据必然产生于一个开放的、公共的网络环境之中. 这种公开性和公共性的实现取决于若干个网络开放平台或云计算服务以及一系列受到法律支持或社会公认的数据标准和规范.

(4) 动态性. 人们借助计算机通过互联网进入大数据时代, 充分体现了大数据是基于互联网的及时动态数据, 而不是历史的或严格控制环境下产生的内容. 由于数据资料可以随时随地产生, 因此, 不仅数据资料的收集具有动态性, 而且数据存储技术、数据处理技术也随时更新, 即处理数据的工具也具有动态性.

二、"大数据" 的定义

在大数据时代, 数据引领人们生活, 引导商业变革和技术创新. 从大数据的时代背景来看, 我们可以把大数据作为研究对象, 从数据本身和处理数据的技术两个思路理解大数据, 这样理解大数据就有狭义和广义之分: 狭义的大数据是指数据的结构形式和规模, 是从数据的字面意义理解; 广义的大数据不仅包括数据的结构形式和数据的规模, 还包括处理数据的技术.

狭义角度的大数据, 是指计量起始单位至少是 PB, EB 或 ZB 的数据规模, 其不仅包括结构化数据, 还包括半结构化数据和非结构化数据. 我们应该从横向和纵向两个维度解读大数据: 横向是指数据规模, 从这个角度来讲, 大数据等同于海量数据, 指大数据包含的数据规模巨大; 纵向是指数据结构形式, 从这个角度来说, 大数据不仅包含结构化数据, 更多的是指半结构化数据和非结构化数据, 大数据包含的数据形式多样. 大数据时代, 由于有 90% 的信息和知识在 "结构化" 数据世界之外, 因此, 人们通常认为大数据的分析对象为半结构化数据和非结构化数据.

此外, 大数据时代的战略意义不仅在于掌握庞大的数据信息, 而且在于如何处理数据. 这就需要从数据处理技术的角度理解大数据.

广义角度的大数据, 不仅包含大数据结构形式和规模, 还泛指大数据的处理技术. 大数据的处理技术是指能够从不断更新增长、有价值信息转瞬即逝的大数据中抓取有价值信息的能力. 在大数据时代, 针对小数据处理的传统技术可能不再适用. 这样, 就产生了专门针对大数据的处理技术, 大数据的处理技术也衍生为大数据的代名词. 这就意味着, 广义的大数据不仅包括数据的结构形式和规模, 还包括处理数据的技术. 此时, 大数据不仅是指数据本身, 还指处理数据的能力.

不管从广义的角度, 还是从狭义的角度来看, 大数据的核心是数据, 而数据是统计研究的对象, 从大数据中寻找有价值的信息关键在于对数据进行正确的统计分析. 因此, 鉴定 "大数据" 应该在现有数据处理技术水平的基础上引入统计学的思想.

从统计学科与计算机科学性质出发, 我们可以这样来定义 "大数据": 大数据指那些超过传统数据系统处理能力、超越经典统计思想研究范围、不借用网络无法用主流软件工具及技术进行单机分析的复杂数据的集合, 对于这一数据集合, 在一定的条件下和合理的时间内, 可以通过现代计算机技术和创新统计方法, 有目的地进行设计、获取、管理、分析, 揭示隐藏在其中的有价值的模式和知识.

根据大数据的概念和其时代属性, 我们认为大数据的基本特征主要体现在以下四个方面:

(1) 大量性. 这是指大数据的数据量巨大. 在大数据时代, 高度发达的网络技术和承载数据资料的个人电脑、手机、平板电脑等网络工具的普及, 数据资料的来源范围在不断拓展, 人类获得数据资料在不断更改数据的计量单位. 数据的计量单位从 PB 到 EB 到 ZB, 反映了数据量增长质的飞跃. 据统计, 截止 2012 年底, 全球智能手机用户 13 亿, 仅智能手机每月产生的数据量就有 500MB, 每个月移动数据流量有 1.3EB 之巨.

(2) 多样性. 这是指数据类型繁多, 大数据不仅包括以文本资料为主的结构化数据, 还包括网络日志、音频、视频、图片、地理位置等半结构或非结构化的数据资料. 多样化的数据产生的原因主要有两个方面: 一是由于非结构化数据资料的广泛存在; 二是挖掘价值信息的需要, 传统的数据处理对象是结构式的, 我们从数据的大小多少来感受对象的特征, 但这远远不够具体. 很多时候, 我们希望了解得更多, 除了了解对象的数量特征外, 我们还希望了解对象的颜色、形状、位置, 甚至是人物心理活动, 等等, 这些是传统数据很难描述的. 为了满足人们对数据分析深层次的需要, 同时由于大数据时代对音频、视频或图片等数据资料处理技术不再是难题, 于是半结构化数据和非结构化数据也成为数据处理的对象.

(3) 价值性. 这指大数据价值巨大, 但价值密度低: 大数据中存在反映人们生产活动、商业活动和心理活动各方面极具价值的信息, 但由于大数据规模巨大, 数据在不断更新变化, 这些有价值的信息可能转瞬即逝. 一般来讲, 价值密度的高低与数据规模的大小成反比. 因此, 在大数据时代, 对数据的接收和处理思想都需要转变, 如何通过强大的机器算法更迅速地完成数据的价值“提纯”成为目前大数据背景下亟待解决的难题.

(4) 高速性. 这指数据处理时效性高, 因为大数据有价值信息存在时间短, 要求能迅速有效地提取大量复杂数据中的有价值信息. 根据 IDC 的“数字宇宙”的报告, 预计到 2020 年, 全球数据使用量将达到 35.2ZB. 在如此海量的数据面前, 处理数据的效率关乎智能型企业的生死存亡.

毫无疑问, 由于计算机处理技术发生着日新月异的变化, 人们能处理大规模复杂数据的能力日益增强, 从大规模数据中提取有价值的信息能力也日益提高, 人们将会迅速进入大数据时代. 大数据时代, 不仅会带来人类自然科学技术和人文社会科学的发展变革, 还会给人们的生活和工作方式带来焕然一新的变化.

统计学是一门古老的学科, 已经有三百多年的历史, 在自然科学和人文社会科学的发展中起到了举足轻重的作用; 统计学又是一门生命力及其旺盛的学科, 她海纳百川又博采众长, 她随着各门具体学科的发展不断壮大自己. 毫不例外, 大数据时代的到来, 给统计学科带来了发展壮大机会的同时, 也使得统计学科面临着重大的挑战. 怎样深刻地认识和把握这一发展契机, 怎样更好地理解和应对这一重大挑战, 这就迫使我们对多变量统计分析的理论和方法进行学习和研究的基础上, 重新审视并提出适合现代数据分析的思想、理念与方法.

第三节 应用背景

统计方法是科学研究的一种重要工具, 其应用颇为广泛. 特别地, 多元统计分析方法常常被应用于自然科学、社会科学等领域的问题中. 为了进一步体现多元统计分析方法的应用, 我们首先从宏观的角度认识统计学应用的背景, 然后从微观的角度显示多元统计分析应用的广泛性.

一、统计学的生命力在于应用

(一) 统计学产生于应用

从统计学的发展过程中可以看出统计学产生于应用, 在应用过程中发展, 它的生命力在于应用.

300 年前, 威廉 · 配第 (1623–1687) 写的《政治算术》, 从其研究方法看, 被认为是一本统计学著作. 政治算术学派的统计学家将统计方法应用于各自熟悉和感兴趣的研究领域, 都还是把其应用对象当作肯定性事物之间的联系来进行研究的. 他们确信, 事物现象存在着简单明了的数量关系, 需要用定性与定量的方法将这种关系 (规律) 揭示或描述. 使人们能够更具体、更真切地认识世界.

数理统计学派的奠基人凯特勒在统计学中引入了概率论, 把它应用于自然界和社会的许多方面, 从而为人们认识和说明不确定现象及其相互之间的联系开辟出了一条道路. 在自然科学和社会科学的许多领域, 都留下凯特勒应用统计学研究的烙印. 自从凯特勒把概率论引入了应用中的统计学, 人们对客观世界的认识及描述更全面、更接近于实际了. 他在广泛应用拉普拉斯等人概率论中的正态曲线、误差法则、大数法则等成果的过程中, 为统计学增添了数理统计方法, 进而又扩展了统计学的应用范围.

在应用中对发展统计方法贡献显著的当推生物统计学派的戈尔登 (1822–1921)、皮尔逊 (1857–1936) 和农业实验学派的孟德尔 (1822–1884)、戈塞特 (1876–1937) 等. 戈尔登六年中测量了近万人的 "身高、体重、阔度、呼吸力、拉力和压力、手击的速率、听力、视力、色觉及个人的其他资料". 在探究这些数据内在联系的过程中提出了今天在自然科学和社会科学领域中广泛应用的 "相关" 思想. 将大量数据加以综合描述和比较, 从而能使他的遗传理论建立在比较精确的基础上, 为统计学引入了中位数、四分位数、分布、回归等极为重要的概念和方法. 皮尔逊在检验他老师戈尔登的 "祖先遗传法则" 和自然选择中 "淘汰" 对器官的相关及变异的影响中, 导入了复相关的概念和方法. 在讨论生物退化、反祖、遗传、随机交配等问题中, 展开了回归与相关的研究, 并提出以 χ^2 检验作为曲线配合适合度的一种量度的思想.

农业实验学派的孟德尔和戈塞特同样是在实验回答各自应用领域中出现的新要求、新课题, 发展了统计思想和统计分析方法. 孟德尔及其后继者贝特森等人创建的遗传试验手段, 比通过记录生命外部联系曲折反映事物内在本质的描述统计更加深刻. 他们运用推断的理论与实验的方法, 通常只用小样本来处理. 戈塞特的 t 分布与小样本思想更是在由于 "有些实验不能多次地进行", 从而 "必须根据极少数的事例 (小样本) 来判断实验结果的正确性" 的情况下产生的. 今天, 这些统计思想和分析推断方法已经成为了科学家们不可缺少的基本研究工具了.

近现代, 统计学已经空前广泛应用于最高级的运动形式 —— 社会. 其结果便是出现了一系列与其应用对象指导理论和其他相关学科交织在一起的边缘学科. 如在社会经济方面的投入产出经济学、经济计量学、统计预测学、统计决策学等. 在这些边缘学科中, 统计学与其应用对象结合更紧密、更自然. 这些学科的专家学者至少在两个或两个以上的专业领域里有比较深厚的学术造诣. 统计学的应用帮助他们在各自的应用领域中取得辉煌的成就.

可见, 统计学的发展一刻也离不开应用. 它在应用中诞生, 在应用中成熟、独立, 在应用中扩充自身的方法内容, 同时扩展了应用领域, 又在应用中与其他学科紧密结合形成新的边缘学科. 一部统计理论发展史同时又是一部应用统计发展史, 正因如此, 统计学的生命力在于应用.

(二) 理论研究为统计学的应用奠定了基础

统计理论问题的研究和应用研究从总体上说应该属于 "源" 和 "流" 的关系. 如果理论不成熟, 方法不完善, 统计应用研究也很难达到较高的水平. 因此, 充分发挥统计学的生命力,必须建立在统计理论研究的基础之上.

从国际上看, 近十几年来, 统计分析技术的研究有了新的发展. 这些研究的总体特征是, 广泛吸收和融合相关学科的新理论, 不断开发应用新技术和新方法, 深化和丰富了统计学传统领域的理论与方法研究, 并拓展了统计研究的新领域. 这些都充分地体现了统计学强有利的生命力, 其具体表现在下面的三个方面:

第一, 统计学为计算机科学的发展发挥作用. 在计算机协助的电子通讯、网络创新、资源及信息统计中的统计软件等方面, 对统计信息搜集、存贮和传递中利用计算机提高工作效能, 建立统计信息时空结构有了新的发展. 在网络推断、统计软件包、统计建模中的计算机诊断方面, 提出了统计思想直接转化为计算机软件, 通过软件对统计过程实行控制的作用, 以及利用计算机程序识别模型、改善估计量性质的新方法. 这些研究成果使人们兴奋地看到计算机技术正在促使统计科研工作发生革命性变化. 在软件的质量评估上及统计程序和方法在软件可靠性检验等方面也有了新的发展.

第二, 统计理论与分析方法的新发展. 近年来, 统计方法成果丰硕, 反映了统计理论与分析方法在不断的发展中趋于成熟和完善. 在贝叶斯方法、非线性时间序列、多元分析、统计计算、线性模型、稳健估计、极值统计、混沌理论及统计检验等方面, 内容广泛而翔实, 可以归纳为三个方面:

(1) 理论上有新的开拓. 如应用混沌理论提出混沌动态系统、混沌似然分析; 引入数学中象分析、谱分析的方法, 探讨象分析中同步模型化的方法, 建立经验谱类函数的假设检验方法等.

(2) 不同的分析方法相互渗透、交叉结合运用, 衍生新的分析方法. 如马尔可夫链, 蒙特卡罗方法在叶贝斯似然计算中的应用, 参数估计方法的非参数校正, 状态空间模型与月份时间序列的结合运用.

(3) 借助现代计算机技术活跃新的研究领域. 在计算机技术迅速发展的带动下, 模拟计算理论和方法有了长足的发展, 这给非线性模型等因计算繁琐而沉闷多时的研究领域住入了新的活力, 提出了非线性结构方程模型的特征向量估计方法, 非线性回归中的截面有效性逼近, 带噪声的非线性时间序列的识别等富有见地的新思路. Logistic 模型、向量时间序列模型的研究也因计算技术的解决而不乏新成果.

第三, 统计调查方法与记述的创新. 调查方法是统计方法论的重要组成部分, 近年来, 在抽样理论与方法、抽样调查、实验设计方面十分关心如何改进调查技术、减少抽样误差等问题. 调查过程的综合管理、不等概率抽样设计、分层总体的样本分配、抽样比例的回归分析和实验设计正交数组的构造方法等方面有了新见解. 再抽样及随机加权方法、随机模型及连续调查报告的趋势计量、辅助信息和抽样方法, 则涉及多种统计分析和计算方法的应用, 在转换样本调查设计等方面也取得一定成果. 计算机辅助调查有了新的发展.

众所周知, 理论来源于实践, 反过来又服务于实践. 统计理论的研究和分析技术的发展,无疑对统计的实践起到了一定的指导作用. 从另一角度也显示出了, 统计理论和分析技术的不断完善, 为统计学的应用奠定了基础, 确保了统计学强大的生命力.

二、多元统计分析方法的应用

这里我们要通过一些实际的问题, 解释选择统计方法和研究目的之间的关系, 这些问题以及本书中的大量案例能够使得读者对多元统计分析方法在各个领域中的广泛应用有一定的了解. 多元统计分析方法从研究问题的角度可以分为不同的类, 相应有具体解决问题的方法, 参看表 1.1.

表 1.1 统计方法和研究目的之间的关系

问题	内容	方法
数据或结构性化简	尽可能简单地表示所研究的现象, 但不损失很多有用的信息, 并希望这种表示能够很容易地解释.	多元回归分析、聚类分析、主成分分析、因子分析、相应分析、多维标度法、可视化分析
分类和组合	基于所测量到的一些特征, 给出好的分组方法, 对相似的对象或变量分组.	判别分析、聚类分析、主成分分析、可视化分析
变量之间的相关关系	变量之间是否存在相关关系, 相关关系又是怎样体现.	多元回归、典型相关、主成分分析、因子分析、相应分析、多维标度法、可视化分析
预测与决策	通过统计模型或最优准则, 对未来进行预见或判断.	多元回归、判别分析、聚类分析、可视化分析
假设的提出及检验	检验由多元总体参数表示的某种统计假设, 能够证实某种假设条件的合理性.	多元总体参数估计、假设检验

多元统计分析方法在经济管理、农业、医学、教育学、体育科学、生态学、地质学、社会学、考古学、环境保护、军事科学、文学等方面都有广泛的应用, 这里我们例举一些实际问题, 进一步了解多元统计分析的应用领域, 让读者从感性上加深对多元统计分析的认识.

例 1.1 银行希望根据客户过去的贷款数据, 来预测新的贷款者核贷后逾期的机率, 以做为银行是否核贷的依据, 或者提供给客户其他类型的贷款产品. 在此可以利用聚类分析和因子分析方法.

例 1.2 城镇居民消费水平通常用八项指标来描述, 如人均粮食支出、人均副食支出、人均烟酒茶支出、人均衣着商品支出、人均日用品支出、人均燃料支出、人均非商品支出. 这八项指标存在一定的线性关系. 为了研究城镇居民的消费结构, 需要将相关强的指标归并到一起, 这实际就是对指标进行聚类分析.

例 1.3 频发的网络服务侵权纠纷已经成为制约我国信息网络产业有序发展的主要障碍, 利用统计方法进行定性分析、对比分析、主成分分析以完善相关法律法规, 厘清各类型网络服务商复杂的侵权状况.

例 1.4 某一产品是用两种不同原料生产的, 试问此两种原料生产的产品寿命有无显著差异? 又比如, 若考察某商业行业今年和去年的经营状况, 这时需要看这两年经营指标的平均水平是否有显著差异以及经营指标之间的波动是否有显著差异. 可用多元正态总体均值向量和协差阵的假设检验.

例 1.5 某医院已有 100 个分别患有胃炎、肝炎、冠心病、糖尿病等的病人资料, 记录了他们每个人若干项症状指标数据. 如果对于一个新的病人, 当也测得这若干项症状指标时, 可以利用判别分析方法判定他患的是哪种病.

例 1.6 根据每位手机客户的月消费记录, 利用聚类分析和判别分析将客户分类, 预测客户流失情况, 也可以通过对客户整体的消费数据进行分析, 推出合理的套餐, 供客户选择.

例 1.7 有 100 种酒, 品尝家可以对每两种酒进行品尝对比, 给出一种相近程度的得分 (越相近得分越高, 相差越远得分越低), 希望用这些得分数据来了解这 100 种酒之间的结构关系. 这样的问题就可以用多维标度法来解决.

例 1.8 在地质学中, 常常要研究矿石中所含化学成分之间的关系. 设在某矿体中采集了 60 个标本, 对每个标本测得 20 个化学成分的含量. 我们希望通过对这 20 个化学成分的分析, 了解矿体的性质和矿体形成的主要原因.

例 1.9 在互联网上, 淘宝根据客户购买商品的信息, 通过判别分析预测客户下一次购买产品的类型, 或者推荐相似产品.

例 1.10 在高考招生工作中, 我们知道每个考生的基本情况, 通过分析我们不仅可以了解到学生喜欢学习的科目, 还可以进一步从考生每门课程的成绩, 分析出学生的逻辑思维能力、形象思维能力和记忆力等等对学习成绩的影响.

第四节 计算机在统计分析中的应用

一、加强计算机统计应用教学

从统计学产生和发展的历史中我们可以看到, 统计数据的收集、整理、加工、分析的过程中, 对统计学的昌盛发展起决定性作用的工具就是高速的计算工具 —— 计算机. 同样, 它对统计教学也是相当重要的. 首先, 应在统计教学中大力加强通用统计应用软件的教学. 在国外比较流行的统计应用软件如 SAS, SPSS, S-PLUS, MINITAB, EXCEL 等, 都不仅仅是一个统计分析软件, 它们都可用于统计工作的全过程, 如统计调查方案设计、统计整理、数据库的建立与管理等. 因此, 加强通用统计应用软件的教学十分重要. 其次, 应把掌握一种算法语言和一定的数据库知识或网络知识作为对统计专业学生计算机应用知识的基本要求. 应注重于应用, 根据统计课程的特点, 处理好通用统计应用软件课程教学与应用统计方法课程教学间的关系, 尽可能把它们有机地结合起来. 这样不仅能突出有关统计方法课程的应用特色, 更好地理解其原理、基本思想及适用条件, 而且能使学生通过课程的反复学习, 熟练掌握通用统计软件的使用.

这里我们应该清楚地认识到, 多元统计分析的数学计算比较复杂, 如果不借助于计算机, 许多问题根本无法解决. 在多元统计分析的教学中, 加强计算机的应用教学就显得尤为重要. 因此, 本书在案例分析中, 大部分采用国际上流行的通用统计软件包 SPSS 来实现, 这样不仅能体现多元统计分析方法的理论价值, 而且能更好地显示出其应用价值.

二、计算机统计分析的基本步骤

计算机统计分析的基本过程为:

(1) 数据的组织.

数据的组织实际上就是数据库的建立. 数据组织有两步: 第一步是编码, 即用数字代表分类数据 (有时也可以是区间数据或比率数据); 第二步是给变量赋值, 即设置变量并根据研究结果给予其数字代码.

(2) 数据的录入.

数据的录入就是将编码数据输入计算机, 即输入已经建立的数据库结构, 形成数据库. 数据录入关键的是保证录入的正确性. 录入错误主要有认读错误和按键错误. 在数据录入后还应进行检验, 检验可采取计算机核对和人工核对两种方法.

(3) 统计分析.

首先根据研究目的和需要确定统计方法, 然后确定与选定的统计方法相应的运行程序, 既可以用计算机存储的统计分析程序, 也可以用其他的统计软件包中的程序.

(4) 结果输出.

经过统计分析, 计算结果可用计算机打印出来, 输出的形式有列表、图形等.

第二章　多元正态分布的参数估计与假设检验

第一节　引　　言

多元统计分析涉及的都是多个随机向量放在一起组成的随机矩阵. 例如在研究公司的运营情况时, 要考虑公司的获利能力、资金周转能力、竞争能力以及偿债能力等财务指标. 显然, 如果我们只研究一个指标或是将这些指标割裂开分别研究, 是不能从整体上把握研究问题的实质的. 在实际中遇到的随机向量常常是服从正态分布或近似正态分布, 或本身不是正态分布, 但它的样本均值近似于正态分布. 这就要求许多实际问题的解决办法都是以总体服从正态分布或近似正态分布为前提的. 因此在多元统计分析中, 多元正态分布占有很重要的地位, 本书所介绍的方法大都假定数据来自多元正态分布. 所以本章我们首先引入多元随机变量的基本概念和基本性质, 同时给出多元正态分布的定义和相关结论.

在实际问题中, 多元正态分布中均值向量 $\boldsymbol{\mu}$ 和协差阵 $\boldsymbol{\Sigma}$ 通常是未知的, 一般的做法是由样本来估计. 因此本章另一主要内容是采用最常见的最大似然估计法对参数进行估计, 并讨论其有关的性质, 以及讨论多元统计分析中的各种均值向量和协差阵的检验. 在检验的过程中, 关键在于对不同的检验给出不同的统计量, 而有关统计量的给出大多用似然比方法得到. 由于多变量问题的复杂性, 本章只侧重于解释选取统计量的合理性, 而不给出推导过程, 最后给出几个实例.

为了更好地说明检验过程中统计量的分布, 本章还要介绍霍特林 (Hotelling) T^2 分布和威尔克斯 (Wilks) 分布的定义.

第二节　基 本 概 念

一、随机向量

我们所讨论的是多个变量的总体, 所研究的数据是同时有 p 个指标 (变量), 又进行了 n 次观测得到的, 我们把这 p 个指标表示为 $X_1, X_2, \cdots, X_p$, 常用向量

$$\boldsymbol{X} = (X_1, X_2, \cdots, X_p)'$$

表示对同一个体观测的 p 个变量. 这里我们应该强调, 在多元统计分析中, 仍然将所研究对象的全体称为总体, 它是由许多 (有限和无限) 的个体构成的集合, 如果构成总体的个体是具

有 p 个需要观测指标的个体, 我们称这样的总体为 p **维总体** (或 p **元总体**). 上面的表示便于人们用数学方法去研究 p 维总体的特性. 这里"维"(或"元")的概念, 表示共有几个分量. 若观测了 n 个个体, 称每一个个体的 p 个变量为一个样品, 而全体 n 个样品组成一个总体. 这里记

$$\boldsymbol{X}_{(\alpha)}=(X_{\alpha 1},X_{\alpha 2},\cdots,X_{\alpha p})',\quad \alpha=1,2,\cdots,n,$$

表示第 α 个样品的观测值; 记

$$\boldsymbol{X}_j=(X_{1j},X_{2j},\cdots,X_{nj})',\quad j=1,2,\cdots,p,$$

表示对第 j 个变量 X_j 的 n 次观测数值. 矩阵形式为

$$\boldsymbol{X}_{n\times p}=\begin{bmatrix} X_{11} & X_{12} & \cdots & X_{1p}\\ X_{21} & X_{22} & \cdots & X_{2p}\\ \vdots & \vdots & & \vdots\\ X_{n1} & X_{n2} & \cdots & X_{np}\end{bmatrix}=(\boldsymbol{X}_1,\boldsymbol{X}_2,\cdots,\boldsymbol{X}_p)=\begin{bmatrix}\boldsymbol{X}'_{(1)}\\ \boldsymbol{X}'_{(2)}\\ \vdots\\ \boldsymbol{X}'_{(n)}\end{bmatrix}. \tag{2.1}$$

在以后的描述中, 若无特殊说明, 本书所称向量均指列向量.

定义 2.1 将 p 个随机变量 $X_1,X_2,\cdots,X_p$ 的整体称为 p **维随机向量**, 记为 $\boldsymbol{X}=(X_1,X_2,\cdots,X_p)'$.

对随机向量的研究仍然限于讨论离散型和连续型两类随机向量.

定义 2.2 设 $\boldsymbol{X}=(X_1,X_2,\cdots,X_p)'$ 是 p 维随机向量, 它的**多元分布函数**定义为

$$F(\boldsymbol{x})\triangleq F(x_1,x_2,\cdots,x_p)=P\{X_1\leqslant x_1,X_2\leqslant x_2,\cdots,X_p\leqslant x_p\}, \tag{2.2}$$

记为 $\boldsymbol{X}\sim F(\boldsymbol{x})$, 其中 $\boldsymbol{x}=(x_1,x_2,\cdots,x_p)'\in\mathbf{R}^p$, $\mathbf{R}^p$ 表示 p 维欧几里得空间.

定义 2.3 设 $\boldsymbol{X}=(X_1,X_2,\cdots,X_p)'$ 是 p 维随机向量, 若存在有限个或可列个 p 维数向量 $\boldsymbol{x}_1,\boldsymbol{x}_2,\cdots$, 记 $P\{\boldsymbol{X}=\boldsymbol{x}_k\}=p_k,k=1,2,\cdots$, 且满足 $p_1+p_2+\cdots=1$, 则称 $\boldsymbol{X}$ 为**离散型随机向量**, 称 $P\{\boldsymbol{X}=\boldsymbol{x}_k\}=p_k,k=1,2,\cdots$ 为 $\boldsymbol{X}$ 的**概率分布**.

设 $\boldsymbol{X}\sim F(\boldsymbol{x})\triangleq F(x_1,x_2,\cdots,x_p)$, 若存在一个非负函数 $f(x_1,x_2,\cdots,x_p)$, 使得对一切 $\boldsymbol{x}=(x_1,x_2,\cdots,x_p)'\in\mathbf{R}^p$, 有

$$F(\boldsymbol{x})\triangleq F(x_1,x_2,\cdots,x_p)=\int_{-\infty}^{x_1}\int_{-\infty}^{x_2}\cdots\int_{-\infty}^{x_p}f(t_1,t_2,\cdots,t_p)\mathrm{d}t_1\mathrm{d}t_2\cdots\mathrm{d}t_p, \tag{2.3}$$

则称 $\boldsymbol{X}$ 为**连续型随机变量**, 称 $f(x_1,x_2,\cdots,x_p)$ 为**分布密度函数**, 简称为**密度函数**或**分布密度**.

一个 p 元函数 $f(x_1,x_2,\cdots,x_p)$ 能作为 $\mathbf{R}^p$ 中某个随机向量的密度函数的主要条件是:

(1) $f(x_1,x_2,\cdots,x_p)\geqslant 0,\forall(x_1,x_2,\cdots,x_p)'\in\mathbf{R}^p$;

(2) $\int_{-\infty}^{+\infty}\int_{-\infty}^{+\infty}\cdots\int_{-\infty}^{+\infty}f(x_1,x_2,\cdots x_p)\mathrm{d}x_1\mathrm{d}x_2\cdots\mathrm{d}x_p=1$.

离散型随机向量的统计性质可由它的概率分布完全确定, 连续型随机向量的统计性质可由它的分布密度完全确定.

定义 2.4 设 $\boldsymbol{X}=(X_1,X_2,\cdots,X_p)'$ 是 p 维随机向量, 称由它的 $q(<p)$ 个分量组成的子向量 $\boldsymbol{X}^{(i)}=(X_{i_1},X_{i_2},\cdots,X_{i_q})'$ 的分布为 $\boldsymbol{X}$ 的**边缘** (或**边际**) **分布**, 相对地把 $\boldsymbol{X}$ 的分布称为**联合分布**. 通过变换 $\boldsymbol{X}$ 中各分量的次序, 总可假定 $\boldsymbol{X}^{(1)}$ 正好是 $\boldsymbol{X}$ 的前 q 个分量, 其余 $p-q$ 个分量为 $\boldsymbol{X}^{(2)}$, 则

$$\boldsymbol{X}=\begin{bmatrix}\boldsymbol{X}^{(1)}\\\boldsymbol{X}^{(2)}\end{bmatrix}\begin{matrix}q\\p-q\end{matrix},$$

相应的取值也可分为两部分 $\boldsymbol{x}=\begin{bmatrix}\boldsymbol{x}^{(1)}\\\boldsymbol{x}^{(2)}\end{bmatrix}$.

当 $\boldsymbol{X}$ 的分布函数是 $F(x_1,x_2,\cdots,x_p)$ 时, $\boldsymbol{X}^{(1)}$ 的分布函数, 即边缘分布函数为

$$\begin{aligned}F(x_1,x_2,\cdots,x_q)&=P\{X_1\leqslant x_1,\cdots,X_q\leqslant x_q\}\\&=P\{X_1\leqslant x_1,\cdots,X_q\leqslant x_q,X_{q+1}\leqslant+\infty,\cdots,X_p\leqslant+\infty\}\\&=F(x_1,x_2,\cdots,x_q,+\infty,\cdots,+\infty).\end{aligned}$$

当 $\boldsymbol{X}$ 有分布密度函数 $f(x_1,x_2,\cdots,x_p)$ 时 (亦称**联合分布密度函数**), 则 $\boldsymbol{X}^{(1)}$ 也有分布密度函数, 即边缘密度函数为

$$f_1(x_1,x_2,\cdots,x_q)=\int_{-\infty}^{+\infty}\cdots\int_{-\infty}^{+\infty}f(x_1,\cdots,x_q,x_{q+1},\cdots,x_p)\mathrm{d}x_{q+1}\cdots\mathrm{d}x_p.$$

例 2.1 设

$$f(x_1,x_2)=\begin{cases}\mathrm{e}^{-(x_1+x_2)}, & x_1\geqslant 0,x_2\geqslant 0,\\0, & \text{其他}\end{cases}$$

为随机向量 $\boldsymbol{X}=(X_1,X_2)'$ 的密度函数, 求边缘密度函数.

解 $f_1(x_1)=\int_{-\infty}^{+\infty}f(x_1,x_2)\mathrm{d}x_2$

$$=\begin{cases}\int_0^{+\infty}\mathrm{e}^{-(x_1+x_2)}\mathrm{d}x_2=\mathrm{e}^{-x_1}, & x_1\geqslant 0,\\0, & \text{其他}.\end{cases}$$

同理，
$$f_2(x_2)=\begin{cases}\mathrm{e}^{-x_2}, & x_2\geqslant 0,\\ 0, & \text{其他}.\end{cases}$$

定义 2.5 若 p 个随机变量 $X_1,X_2,\cdots,X_p$ 的联合分布等于各自的边缘分布的乘积，则称 $X_1,X_2,\cdots,X_p$ 是**相互独立**的.

例 2.2 判断例 2.1 中的 $\boldsymbol{X}_1$ 与 $\boldsymbol{X}_2$ 是否相互独立?

解 已知

$$f(x_1,x_2)=\begin{cases}\mathrm{e}^{-(x_1+x_2)}, & x_1\geqslant 0,x_2\geqslant 0,\\ 0, & \text{其他};\end{cases}$$
$$f_1(x_1)=\begin{cases}\mathrm{e}^{-x_1}, & x_1\geqslant 0,\\ 0, & \text{其他};\end{cases}$$
$$f_2(x_2)=\begin{cases}\mathrm{e}^{-x_2}, & x_2\geqslant 0,\\ 0, & \text{其他}.\end{cases}$$

由于 $f(x_1,x_2)=f_1(x_1)\cdot f_2(x_2)$，故 $\boldsymbol{X}_1$ 与 $\boldsymbol{X}_2$ 相互独立.

这里我们应该注意，由 $X_1,X_2,\cdots,X_p$ 相互独立，可推知任何 X_i 与 $X_j(i\neq j)$ 独立，但反之不真.

二、随机向量的数字特征

定义 2.6 设 $\boldsymbol{X}=(X_1,X_2,\cdots,X_p)'$，若 $\mathrm{E}(X_i)(i=1,\cdots,p)$ 存在且有限，则称 $\mathrm{E}(\boldsymbol{X})=(\mathrm{E}(X_1),\mathrm{E}(X_2),\cdots,\mathrm{E}(X_p))'$ 为 $\boldsymbol{X}$ 的**均值** (**向量**) 或**数学期望**，有时也把 $\mathrm{E}(\boldsymbol{X})$ 和 $\mathrm{E}(X_i)$ 分别记为 $\boldsymbol{\mu}=(\mu_1,\mu_2,\cdots,\mu_p)'$ 和 μ_i. 容易推得均值 (向量) 具有以下性质:

(1) $\mathrm{E}(\boldsymbol{AX})=\boldsymbol{A}\boldsymbol{E}(\boldsymbol{X})$;

(2) $\mathrm{E}(\boldsymbol{AXB})=\boldsymbol{A}\mathrm{E}(\boldsymbol{X})\boldsymbol{B}$;

(3) $\mathrm{E}(\boldsymbol{AX}+\boldsymbol{BY})=\boldsymbol{A}\mathrm{E}(\boldsymbol{X})+\boldsymbol{B}\mathrm{E}(\boldsymbol{Y})$,

其中，$\boldsymbol{X},\boldsymbol{Y}$ 为随机向量，$\boldsymbol{A},\boldsymbol{B}$ 为大小适合运算的常数矩阵.

定义 2.7 设 $\boldsymbol{X}=(X_1,X_2,\cdots,X_p)',\boldsymbol{Y}=(Y_1,Y_2,\cdots,Y_p)'$，称

$$\begin{aligned}\mathrm{Var}(\boldsymbol{X})&\triangleq\mathrm{E}(\boldsymbol{X}-\mathrm{E}(\boldsymbol{X}))(\boldsymbol{X}-\mathrm{E}(\boldsymbol{X}))'\\&=\begin{bmatrix}\mathrm{Cov}(X_1,X_1) & \mathrm{Cov}(X_1,X_2) & \cdots & \mathrm{Cov}(X_1,X_p)\\ \mathrm{Cov}(X_2,X_1) & \mathrm{Cov}(X_2,X_2) & \cdots & \mathrm{Cov}(X_2,X_p)\\ \vdots & \vdots & & \vdots\\ \mathrm{Cov}(X_p,X_1) & \mathrm{Cov}(X_p,X_2) & \cdots & \mathrm{Cov}(X_p,X_p)\end{bmatrix}\end{aligned}\tag{2.4}$$

为 $\boldsymbol{X}$ 的**方差**或**协方差矩阵**, 简称**协差阵**. 有时把 $\mathrm{Var}(\boldsymbol{X})$ 简记为 $\boldsymbol{\Sigma}$, $\mathrm{Cov}(X_i, X_j)$ 简记为 σ_{ij}, 从而有 $\boldsymbol{\Sigma} = (\sigma_{ij})_{p\times p}$; 称随机向量 $\boldsymbol{X}$ 和 $\boldsymbol{Y}$ 的协方差矩阵为

$$\begin{aligned}\mathrm{Cov}(\boldsymbol{X},\boldsymbol{Y}) &\triangleq \mathrm{E}(\boldsymbol{X}-\mathrm{E}(\boldsymbol{X}))(\boldsymbol{Y}-\boldsymbol{E}(\boldsymbol{Y}))' \\ &= \begin{bmatrix} \mathrm{Cov}(X_1,Y_1) & \mathrm{Cov}(X_1,Y_2) & \cdots & \mathrm{Cov}(X_1,Y_p) \\ \mathrm{Cov}(X_2,Y_1) & \mathrm{Cov}(X_2,Y_2) & \cdots & \mathrm{Cov}(X_2,Y_p) \\ \vdots & \vdots & & \vdots \\ \mathrm{Cov}(X_p,Y_1) & \mathrm{Cov}(X_p,Y_2) & \cdots & \mathrm{Cov}(X_p,Y_p) \end{bmatrix}.\end{aligned} \tag{2.5}$$

当 $\boldsymbol{X}=\boldsymbol{Y}$ 时, 即为 $\mathrm{Var}(\boldsymbol{X})$.

若 $\mathrm{Cov}(\boldsymbol{X},\boldsymbol{Y}) = \boldsymbol{0}$, 则称 $\boldsymbol{X}$ 和 $\boldsymbol{Y}$ **不相关**. 由 $\boldsymbol{X}$ 和 $\boldsymbol{Y}$ 相互独立易推得 $\mathrm{Cov}(\boldsymbol{X},\boldsymbol{Y}) = \boldsymbol{0}$ 不相关; 但反过来, 当 $\boldsymbol{X}$ 和 $\boldsymbol{Y}$ 不相关时, 一般不能推知它们独立.

当 $\boldsymbol{A}$, $\boldsymbol{B}$ 为常数矩阵时, 由定义可以推出协方差阵有如下性质:

(1) 对于常数向量 $\boldsymbol{a}$, 有 $\mathrm{Var}(\boldsymbol{X}+\boldsymbol{a}) = \mathrm{Var}(\boldsymbol{X})$;

(2) $\mathrm{Var}(\boldsymbol{A}\boldsymbol{X}) = \boldsymbol{A}\mathrm{Cov}(\boldsymbol{X})\boldsymbol{A}' = \boldsymbol{A}\boldsymbol{\Sigma}\boldsymbol{A}'$;

(3) $\mathrm{Cov}(\boldsymbol{A}\boldsymbol{X}, \boldsymbol{B}\boldsymbol{Y}) = \boldsymbol{A}\mathrm{Cov}(\boldsymbol{X},\boldsymbol{Y})\boldsymbol{B}'$;

(4) 设 $\boldsymbol{X}$ 为 n 维随机向量, 期望和协方差存在, 记 $\boldsymbol{\mu} = \mathrm{E}(\boldsymbol{X})$, $\boldsymbol{\Sigma} = \mathrm{Var}(\boldsymbol{X})$, $\boldsymbol{A}$ 为 n 阶常数阵, 则

$$\mathrm{E}(\boldsymbol{X}'\boldsymbol{A}\boldsymbol{X}) = \mathrm{tr}(\boldsymbol{A}\boldsymbol{\Sigma}) + \boldsymbol{\mu}'\boldsymbol{A}\boldsymbol{\mu}.$$

这里我们应该注意到, 对于任何的随机向量 $\boldsymbol{X} = (X_1, X_2, \cdots, X_p)'$ 来说, 其协差阵 $\boldsymbol{\Sigma}$ 都是对称阵, 同时总是非负定 (半正定) 的, 大多数情况是正定的.

若 $\boldsymbol{X} = (X_1, X_2, \cdots, X_p)'$ 的协差阵存在, 且每个分量的方差大于零, 则称随机向量 $\boldsymbol{X}$ 的**相关阵**为

$$\boldsymbol{R} = \mathrm{Corr}(\boldsymbol{X}) = (\rho_{ij})_{p\times p},$$

其中

$$\rho_{ij} = \frac{\mathrm{Cov}(X_i, X_j)}{\sqrt{\mathrm{Var}(X_i)}\sqrt{\mathrm{Var}(X_j)}} = \frac{\sigma_{ij}}{\sqrt{\sigma_{ii}}\sqrt{\sigma_{jj}}}, \quad i,j = 1,\cdots,p \tag{2.6}$$

为 X_i 与 X_j 的相关系数.

在数据处理时, 为了克服由于指标的量纲不同对统计分析结果带来的影响, 往往在使用各种统计分析之前, 常需要将每个指标 "标准化", 即进行如下变换:

$$X_j^* = \frac{X_j - \mathrm{E}(X_j)}{\sqrt{\mathrm{Var}(X_j)}}, \quad j = 1,\cdots,p. \tag{2.7}$$

那么由 (2.7) 构成随机向量 $\boldsymbol{X}^* = (X_1^*, X_2^*, \cdots, X_p^*)'$. 令 $\boldsymbol{C}^2 = \mathrm{diag}(\sigma_{11}, \sigma_{22}, \cdots, \sigma_{pp})$, 有

$$\boldsymbol{X}^* = \boldsymbol{C}^{-1}(\boldsymbol{X} - \mathrm{E}(\boldsymbol{X})).$$

标准化后的随机向量 $\boldsymbol{X}^*$ 的均值和协差阵分别为

$$\begin{aligned}
\mathrm{E}(\boldsymbol{X}^*) &= \mathrm{E}[\boldsymbol{C}^{-1}(\boldsymbol{X}-\mathrm{E}(\boldsymbol{X}))] = \boldsymbol{C}^{-1}\mathrm{E}[(\boldsymbol{X}-\mathrm{E}(\boldsymbol{X}))] = \boldsymbol{0},\\
\mathrm{Var}(\boldsymbol{X}^*) &= \mathrm{Var}[\boldsymbol{C}^{-1}(\boldsymbol{X}-\mathrm{E}(\boldsymbol{X}))] = \boldsymbol{C}^{-1}\mathrm{Var}[(\boldsymbol{X}-\mathrm{E}(\boldsymbol{X}))](\boldsymbol{C}^{-1})'\\
&= \boldsymbol{C}^{-1}\mathrm{Var}(\boldsymbol{X})(\boldsymbol{C}^{-1})' = \boldsymbol{C}^{-1}\boldsymbol{\Sigma}(\boldsymbol{C}^{-1})' = \boldsymbol{R},
\end{aligned}$$

即标准化数据的协差阵正好是原指标的相关阵.

定义 2.8 若 p 维随机向量 $\boldsymbol{X}=(X_1,X_2,\cdots,X_p)'$ 的密度函数为

$$f(x_1,x_2,\cdots,x_p)=\frac{1}{(2\pi)^{p/2}|\boldsymbol{\Sigma}|^{1/2}}\exp\left\{-\frac{1}{2}(\boldsymbol{x}-\boldsymbol{\mu})'\boldsymbol{\Sigma}^{-1}(\boldsymbol{x}-\boldsymbol{\mu})\right\}, \tag{2.8}$$

其中 $\boldsymbol{x}=(x_1,x_2,\cdots,x_p)',\boldsymbol{\mu}$ 是 p 维随机向量, $\boldsymbol{\Sigma}$ 是 p 阶正定阵, 则称 $\boldsymbol{X}$ 服从 p 元正态分布, 也称 $\boldsymbol{X}$ 为 p **维正态随机向量**, 简记为 $\boldsymbol{X}\sim N_p(\boldsymbol{\mu},\boldsymbol{\Sigma})$. 显然当 $p=1$ 时, 即 $f(x)$ 为一元正态分布密度函数.

定理 2.1 设 $\boldsymbol{X}\sim \boldsymbol{N}_p(\boldsymbol{\mu},\boldsymbol{\Sigma})$, 则有 $\mathrm{E}(\boldsymbol{X})=\boldsymbol{\mu},\mathrm{Var}(\boldsymbol{X})=\boldsymbol{\Sigma}$.

关于这个定理的证明可以参考文献 (方开泰 1989), 该定理将多元正态分布的参数 $\boldsymbol{\mu}$ 和 $\boldsymbol{\Sigma}$ 赋予了明确的统计意义.

这里我们需要明确的是, 多元正态分布的定义不止一种, 更广泛的可以采用特征函数来定义, 也可以用一切线性组合均为正态的性质来定义, 有关这方面的知识可参看文献 (方开泰, 1989).

三、多元正态分布的性质

在讨论多元统计分析的理论和方法时, 经常用到多元正态变量的某些性质, 利用这些性质可使得正态分布的处理变得容易一些.

(1) 若 $\boldsymbol{X}=(X_1,X_2,\cdots,X_p)'\sim N_p(\boldsymbol{\mu},\boldsymbol{\Sigma}),\boldsymbol{\Sigma}$ 是对角阵, 则 $X_1,\cdots,X_p$ 相互独立.

(2) 若 $\boldsymbol{X}\sim N_p(\boldsymbol{\mu},\boldsymbol{\Sigma}),\boldsymbol{A}$ 为 $s\times p$ 常数矩阵, $\boldsymbol{d}$ 为 s 维常数向量, 则

$$\boldsymbol{AX}+\boldsymbol{d}\sim N_s(\boldsymbol{A\mu}+\boldsymbol{d},\boldsymbol{A\Sigma A}'),$$

即正态随机向量的线性函数还是正态的.

(3) 若 $\boldsymbol{X}\sim N_p(\boldsymbol{\mu},\boldsymbol{\Sigma})$, 将 $\boldsymbol{X},\boldsymbol{\mu},\boldsymbol{\Sigma}$ 作如下剖分:

$$\boldsymbol{X}=\begin{bmatrix}\boldsymbol{X}^{(1)}\\ \boldsymbol{X}^{(2)}\end{bmatrix}\begin{matrix}q\\ p-q\end{matrix},\quad \boldsymbol{\mu}=\begin{bmatrix}\boldsymbol{\mu}^{(1)}\\ \boldsymbol{\mu}^{(2)}\end{bmatrix}\begin{matrix}q\\ p-q\end{matrix},\quad \boldsymbol{\Sigma}=\begin{bmatrix}\boldsymbol{\Sigma}_{11} & \boldsymbol{\Sigma}_{12}\\ \boldsymbol{\Sigma}_{21} & \boldsymbol{\Sigma}_{22}\end{bmatrix}\begin{matrix}q\\ p-q\end{matrix},$$

则 $\boldsymbol{X}^{(1)}\sim N_q(\boldsymbol{\mu}^{(1)},\boldsymbol{\Sigma}_{11}),\boldsymbol{X}^{(2)}\sim N_{p-q}(\boldsymbol{\mu},\boldsymbol{\Sigma}_{22})$.

这里需要指出的是:

(1) 多元正态分布的任何边缘分布为正态分布, 但反之不真.

(2) 由于 $\boldsymbol{\Sigma}_{12}=\mathrm{Cov}(\boldsymbol{X}^{(1)},\boldsymbol{X}^{(2)})$, 故 $\boldsymbol{\Sigma}_{12}=\boldsymbol{0}$ 表示 $\boldsymbol{X}^{(1)}$ 和 $\boldsymbol{X}^{(2)}$ 不相关, 因此可知, 对于多元正态变量而言, $\boldsymbol{X}^{(1)}$ 和 $\boldsymbol{X}^{(2)}$ 的不相关与独立是等价的.

第三节　多元正态分布的参数估计

一、多元正态样本的数字特征

设样本资料可用矩阵表示为

$$\boldsymbol{X}=\begin{bmatrix} X_{11} & X_{12} & \cdots & X_{1p} \\ X_{21} & X_{22} & \cdots & X_{2p} \\ \vdots & \vdots & & \vdots \\ X_{n1} & X_{n2} & \cdots & X_{np} \end{bmatrix}=(\boldsymbol{X}_1,\boldsymbol{X}_2,\cdots,\boldsymbol{X}_p)=\begin{bmatrix} \boldsymbol{X}'_{(1)} \\ \boldsymbol{X}'_{(2)} \\ \vdots \\ \boldsymbol{X}'_{(n)} \end{bmatrix}.$$

下面我们将给出样本均值向量、样本离差阵、样本协差阵以及样本相关阵的定义.

定义 2.9 设 $\boldsymbol{X}_{(1)},\boldsymbol{X}_{(2)},\cdots,\boldsymbol{X}_{(n)}$ 为来自 p 元总体的样本, 其中 $\boldsymbol{X}_{(a)}=(X_{a1},X_{a2},\cdots,X_{ap})',a=1,2,\cdots,n$.

(1) **样本均值向量**定义为

$$\widehat{\boldsymbol{\mu}}=\overline{\boldsymbol{X}}=\frac{1}{n}\sum_{a=1}^{n}\boldsymbol{X}_{(a)}=(\overline{X}_1,\overline{X}_2,\cdots,\overline{X}_p)'; \tag{2.9}$$

(2) **样本离差阵**定义为

$$\boldsymbol{S}_{p\times p}=\sum_{a=1}^{n}(\boldsymbol{X}_{(a)}-\overline{\boldsymbol{X}})(\boldsymbol{X}_{(a)}-\overline{\boldsymbol{X}})'=(s_{ij})_{p\times p} \tag{2.10}$$

$$=\begin{bmatrix} s_{11} & s_{12} & \cdots & s_{1p} \\ s_{21} & s_{22} & \cdots & s_{2p} \\ \vdots & \vdots & & \vdots \\ s_{p1} & s_{p2} & \cdots & s_{pp} \end{bmatrix}=(s_{ij})_{p\times p};$$

(3) **样本协差阵**定义为

$$\boldsymbol{V}_{p\times p}=\frac{1}{n}\boldsymbol{S}=\frac{1}{n}\sum_{a=1}^{p}\mathrm{Cov}(\boldsymbol{X}_{(a)}-\overline{\boldsymbol{X}})(\boldsymbol{X}_{(a)}-\overline{\boldsymbol{X}})'=(v_{ij})_{p\times p}; \tag{2.11}$$

(4) **样本相关阵**定义为

$$\widehat{\boldsymbol{R}}_{p\times p}=(r_{ij})_{p\times p}, \tag{2.12}$$

其中

$$r_{ij}=\frac{v_{ij}}{\sqrt{v_{ii}}\sqrt{v_{jj}}}=\frac{s_{ij}}{\sqrt{s_{ii}}\sqrt{s_{jj}}},\quad i,j=1,\cdots,p.$$

二、均值向量与协差阵的最大似然估计

多元正态分布有两组参数, 均值 $\boldsymbol{\mu}$ 和协差阵 $\boldsymbol{\Sigma}$, 在许多问题中它们是未知的, 需要通过样本来估计. 那么, 通过样本来估计总体的参数叫作参数估计, 参数估计的原则和方法是很多的, 这里用最常见的且具有很多优良性质的最大似然法给出 $\boldsymbol{\mu}$ 和 $\boldsymbol{\Sigma}$ 的估计量.

设 $\boldsymbol{X}_{(1)},\boldsymbol{X}_{(2)},\cdots,\boldsymbol{X}_{(n)}$ 来自正态总体 $N_p(\boldsymbol{\mu},\boldsymbol{\Sigma})$ 容量为 n 的样本, 则可由最大似然法求出 $\boldsymbol{\mu}$ 和 $\boldsymbol{\Sigma}$ 的估计量, 即有

$$\widehat{\boldsymbol{\mu}}=\overline{\boldsymbol{X}},\quad \widehat{\boldsymbol{\Sigma}}=\frac{1}{n}\boldsymbol{S}. \tag{2.13}$$

实际上, 最大似然法求估计量可以这样得到. 针对 $\boldsymbol{X}_{(1)},\boldsymbol{X}_{(2)},\cdots,\boldsymbol{X}_{(n)}$ 来自正态总体 $N_p(\boldsymbol{\mu},\boldsymbol{\Sigma})$ 容量为 n 的样本, 构造似然函数, 即

$$\begin{aligned}L(\boldsymbol{\mu},\boldsymbol{\Sigma})&=\prod_{i=1}^{n}f(\boldsymbol{X}_i,\boldsymbol{\mu},\boldsymbol{\Sigma})\\&=\frac{1}{(2\pi)^{pn/2}\left|\boldsymbol{\Sigma}\right|^{n/2}}\exp\left\{-\frac{1}{2}\sum_{i=1}^{n}(\boldsymbol{X}_i-\boldsymbol{\mu})'\boldsymbol{\Sigma}^{-1}(\boldsymbol{X}_i-\boldsymbol{\mu})\right\}.\end{aligned} \tag{2.14}$$

将 (2.14) 两边取对数, 即

$$\begin{aligned}\ln L(\boldsymbol{\mu},\boldsymbol{\Sigma})=&-\frac{1}{2}pn\ln(2\pi)-\frac{n}{2}\ln|\boldsymbol{\Sigma}|\\&-\frac{1}{2}\sum_{i=1}^{n}(\boldsymbol{X}_i-\boldsymbol{\mu})'\boldsymbol{\Sigma}^{-1}(\boldsymbol{X}_i-\boldsymbol{\mu}).\end{aligned} \tag{2.15}$$

因为对数函数是一个严格单调增函数, 所以可以通过对 $\ln L(\boldsymbol{\mu},\boldsymbol{\Sigma})$ 取极大值而得到 $\boldsymbol{\mu}$ 和 $\boldsymbol{\Sigma}$ 的估计量.

针对对数似然函数 (2.15), 分别对 $\boldsymbol{\mu}$ 和 $\boldsymbol{\Sigma}$ 求偏导数, 则有

$$\begin{cases}\dfrac{\partial\ln L(\boldsymbol{\mu},\boldsymbol{\Sigma})}{\partial\boldsymbol{\mu}}=\displaystyle\sum_{i=1}^{n}\boldsymbol{\Sigma}^{-1}(\boldsymbol{X}_i-\boldsymbol{\mu})=\boldsymbol{0},\\[2ex]\dfrac{\partial\ln L(\boldsymbol{\mu},\boldsymbol{\Sigma})}{\partial\boldsymbol{\Sigma}}=-\dfrac{n}{2}\boldsymbol{\Sigma}^{-1}+\dfrac{1}{2}\displaystyle\sum_{i=1}^{n}(\boldsymbol{X}_i-\boldsymbol{\mu})(\boldsymbol{X}_i-\boldsymbol{\mu})'(\boldsymbol{\Sigma}^{-1})^2=\boldsymbol{0}.\end{cases} \tag{2.16}$$

由 (2.16) 式可以得到极大似然估计量分别为

$$\begin{cases} \widehat{\boldsymbol{\mu}} = \dfrac{1}{n}\sum_{i=1}^{n}\boldsymbol{X}_i = \overline{\boldsymbol{X}}, \\ \widehat{\boldsymbol{\Sigma}} = \dfrac{1}{n}\sum_{i=1}^{n}(\boldsymbol{X}_i - \overline{\boldsymbol{X}})(\boldsymbol{X}_i - \overline{\boldsymbol{X}})' = \dfrac{1}{n}\boldsymbol{S}. \end{cases}$$

由此可见, 多元正态总体的均值向量 $\boldsymbol{\mu}$ 的极大似然估计就是样本均值向量, 其协差阵 $\boldsymbol{\Sigma}$ 的极大似然估计就是样本协差阵.

$\boldsymbol{\mu}$ 和 $\boldsymbol{\Sigma}$ 的估计量有如下基本性质:

(1) $\mathrm{E}(\overline{\boldsymbol{X}}) = \boldsymbol{\mu}$, 即 $\overline{X}$ 是 $\boldsymbol{\mu}$ 的无偏估计.

$\mathrm{E}\left(\dfrac{1}{n}\boldsymbol{S}\right) = \dfrac{n-1}{n}\boldsymbol{\Sigma}$, 即 $\dfrac{1}{n}\boldsymbol{S}$ 不是 $\boldsymbol{\Sigma}$ 的无偏估计,

而 $\mathrm{E}\left(\dfrac{1}{n-1}\boldsymbol{S}\right) = \boldsymbol{\Sigma}$, 即 $\dfrac{1}{n-1}\boldsymbol{S}$ 是 $\boldsymbol{\Sigma}$ 的无偏估计.

(2) $\overline{\boldsymbol{X}}$, $\dfrac{1}{n-1}\boldsymbol{S}$ 分别是 $\boldsymbol{\mu}$, $\boldsymbol{\Sigma}$ 的有效估计.

(3) $\overline{\boldsymbol{X}}$, $\dfrac{1}{n}\boldsymbol{S}$ (或 $\dfrac{1}{n-1}\boldsymbol{S}$) 分别是 $\boldsymbol{\mu}$, $\boldsymbol{\Sigma}$ 的一致估计 (相合估计).

样本均值向量和样本离差阵在多元统计推断中具有十分重要的作用, 并有如下结论:

定理 2.2　设 $\overline{\boldsymbol{X}}$ 和 $\boldsymbol{S}$ 分别是正态总体 $N_p(\boldsymbol{\mu}, \boldsymbol{\Sigma})$ 的样本均值向量和样本离差阵, 则

(1) $\overline{\boldsymbol{X}} \sim N_p\left(\boldsymbol{\mu}, \dfrac{1}{n}\boldsymbol{\Sigma}\right)$.

(2) 样本离差阵 $\boldsymbol{S}$ 可以写为

$$\boldsymbol{S} = \sum_{a=1}^{n-1}\boldsymbol{Z}_a\boldsymbol{Z}_a',$$

其中, $\boldsymbol{Z}_1, \cdots, \boldsymbol{Z}_{n-1}$ 独立同分布于 $N_p(\mathbf{0}, \boldsymbol{\Sigma})$.

(3) $\overline{\boldsymbol{X}}$ 和 $\boldsymbol{S}$ 相互独立.

(4) $\boldsymbol{S}$ 为正定阵的充分必要条件是 $n > p$.

关于这一定理的证明, 感兴趣的读者可以参看文献 (王学仁, 王松桂, 1990).

三、威沙特分布

在实际应用中, 常采用 $\overline{\boldsymbol{X}}$ 和 $\widehat{\boldsymbol{\Sigma}} = \dfrac{1}{n-1}\boldsymbol{S}$ 来分别估计 $\boldsymbol{\mu}$ 和 $\boldsymbol{\Sigma}$. 前面已指出, 均值向量 $\overline{\boldsymbol{X}}$ 的分布仍为正态分布, 而离差阵 $\boldsymbol{S}$ 的分布又是什么呢? 为此给出威沙特 (Wishart) 分布, 并指出它是一元 χ^2 分布的推广, 也是构成其他重要分布的基础. 威沙特分布是威沙特在 1928 年推导出来的, 而该分布的名称也由此得来.

定义 2.10 设 $\boldsymbol{X}_{(a)}=(X_{a1},X_{a2},\cdots,X_{ap})'\sim N_p(\boldsymbol{\mu}_a,\boldsymbol{\Sigma})$, $a=1,2,\cdots,n$, 且相互独立, 则由 $\boldsymbol{X}_{(a)}$ 组成的随机矩阵

$$\boldsymbol{W}_{p\times p}=\sum_{a=1}^{n}\boldsymbol{X}_{(a)}\boldsymbol{X}'_{(a)} \tag{2.17}$$

的分布称为**非中心威沙特分布**, 记为 $W_p(n,\boldsymbol{\Sigma},\boldsymbol{Z})$, 其中

$$\boldsymbol{Z}=(\mu_{a1},\cdots,\mu_{an})(\mu_{a1},\cdots,\mu_{an})'=\sum_{a=1}^{n}\boldsymbol{\mu}_a\boldsymbol{\mu}'_a,$$

$\boldsymbol{\mu}_a$ 称为**非中心参数**. 当 $\boldsymbol{\mu}_a=\boldsymbol{0}$ 时, 称其为**中心威沙特分布**, 记为 $W_p(n,\boldsymbol{\Sigma})$; 当 $n\geqslant p$, $\boldsymbol{\Sigma}$ 为正定阵, $W_p(n,\boldsymbol{\Sigma})$ 存在密度函数, 其表达式为

$$f(\boldsymbol{w})=\begin{cases}\dfrac{|\boldsymbol{w}|^{\frac{1}{2}(n-p-1)}\exp\left\{-\dfrac{1}{2}\mathrm{tr}\boldsymbol{\Sigma}^{-1}\boldsymbol{w}\right\}}{2^{np/2}\pi^{p(p-1)/4}|\boldsymbol{\Sigma}|^{n/2}\prod\limits_{i=1}^{p}\Gamma\left(\dfrac{n-i+1}{2}\right)}, & \text{当 } \boldsymbol{w} \text{ 为正定阵},\\ 0, & \text{其他}.\end{cases} \tag{2.18}$$

显然, 当 $p=1$, $\Sigma=\sigma^2$ 时, $f(w)$ 就是 $\sigma^2\chi^2(n)$ 的分布密度函数, 此时 (2.17) 式为 $\boldsymbol{W}=\sum\limits_{a=1}^{n}\boldsymbol{X}_{(a)}\boldsymbol{X}'_{(a)}=\sum\limits_{a=1}^{n}\boldsymbol{X}^2_{(a)}$, 有 $\dfrac{1}{\sigma^2}\sum\limits_{a=1}^{n}\boldsymbol{X}^2_{(a)}\sim\chi^2(n)$. 因此, 威沙特分布是 χ^2 分布在 p 维正态情况下的推广.

第四节 均值向量的检验

为了对多元正态总体均值向量作检验, 首先需要给出霍特林 T^2 分布的定义.

一、霍特林 T^2 分布

定义 2.11 设 $\boldsymbol{X}\sim N_p(\boldsymbol{\mu},\boldsymbol{\Sigma})$, $\boldsymbol{S}\sim W_p(n,\boldsymbol{\Sigma})$, 且 $\boldsymbol{X}$ 与 $\boldsymbol{S}$ 相互独立, $n\geqslant p$, 则称统计量 $T^2=n\boldsymbol{X}'\boldsymbol{S}^{-1}\boldsymbol{X}$ 的分布为**非中心霍特林 T^2 分布**, 记为 $T^2\sim T^2(p,n,\boldsymbol{\mu})$. 当 $\boldsymbol{\mu}=\boldsymbol{0}$ 时, 称 T^2 服从 (**中心**) **霍特林 T^2 分布**, 记为 $T^2(p,n)$.

由于这一统计量的分布首先是由霍特林提出来的, 故称为**霍特林 T^2 分布**, 值得指出的是, 我国著名统计学家许宝禄先生在 1938 年用不同方法也导出了 T^2 分布的密度函数, 因表达式很复杂, 故略去.

在单一变量统计分析中, 若统计量 $t\sim t(n-1)$, 则 $t^2\sim F(1,n-1)$, 即把 t 分布的统计量转化为 F 统计量来处理, 在多元统计分析中 T^2 统计量也具有类似的性质.

定理 2.3　若 $\boldsymbol{X} \sim N_p(\boldsymbol{0}, \boldsymbol{\Sigma})$, $\boldsymbol{S} \sim W_p(n, \boldsymbol{\Sigma})$, 且 $\boldsymbol{X}$ 与 $\boldsymbol{S}$ 相互独立, 令 $T^2 = n\boldsymbol{X}'S^{-1}\boldsymbol{X}$, 则

$$\frac{n-p+1}{np}T^2 \sim F(p, n-p+1). \tag{2.19}$$

在我们后面所介绍的检验问题中, 经常会用到这一性质.

二、一个正态总体均值向量的检验

设 $\boldsymbol{X}_{(1)}, \boldsymbol{X}_{(2)}, \cdots, \boldsymbol{X}_{(n)}$ 是来自 p 维正态总体 $N_p(\boldsymbol{\mu}, \boldsymbol{\Sigma})$ 的样本, 且 $\overline{\boldsymbol{X}} = \frac{1}{n}\sum_{a=1}^{n}\boldsymbol{X}_{(a)}$, $\boldsymbol{S} = \sum_{a=1}^{n}(\boldsymbol{X}_{(a)} - \overline{\boldsymbol{X}})(\boldsymbol{X}_{(a)} - \overline{\boldsymbol{X}})'$.

(一) 协差阵 $\boldsymbol{\Sigma}$ 已知时, 均值向量的检验

对假设

$$H_0: \boldsymbol{\mu} = \boldsymbol{\mu}_0 \ (\boldsymbol{\mu}_0 \text{ 为已知向量}), \quad H_1: \boldsymbol{\mu} \neq \boldsymbol{\mu}_0$$

进行检验.

假设 H_0 成立, 检验统计量为

$$T_0^2 = n(\overline{\boldsymbol{X}} - \boldsymbol{\mu}_0)'\boldsymbol{\Sigma}^{-1}(\overline{\boldsymbol{X}} - \boldsymbol{\mu}_0) \sim \chi^2(p). \tag{2.20}$$

给定检验水平 α, 查 χ^2 分布表使 $P\{T_0^2 > \chi_\alpha^2\} = \alpha$, 可确定出临界值 χ_α^2, 再用样本值计算出 T_0^2. 若 $T_0^2 > \chi_\alpha^2$, 则否定 H_0, 否则接受 H_0.

这里要对统计量的选取作一些解释, 为什么该统计量服从 $\chi^2(p)$ 分布. 根据二次型分布定理知道, 若 $\boldsymbol{X} \sim N_p(\boldsymbol{0}, \boldsymbol{\Sigma})$, 则 $\boldsymbol{X}'\boldsymbol{\Sigma}^{-1}\boldsymbol{X} \sim \chi^2(p)$. 显然,

$$T_0^2 = n(\overline{\boldsymbol{X}} - \boldsymbol{\mu}_0)'\boldsymbol{\Sigma}^{-1}(\overline{\boldsymbol{X}} - \boldsymbol{\mu}_0) = \sqrt{n}(\overline{\boldsymbol{X}} - \boldsymbol{\mu}_0)'\boldsymbol{\Sigma}^{-1}\sqrt{n}(\overline{\boldsymbol{X}} - \boldsymbol{\mu}_0) \triangleq \boldsymbol{Y}'\boldsymbol{\Sigma}^{-1}\boldsymbol{Y},$$

其中, $\boldsymbol{Y} = \sqrt{n}(\overline{\boldsymbol{X}} - \boldsymbol{\mu}_0) \sim N_p(\boldsymbol{0}, \boldsymbol{\Sigma})$, 因此,

$$T_0^2 = n(\overline{\boldsymbol{X}} - \boldsymbol{\mu}_0)'\boldsymbol{\Sigma}^{-1}(\overline{\boldsymbol{X}} - \boldsymbol{\mu}_0) \sim \chi^2(p).$$

(二) 协差阵 $\boldsymbol{\Sigma}$ 未知时, 均值向量的检验

对假设

$$H_0: \boldsymbol{\mu} = \boldsymbol{\mu}_0 \ (\boldsymbol{\mu}_0 \text{ 为已知向量}), \quad H_1: \boldsymbol{\mu} \neq \boldsymbol{\mu}_0$$

进行检验.

假设 H_0 成立, 检验统计量为

$$\frac{(n-1)-p+1}{(n-1)p}T^2 \sim F(p, n-p), \tag{2.21}$$

其中, $T^2=(n-1)\left[\sqrt{n}(\overline{\boldsymbol{X}}-\boldsymbol{\mu}_0)'\boldsymbol{S}^{-1}\sqrt{n}(\overline{\boldsymbol{X}}-\boldsymbol{\mu}_0)\right]$.

给定检验水平 α, 查 F 分布表, 使 $P\left\{\dfrac{n-p}{(n-1)p}T^2>F_\alpha\right\}=\alpha$, 可确定出临界值 F_α, 再用样本值计算出 T^2. 若 $\dfrac{n-p}{(n-1)p}T^2>F_\alpha$, 则否定 H_0, 否则接受 H_0.

这里需要解释的是, 当 $\boldsymbol{\Sigma}$ 未知时, 自然想到要用样本协差阵 $\dfrac{1}{n-1}\boldsymbol{S}$ 去代替 $\boldsymbol{\Sigma}$, 因 $(n-1)\boldsymbol{S}^{-1}$ 是 $\boldsymbol{\Sigma}^{-1}$ 的无偏估计量, 而样本离差阵

$$\boldsymbol{S}=\sum_{a=1}^{n}(\boldsymbol{X}_{(a)}-\overline{\boldsymbol{X}})(\boldsymbol{X}_{(a)}-\overline{\boldsymbol{X}})'\sim W_p(n-1,\boldsymbol{\Sigma}),$$

$$\sqrt{n}(\overline{\boldsymbol{X}}-\boldsymbol{\mu}_0)\sim N_p(\boldsymbol{0},\boldsymbol{\Sigma}).$$

由定义 2.11 知,

$$T^2=(n-1)\left[\sqrt{n}(\overline{\boldsymbol{X}}-\boldsymbol{\mu}_0)'\boldsymbol{S}^{-1}\sqrt{n}(\overline{\boldsymbol{X}}-\boldsymbol{\mu}_0)\right]\sim T^2(p,n-p).$$

再根据霍特林 T^2 分布的性质, 所以

$$\frac{(n-1)-p+1}{(n-1)p}T^2\sim F(p,n-p).$$

在处理实际问题时, 单一变量的检验和多变量的检验可以联合使用. 多元变量的检验具有概括和全面考察的特点, 而一元变量的检验容易发现各变量之间的关系和差异, 能给人们提供更多的统计分析信息.

三、两个正态总体均值向量的检验

(一) 协差阵相等时, 两个正态总体均值向量的检验

设 $\boldsymbol{X}_{(a)}=(X_{a1},X_{a2},\cdots,X_{ap})'$, $a=1,2,\cdots,n$ 为来自 p 维正态总体 $N_p(\boldsymbol{\mu}_1,\boldsymbol{\Sigma})$ 的容量为 n 的样本; $\boldsymbol{Y}_{(a)}=(Y_{a1},Y_{a2},\cdots,Y_{ap})'$, $a=1,2,\cdots,m$ 为来自 p 维正态总体 $N_p(\boldsymbol{\mu}_2,\boldsymbol{\Sigma})$ 的容量为 m 的样本. 两组样本相互独立, $n>p,m>p$, 且 $\overline{\boldsymbol{X}}=\dfrac{1}{n}\sum\limits_{i=1}^{n}\boldsymbol{X}_{(i)}$, $\overline{\boldsymbol{Y}}=\dfrac{1}{m}\sum\limits_{i=1}^{m}\boldsymbol{Y}_{(i)}$.

(1) 针对有共同已知协差阵的情形.

对假设

$$H_0:\boldsymbol{\mu}_1=\boldsymbol{\mu}_2,\quad H_1:\boldsymbol{\mu}_1\neq\boldsymbol{\mu}_2$$

进行检验.

对此问题, 假设 H_0 成立时, 所构造的检验统计量为

$$T_0^2=\frac{n\cdot m}{n+m}(\overline{\boldsymbol{X}}-\overline{\boldsymbol{Y}})'\boldsymbol{\Sigma}^{-1}(\overline{\boldsymbol{X}}-\overline{\boldsymbol{Y}})\sim\chi^2(p). \tag{2.22}$$

给定检验水平 α, 查 $\chi^2(p)$ 分布表使 $P\left\{T_0^2>\chi_\alpha^2\right\}=\alpha$, 可确定出临界值 χ_α^2, 再用样本值计算出 T_0^2. 若 $T_0^2>\chi_\alpha^2$, 则否定 H_0, 否则接受 H_0.

这里, 我们应该注意到, 在单一变量统计中进行均值相等检验所给出的统计量为

$$Z=\frac{\overline{X}-\overline{Y}}{\sqrt{\sigma^2/n+\sigma^2/m}}\sim N(0,1).$$

显然

$$\begin{aligned}Z^2&=\frac{(\overline{X}-\overline{Y})^2}{\sigma^2/n+\sigma^2/m}=\frac{n\cdot m}{(n+m)\sigma^2}(\overline{X}-\overline{Y})^2\\&=\frac{n\cdot m}{n+m}(\overline{X}-\overline{Y})'(\sigma^2)^{-1}(\overline{X}-\overline{Y})\sim\chi^2(1).\end{aligned}$$

此式恰为 (2.22) 式表示的统计量, 在当 $p=1$ 时的情况, 不难看出这里给出的检验统计量是单一变量检验情况的推广.

(2) 针对有共同的未知协差阵的情形.

对假设

$$H_0:\boldsymbol{\mu}_1=\boldsymbol{\mu}_2,\quad H_1:\boldsymbol{\mu}_1\neq\boldsymbol{\mu}_2$$

进行检验.

对此问题, 假设 H_0 成立时, 所构造的检验统计量为

$$F=\frac{(n+m-2)-p+1}{(n+m-2)p}T^2\sim F(p,n+m-p-1),\tag{2.23}$$

其中,

$$\begin{aligned}T^2&=(n+m-2)\left[\sqrt{\frac{n\cdot m}{n+m}}(\overline{\boldsymbol{X}}-\overline{\boldsymbol{Y}})\right]'\boldsymbol{S}^{-1}\left[\sqrt{\frac{n\cdot m}{n+m}}(\overline{\boldsymbol{X}}-\overline{\boldsymbol{Y}})\right],\\\boldsymbol{S}&=\boldsymbol{S}_x+\boldsymbol{S}_y,\\\boldsymbol{S}_x&=\sum_{a=1}^{n}(\boldsymbol{X}_{(a)}-\overline{\boldsymbol{X}})(\boldsymbol{X}_{(a)}-\overline{\boldsymbol{X}})',\quad\overline{\boldsymbol{X}}=(\overline{\boldsymbol{X}}_1,\overline{\boldsymbol{X}}_2,\cdots,\overline{\boldsymbol{X}}_p)',\\\boldsymbol{S}_y&=\sum_{a=1}^{n}(\boldsymbol{Y}_{(a)}-\overline{\boldsymbol{Y}})(\boldsymbol{Y}_{(a)}-\overline{\boldsymbol{Y}})',\quad\overline{\boldsymbol{Y}}=(\overline{\boldsymbol{Y}}_1,\overline{\boldsymbol{Y}}_2,\cdots,\overline{\boldsymbol{Y}}_p)'.\end{aligned}$$

给定检验水平 α, 查 F 分布表, 使 $P\{F>F_\alpha\}=\alpha$, 可确定出临界值 F_α, 再用样本值计算出 F. 若 $F>F_\alpha$, 则否定 H_0, 否则接受 H_0.

这里我们需要解释的是, 当两个总体的协差阵未知时, 自然想到用每个总体的样本协差

阵 $\frac{1}{n-1}\boldsymbol{S}_x$ 和 $\frac{1}{m-1}\boldsymbol{S}_y$ 去代替, 而

$$\boldsymbol{S}_x=\sum_{a=1}^{n}(\boldsymbol{X}_{(a)}-\overline{\boldsymbol{X}})(\boldsymbol{X}_{(a)}-\overline{\boldsymbol{X}})'\sim W_p(n-1,\boldsymbol{\Sigma}),$$
$$\boldsymbol{S}_y=\sum_{a=1}^{m}(\boldsymbol{Y}_{(a)}-\overline{\boldsymbol{Y}})(\boldsymbol{Y}_{(a)}-\overline{\boldsymbol{Y}})'\sim W_p(m-1,\boldsymbol{\Sigma}).$$

从而 $\boldsymbol{S}=\boldsymbol{S}_x+\boldsymbol{S}_y\sim W_p(n+m-2,\boldsymbol{\Sigma})$. 又由于

$$\sqrt{\frac{nm}{n+m}}(\overline{\boldsymbol{X}}-\overline{\boldsymbol{Y}})\sim N_p(\boldsymbol{0},\boldsymbol{\Sigma}),$$

所以

$$\frac{(n+m-2)-p+1}{(n+m-2)p}T^2\sim F(p,n+m-p-1).$$

下述假设检验统计量的选取和前面统计量的选取思路是一样的, 以下只提出待检验的假设, 然后给出统计量及其分布, 为节省篇幅, 不作重复的解释.

(二) 协差阵不等, 且未知时, 两个正态总体均值向量的检验

设从两个总体 $N_p(\boldsymbol{\mu}_1,\boldsymbol{\Sigma}_1)$ 和 $N_p(\boldsymbol{\mu}_2,\boldsymbol{\Sigma}_2)$ 中, 分别抽取两个样本, 即

$$\boldsymbol{X}_{(a)}=(X_{a1},X_{a2},\cdots,X_{ap})',\quad a=1,2,\cdots,n;$$
$$\boldsymbol{Y}_{(a)}=(Y_{a1},Y_{a2},\cdots,Y_{ap})',\quad a=1,2,\cdots,m,$$

其容量分别为 n 和 m, 且两组样本相互独立, $n>p,m>p$, $\boldsymbol{\Sigma}_1$, $\boldsymbol{\Sigma}_2$ 为正定阵. 对假设

$$H_0:\boldsymbol{\mu}_1=\boldsymbol{\mu}_2,\quad H_1:\boldsymbol{\mu}_1\neq\boldsymbol{\mu}_2$$

进行检验.

(1) 针对 $n=m$ 的情形.

令

$$\boldsymbol{Z}_{(i)}=\boldsymbol{X}_{(i)}-\boldsymbol{Y}_{(i)},\quad i=1,2,\cdots,n,$$
$$\overline{\boldsymbol{Z}}=\frac{1}{n}\sum_{i=1}^{n}\boldsymbol{Z}_{(i)}=\overline{\boldsymbol{X}}-\overline{\boldsymbol{Y}},$$
$$\boldsymbol{S}=\sum_{i=1}^{n}(\boldsymbol{Z}_{(i)}-\overline{\boldsymbol{Z}})(\boldsymbol{Z}_{(i)}-\overline{\boldsymbol{Z}})'$$
$$=\sum_{i=1}^{n}(\boldsymbol{X}_{(i)}-\boldsymbol{Y}_{(i)}-\overline{\boldsymbol{X}}+\overline{\boldsymbol{Y}})(\boldsymbol{X}_{(i)}-\boldsymbol{Y}_{(i)}-\overline{\boldsymbol{X}}+\overline{\boldsymbol{Y}})'.$$

假设 H_0 成立时, 构造检验统计量为

$$F=\frac{(n-p)n}{p}\overline{\boldsymbol{Z}}'\boldsymbol{S}^{-1}\overline{\boldsymbol{Z}}\sim F(p,n-p). \tag{2.24}$$

(2) 针对 $n\neq m$ 的情形.

在此, 我们不妨假设 $n<m$, 令

$$\begin{aligned}
\boldsymbol{Z}_{(i)}&=\boldsymbol{X}_{(i)}-\sqrt{\frac{n}{m}}\boldsymbol{Y}_{(i)}+\frac{1}{\sqrt{n\cdot m}}\sum_{j=1}^{n}\boldsymbol{Y}_{(j)}-\frac{1}{m}\sum_{j=1}^{n}\boldsymbol{Y}_{(j)},\quad i=1,2,\cdots,n,\\
\overline{\boldsymbol{Z}}&=\frac{1}{n}\sum_{i=1}^{n}\boldsymbol{Z}_{(i)}=\overline{\boldsymbol{X}}-\overline{\boldsymbol{Y}},\\
\boldsymbol{S}&=\sum_{i=1}^{n}(\boldsymbol{Z}_{(i)}-\overline{\boldsymbol{Z}})(\boldsymbol{Z}_{(i)}-\overline{\boldsymbol{Z}})'\\
&=\sum_{i=1}^{n}\left[(\boldsymbol{X}_{(i)}-\overline{\boldsymbol{X}})-\sqrt{\frac{n}{m}}\left(\boldsymbol{Y}_{(i)}-\frac{1}{n}\sum_{j=1}^{n}\boldsymbol{Y}_{(j)}\right)\right]\\
&\quad\cdot\left[(\boldsymbol{X}_{(i)}-\overline{\boldsymbol{X}})-\sqrt{\frac{n}{m}}\left(\boldsymbol{Y}_{(i)}-\frac{1}{n}\sum_{j=1}^{n}\boldsymbol{Y}_{(j)}\right)\right]'.
\end{aligned}$$

假设 H_0 成立时, 构造检验统计量为

$$F=\frac{(n-p)n}{p}\overline{\boldsymbol{Z}}'\boldsymbol{S}^{-1}\overline{\boldsymbol{Z}}\sim F(p,n-p). \tag{2.25}$$

四、多个正态总体均值向量的检验

解决多个正态总体均值向量的检验问题, 实际上应用到多元方差分析的知识. 多元方差分析是单因素方差分析直接的推广.

定义 2.12 若 $\boldsymbol{X}\sim N_p(\boldsymbol{0},\boldsymbol{\Sigma})$, 则称协差阵的行列式 $|\boldsymbol{\Sigma}|$ 为 $\boldsymbol{X}$ 的**广义方差**, 称 $\left|\frac{1}{n}\boldsymbol{S}\right|$ 为**样本广义方差**, 其中 $\boldsymbol{S}=\sum_{a=1}^{n}(\boldsymbol{X}_{(a)}-\overline{\boldsymbol{X}})(\boldsymbol{X}_{(a)}-\overline{\boldsymbol{X}})'$.

定义 2.13 若 $\boldsymbol{A}_1\sim W_p(n_1,\boldsymbol{\Sigma}), n_1\geqslant p$, $\boldsymbol{A}_2\sim W_p(n_2,\boldsymbol{\Sigma})$, $\boldsymbol{\Sigma}$ 为正定阵, 且 $\boldsymbol{A}_1$ 和 $\boldsymbol{A}_2$ 相互独立, 则称

$$\Lambda=\frac{|\boldsymbol{A}_1|}{|\boldsymbol{A}_1+\boldsymbol{A}_2|}$$

为**威尔克斯** (Wilks) **统计量**, Λ 的分布称为**威尔克斯分布**, 简记为 $\Lambda\sim\Lambda(p,n_1,n_2)$, 其中 n_1,n_2 为自由度.

这里我们需要说明的是, 在实际应用中经常把 Λ 统计量化为 T^2 统计量, 进而化为 F 统计量, 利用 F 统计量来解决多元统计分析中有关检验问题. 表 2.1 列举常见的一些情形.

表 2.1 Λ 与 F 统计量的关系

p	n_1	n_2	F 统计量
任意	任意	1	$\frac{n_1-p+1}{p}\cdot\frac{1-\Lambda(p,n_1,1)}{\Lambda(p,n_1,1)}\sim F(p,n_1-p+1)$
任意	任意	2	$\frac{n_1-p}{p}\cdot\frac{1-\sqrt{\Lambda(p,n_1,2)}}{\sqrt{\Lambda(p,n_1,2)}}\sim F(2p,2(n_1-p))$
1	任意	任意	$\frac{n_1}{n_2}\cdot\frac{1-\Lambda(1,n_1,n_2)}{\Lambda(1,n_1,n_2)}\sim F(n_2,n_1)$
2	任意	任意	$\frac{n_1-1}{n_2}\cdot\frac{1-\sqrt{\Lambda(2,n_1,n_2)}}{\sqrt{\Lambda(2,n_1,n_2)}}\sim F(2n_2,2(n_1-1))$

以上几个关系式说明对一些特殊的 Λ 统计量可以化为 F 统计量, 而当 $n_2>2$, $p>2$ 时, 可用 χ^2 统计量或 F 统计量来近似表示, 后面给出.

设有 k 个 p 维正态总体 $N_p(\boldsymbol{\mu}_1,\boldsymbol{\Sigma}),\cdots,N_p(\boldsymbol{\mu}_k,\boldsymbol{\Sigma})$, 从每个总体抽取独立样本个数分别为 $n_1,n_2,\cdots,n_k$, $n_1+\cdots+n_k=n$, 每个样品观测 p 个指标, 得到观测数据如下:

第 1 个总体: $\boldsymbol{X}_i^{(1)}=(X_{i1}^{(1)},X_{i2}^{(1)},\cdots,X_{ip}^{(1)})$, $i=1,2,\cdots,n_1$,

第 2 个总体: $\boldsymbol{X}_i^{(2)}=(X_{i1}^{(2)},X_{i2}^{(2)},\cdots,X_{ip}^{(2)})$, $i=1,2,\cdots,n_2$,

$$\cdots\cdots$$

第 k 个总体: $\boldsymbol{X}_i^{(k)}=(X_{i1}^{(k)},X_{i2}^{(k)},\cdots,X_{ip}^{(k)})$, $i=1,2,\cdots,n_k$.

全部样品的总均值向量:

$$\overline{\boldsymbol{X}}_{1\times p}=\frac{1}{n}\sum_{r=1}^{k}\sum_{i=1}^{n_r}\boldsymbol{X}_i^{(r)}=(\overline{X}_1,\overline{X}_2,\cdots,\overline{X}_p).$$

各总体样品的均值向量:

$$\overline{\boldsymbol{X}}_{1\times p}^{(r)}=\frac{1}{n}\sum_{i=1}^{n_r}\boldsymbol{X}_i^{(r)}\triangleq(\overline{X}_1^{(r)},\overline{X}_2^{(r)},\cdots,\overline{X}_p^{(r)}),\quad r=1,2,\cdots,k,$$

此处

$$\overline{X}_j^{(r)}=\frac{1}{n_r}\sum_{i=1}^{n_r}X_{ij}^{(r)}.$$

类似一元方差分析办法, 将诸平方和变成了离差阵, 即

$$\boldsymbol{A}=\sum_{r=1}^{k}n_r(\overline{\boldsymbol{X}}^{(r)}-\overline{\boldsymbol{X}})'(\overline{\boldsymbol{X}}^{(r)}-\overline{\boldsymbol{X}}),$$

$$\boldsymbol{E}=\sum_{r=1}^{k}\sum_{i=1}^{n_r}(\overline{\boldsymbol{X}}_i^{(r)}-\overline{\boldsymbol{X}}^{(r)})'(\overline{\boldsymbol{X}}_i^{(r)}-\overline{\boldsymbol{X}}^{(r)}),$$

$$\boldsymbol{T}=\sum_{r=1}^{k}\sum_{i=1}^{n_r}(\overline{\boldsymbol{X}}_i^{(r)}-\overline{\boldsymbol{X}})'(\overline{X}_i^{(r)}-\overline{\boldsymbol{X}}).$$

这里, 我们称 $\boldsymbol{A}$ 为**组间离差阵**, $\boldsymbol{E}$ 为**组内离差阵**, $\boldsymbol{T}$ 为**总离差阵**. 很显然, 有 $\boldsymbol{T}=\boldsymbol{A}+\boldsymbol{E}$.

我们的问题是检验假设:

$$H_0:\boldsymbol{\mu}_1=\boldsymbol{\mu}_2=\cdots=\boldsymbol{\mu}_k,\quad H_1:\text{ 至少存在 } i\neq j,\text{ 使 }\boldsymbol{\mu}_i\neq\boldsymbol{\mu}_j.$$

用似然比原则构成的检验统计量为

$$\Lambda=\frac{|\boldsymbol{E}|}{|\boldsymbol{T}|}=\frac{|\boldsymbol{E}|}{|\boldsymbol{A}+\boldsymbol{E}|}\sim\Lambda(p,n-k,k-1).\tag{2.26}$$

给定检验水平 α, 查威尔克斯分布表, 确定临界值, 然后作出统计判断. 在这里我们特别要注意, 威尔克斯分布表可用 χ^2 分布或 F 分布来近似.

巴特莱特 (Bartlett) 提出了用 χ^2 分布来近似. 设 $\Lambda\sim\Lambda(p,n,m)$, 令

$$V=-\big[n+m-(p+m+1)/2\big]\ln\Lambda=\ln\Lambda^{-t},\tag{2.27}$$

其中 $t=n+m-(p+m+1)/2$, 则 V 近似服从 $\chi^2(pm)$ 分布.

Rao 后来又研究用 F 分布来近似. 设 $\Lambda\sim\Lambda(p,n,m)$, 令

$$R=\frac{1-\Lambda^{1/L}}{\Lambda^{1/L}}\cdot\frac{tL-2\lambda}{pm},\tag{2.28}$$

其中,

$$t=n+m-(p+m+1)/2,\quad L=\left(\frac{p^2m^2-4}{p^2+m^2-5}\right)^{1/2},\quad\lambda=\frac{pm-2}{4}.$$

则 R 近似服从 $F(pm,tL-2\lambda)$, 这里 $tL-2\lambda$ 不一定为整数, 可用与它最近的整数来作为 F 的自由度, 且 $\min\{p,m\}>2$.

第五节 协差阵的检验

一、一个正态总体协方差矩阵的检验

设 $\boldsymbol{X}_{(a)}=(X_{a1},X_{a2},\cdots,X_{ap})',a=1,2,\cdots,n$ 来自 p 维正态总体 $N_p(\boldsymbol{\mu},\boldsymbol{\Sigma})$ 的样本, $\boldsymbol{\Sigma}$ 未知, 且 $\boldsymbol{\Sigma}$ 为正定阵.

首先, 我们考虑检验假设:

$$H_0: \boldsymbol{\Sigma} = \boldsymbol{I}_p, \quad H_1: \boldsymbol{\Sigma} \neq \boldsymbol{I}_p.$$

所构造的检验统计量为

$$\lambda = \exp\left\{-\frac{1}{2}\mathrm{tr}(\boldsymbol{S})\right\} |\boldsymbol{S}|^{n/2} \left(\frac{\mathrm{e}}{n}\right)^{np/2}, \tag{2.29}$$

其中

$$\boldsymbol{S} = \sum_{a=1}^{n} (\boldsymbol{X}_{(a)} - \overline{\boldsymbol{X}})(\boldsymbol{X}_{(a)} - \overline{\boldsymbol{X}})'.$$

然后, 我们考虑检验假设:

$$H_0: \boldsymbol{\Sigma} = \boldsymbol{\Sigma}_0, \quad H_1: \boldsymbol{\Sigma} \neq \boldsymbol{\Sigma}_0.$$

因为 $\boldsymbol{\Sigma}_0$ 为正定阵, 所以存在 $\boldsymbol{D}(|\boldsymbol{D}| \neq 0)$, 使得 $\boldsymbol{D}\boldsymbol{\Sigma}_0\boldsymbol{D}' = \boldsymbol{I}_p$.

令

$$\boldsymbol{Y}_{(a)} = \boldsymbol{D}\boldsymbol{X}_{(a)}, \quad a = 1, 2, \cdots, n,$$

则

$$\boldsymbol{Y}_{(a)} \sim N_p(\boldsymbol{D}\boldsymbol{\mu}, \boldsymbol{D}\boldsymbol{\Sigma}\boldsymbol{D}') = N_p(\boldsymbol{\mu}^*, \boldsymbol{\Sigma}^*).$$

因此, 检验 $\boldsymbol{\Sigma} = \boldsymbol{\Sigma}_0$ 等价于检验 $\boldsymbol{\Sigma}^* = \boldsymbol{I}_p$.

此时构造检验统计量为

$$\lambda = \exp\left\{-\frac{1}{2}\mathrm{tr}(\boldsymbol{S}^*)\right\} |\boldsymbol{S}^*|^{n/2} \left(\frac{\mathrm{e}}{n}\right)^{np/2}, \tag{2.30}$$

其中

$$\boldsymbol{S}^* = \sum_{a=1}^{n} (\boldsymbol{Y}_{(a)} - \overline{\boldsymbol{Y}})(\boldsymbol{Y}_{(a)} - \overline{\boldsymbol{Y}})'.$$

给定检验水平 α, 因为直接由 λ 分布计算临界值 λ_0 很困难, 所以通常采用 λ 的近似分布.

在 H_0 成立时, $-2\ln\lambda$ 极限分布是 $\chi^2(p(p+1)/2)$ 分布. 因此当 $n >> p$, 由样本值计算出 λ 值, 若 $-2\ln\lambda > \chi^2_\alpha$, 即 $\lambda < \mathrm{e}^{-\chi^2_\alpha/2}$, 则拒绝 H_0, 否则接受 H_0.

二、多个协方差矩阵相等的检验

设有 k 个正态总体分别为 $N_p(\boldsymbol{\mu}_1, \boldsymbol{\Sigma}_1), \cdots, N_p(\boldsymbol{\mu}_k, \boldsymbol{\Sigma}_k)$, $\boldsymbol{\Sigma}_i$ 为正定阵且未知, $i=1, \cdots, k$. 从 k 个总体中分别取 n_i 个样本

$$\boldsymbol{X}_{(a)}^{(i)} = (X_{a1}^{(i)}, X_{a2}^{(i)}, \cdots, X_{ap}^{(i)})', \quad i = 1, \cdots, k; a = 1, \cdots, n_i,$$

这里 $\sum_{i=1}^{k} n_i = n$ 为总样本容量.

我们考虑检验假设:

$$H_0: \boldsymbol{\Sigma}_1 = \boldsymbol{\Sigma}_2 = \cdots = \boldsymbol{\Sigma}_k, \quad H_1: \boldsymbol{\Sigma}_i \text{ 不全相等}, i = 1, \cdots, k.$$

构造检验统计量为

$$\lambda_k = \frac{n^{np/2} \prod_{i=1}^{k} |\boldsymbol{S}_i|^{n_i/2}}{|\boldsymbol{S}|^{n/2} \prod_{i=1}^{k} n_i^{pn_i/2}}, \tag{2.31}$$

其中, $\boldsymbol{S} = \sum_{i=1}^{k} \boldsymbol{S}_i, \boldsymbol{S}_i = \sum_{a=1}^{n_i} (\boldsymbol{X}_{(a)}^{(i)} - \overline{\boldsymbol{X}}^{(i)})(\boldsymbol{X}_{(a)}^{(i)} - \overline{\boldsymbol{X}}^{(i)})', \overline{\boldsymbol{X}}^{(i)} = \frac{1}{n_i} \sum_{a=1}^{n_i} \boldsymbol{X}_{(a)}^{(i)}$.

巴特莱特建议, 将 n_i 改为 $n_i - 1$, 从而 n 变为 $n - k$, 变换以后的 λ_k 记为 λ'_k, 称为修正的统计量, 则 $-2\ln\lambda'_k$ 近似分布 $\chi_f^2/(1-D)$, 其中,

$$f = \frac{1}{2} p(p+1)(k-1),$$

$$D = \begin{cases} \dfrac{2p^2 + 3p - 1}{6(p+1)(k-1)} \left(\displaystyle\sum_{i=1}^{k} \frac{1}{n_i - 1} - \frac{1}{n-k} \right), & \text{当 } n_i \text{ 不全相等}, \\ \dfrac{(2p^2 + 3p - 1)(k+1)}{6(p+1)(n-k)}, & n_1 = n_2 = \cdots = n_k. \end{cases}$$

思考与练习

2.1 试证多元正态总体 $N_p(\boldsymbol{\mu}, \boldsymbol{\Sigma})$ 的样本均值向量 $\overline{\boldsymbol{X}} \sim N_p\left(\boldsymbol{\mu}, \frac{1}{n}\boldsymbol{\Sigma}\right)$.

2.2 设三维随机向量 $\boldsymbol{X} \sim N_3(\boldsymbol{\mu}, 2\boldsymbol{I}_3)$, 已知

$$\boldsymbol{\mu} = \begin{bmatrix} 2 \\ 0 \\ 0 \end{bmatrix}, \quad \boldsymbol{A} = \begin{bmatrix} 0.5 & -1 & 0.5 \\ -0.5 & 0 & -0.5 \end{bmatrix}, \quad \boldsymbol{d} = \begin{bmatrix} 1 \\ 2 \end{bmatrix}.$$

试求 $\boldsymbol{Y} = \boldsymbol{A}\boldsymbol{X} + \boldsymbol{d}$ 的分布.

2.3 设 $\boldsymbol{X} \sim N_3(\boldsymbol{\mu}, \boldsymbol{\Sigma})$, 其中

$$\boldsymbol{X} = \begin{bmatrix} X_1 \\ X_2 \\ X_3 \end{bmatrix}, \quad \boldsymbol{\mu} = \begin{bmatrix} 2 \\ -3 \\ 1 \end{bmatrix}, \quad \boldsymbol{\Sigma} = \begin{bmatrix} 1 & 1 & 1 \\ 1 & 3 & 2 \\ 1 & 2 & 2 \end{bmatrix}.$$

(1) 试求 $3X_1-2X_2+X_3$ 的分布;

(2) 求二维向量 $\boldsymbol{a}=(a_1,a_2)'$, 使 X_3 与 $X_3-\boldsymbol{a}'\begin{bmatrix}X_1\\X_2\end{bmatrix}$ 相互独立.

2.4 已知 $\boldsymbol{X}=(X_1,X_2)'$ 的密度函数为

$$f(x_1,x_2)=\frac{1}{2\pi}\exp\left\{-\frac{1}{2}(2x_1^2+x_2^2+2x_1x_2-22x_1-14x_2+65)\right\},$$

试求 $\boldsymbol{X}$ 的均值向量和协方差阵.

2.5 设 $\boldsymbol{X}_{(1)},\cdots,\boldsymbol{X}_{(n)}$ 为来自 $N_p(\boldsymbol{\mu},\boldsymbol{\Sigma})$ 的随机样本, 若 $\boldsymbol{\mu}=\boldsymbol{\mu}_0$ 已知, 试求总体 $N_p(\boldsymbol{\mu}_0,\boldsymbol{\Sigma})$ 中参数 $\boldsymbol{\Sigma}$ 的最大似然估计.

2.6 试述多元统计中霍特林 $\boldsymbol{T}^2$ 分布和威尔克斯 Λ 分布分别与一元统计中 t 分布和 F 分布的关系.

2.7 大学生的素质高低要受各方面因素的影响, 其中包括家庭环境与家庭教育 (X_1)、学校生活环境 (X_2)、学校周围环境 (X_3) 和个人向上发展的心理动机 (X_4) 等. 从某大学在校学生中抽取了 20 人对以上因素在自己成长和发展过程中的影响程度给予评分 (以 9 分制), 数据如下表所示:

学生	X_1	X_2	X_3	X_4
1	5	6	9	8
2	8	5	3	6
3	9	6	7	9
4	9	2	2	8
5	9	4	3	7
6	9	5	3	7
7	6	9	5	5
8	8	5	4	4
9	8	4	3	7
10	9	4	3	6
11	9	3	2	8
12	9	6	3	4
13	8	6	7	8
14	9	3	8	6
15	9	3	4	6
16	9	6	2	8
17	7	4	3	9
18	6	8	4	9
19	9	6	8	9
20	8	7	6	8

假定 $\boldsymbol{X}=(X_1,X_2,X_3,X_4)'$ 服从四元正态分布. 试在显著性水平 $\alpha=0.05$ 下检验

$$H_0:\boldsymbol{\mu}=\boldsymbol{\mu}_0=(7,5,4,8)',\quad H_1:\boldsymbol{\mu}\neq\boldsymbol{\mu}_0.$$

2.8 测量 30 名初生到 3 周岁婴幼儿的身高 (X_1) 和体重 (X_2), 数据如下表所示, 其中男女各 15 名. 假定这两组都服从正态总体且协方差阵相等, 试在显著性水平 $\alpha=0.05$ 下检验男女婴幼儿的这两项指标是否有差异.

编号	男		女	
	X_1	X_2	X_1	X_2
1	54	3	54	3
2	50.5	2.25	53	2.25
3	51	2.5	51.5	2.5
4	56.5	3.5	51	3
5	52	3	51	3
6	76	9.5	77	7.5
7	80	9	77	10
8	74	9.5	77	9.5
9	80	9	74	9
10	76	8	73	7.5
11	96	13.5	91	12
12	97	14	91	13
13	99	16	94	15
14	92	11	92	12
15	94	15	91	12.5

2.9 根据习题 2.8 中的数据, 检验男性婴幼儿与女性婴幼儿的协差阵是否相等 ($\alpha=0.05$).

2.10 1992 年美国总统选举的三位候选人为布什、佩罗特和克林顿. 从支持三位候选人的选民中分别抽取了 20 人, 登记他们的年龄段 (X_1)、受教育程度 (X_2) 和性别 (X_3), 资料如下表所示:

布什

投票人	X_1	X_2	X_3	投票人	X_1	X_2	X_3
1	2	1	1	11	1	1	2
2	1	3	2	12	4	1	2
3	3	3	1	13	4	0	2
4	1	3	2	14	3	4	2
5	3	1	2	15	3	3	2
6	3	1	2	16	2	3	1
7	1	1	2	17	2	1	1
8	2	3	1	18	3	1	1
9	2	1	2	19	1	3	2
10	3	1	1	20	1	1	2
佩罗特							
1	2	1	1	11	2	1	1
2	1	2	1	12	1	3	2
3	1	0	2	13	2	1	1
4	1	3	2	14	1	1	2
5	3	1	2	15	2	1	1
6	2	4	1	16	3	1	1
7	1	1	1	17	1	1	2
8	1	3	2	18	3	1	1
9	4	1	2	19	4	3	1
10	3	3	2	20	2	1	1
克林顿							
1	4	1	1	11	3	1	2
2	4	1	2	12	2	3	1
3	2	1	2	13	4	0	1
4	4	1	2	14	2	1	2
5	2	3	2	15	4	1	1
6	4	0	2	16	2	2	1
7	3	2	1	17	3	3	1
8	4	0	1	18	3	2	2
9	2	1	1	19	3	1	1
10	3	1	2	20	4	0	2

假定三组都服从多元正态分布，则

(1) 检验这三组的总体均值是否有显著性差异 ($\alpha = 0.05$);

(2) 检验三位候选人的协差阵是否相等 ($\alpha = 0.05$).

第三章　多元线性回归模型

第一节　引　　言

回归分析是多元统计分析理论中重要的统计方法之一, 主要用于讨论变量之间的因果关系. 它基于观测数据建立变量间适当的关系式, 虽然自变量和因变量之间没有严格的、确定性的函数关系, 但可以设法找出最能体现它们之间关系的数学表达形式, 继而分析数据的内在规律.

回归分析通常的数学模型是, 设 y 是因变量, 其取值受若干因素 $X_2, X_3, \cdots, X_k$ 的影响, 我们令 $Y = \beta_1 + \beta_2 X_2 + \beta_3 X_3 + \cdots + \beta_k X_k + \varepsilon$, 其中 $\beta_1, \beta_2, \cdots, \beta_k$ 为待估参数, 我们通过已知的数据对未知参数进行求解, 给出合理的估计值, 确立模型之后, 进而对 y 值进行预测, 也可以对某个变量进行控制.

回归分析应用极其广泛, 实验数据的一般处理、经验公式的求得、因素分析、产品质量的控制、气象及地震预报、自动控制中数学模型的制定等很多实际问题均可采用回归的方法处理. 回归分析可以进行预测; 也可以根据一个或几个变量的值, 控制另一个变量的取值, 并且可以知道这种预测或控制能达到什么样的精确度; 还可以进行因素分析, 在对于共同影响一个变量的许多变量 (因素) 之间, 找出哪些是重要因素, 哪些是次要因素, 这些因素之间又有什么关系等等.

按照因变量和自变量的数量对应关系, 回归分析可划分为一个因变量对多个自变量的回归分析, 多个因变量对多个自变量的回归分析; 按照回归模型的类型可划分为线性回归分析和非线性回归分析. 本章我们主要讨论一个因变量对应多个自变量的线性回归模型.

第二节　线性模型的参数估计

一、模型假定及最小二乘估计

(一) 模型及模型的假定

线性模型的一般形式是

$$Y_i = \beta_1 + \beta_2 X_{2i} + \beta_3 X_{3i} + \cdots + \beta_k X_{ki} + \varepsilon_i, \quad i = 1, 2, \cdots, n, \tag{3.1}$$

其中, Y_i 为**被解释变量** (因变量), $X_{2i}, X_{3i}, \cdots, X_{ki}$ 为**解释变量** (自变量), ε_i 是**随机误差项**, $\beta_j, j=1,2,\cdots,k$ 为**模型参数**.

实际意义: Y_i 与 $X_{2i}, X_{3i}, \cdots, X_{ki}$ 存在线性关系, $X_{2i}, X_{3i}, \cdots, X_{ki}$ 是 Y_i 的重要解释变量. 由于模型是现实问题的一种简化, 以及数据收集和测量便产生了 ε_i, 因此 ε_i 代表众多影响 Y_i 变化的微小因素, 称为干扰项. 实际问题中的多种估计、检验、预测等分析方法, 是针对不同性质的扰动项引入的.

这里应该注意到, 由于 ε_i 的影响使 Y_i 变化偏离了 $\mathrm{E}(Y_i|X_{2i}, X_{3i}, \cdots, X_{ki}) = \beta_1 + \beta_2 X_{2i} + \beta_3 X_{3i} + \cdots + \beta_k X_{ki}$ 决定的 k 维空间平面.

用矩阵表示 (3.1) 式,

$$\begin{bmatrix} Y_1 \\ Y_2 \\ \vdots \\ Y_n \end{bmatrix}_{(n\times 1)} = \begin{bmatrix} 1 & X_{21} & X_{31} & \cdots & X_{k1} \\ 1 & X_{22} & X_{32} & \cdots & X_{k2} \\ \vdots & \vdots & \vdots & & \vdots \\ 1 & X_{2n} & X_{3n} & \cdots & X_{kn} \end{bmatrix}_{(n\times k)} \begin{bmatrix} \beta_1 \\ \beta_2 \\ \vdots \\ \beta_k \end{bmatrix}_{(k\times 1)} + \begin{bmatrix} \varepsilon_1 \\ \varepsilon_2 \\ \vdots \\ \varepsilon_n \end{bmatrix}_{(n\times 1)}.$$

等价地, 总体回归模型表示为

$$\boldsymbol{Y} = \boldsymbol{X\beta} + \boldsymbol{\varepsilon}, \tag{3.2}$$

总体回归方程为

$$\mathrm{E}(\boldsymbol{Y}|\boldsymbol{X}) = \boldsymbol{X\beta}, \tag{3.3}$$

其中,

$$\boldsymbol{Y} = \begin{bmatrix} Y_1 \\ Y_2 \\ \vdots \\ Y_n \end{bmatrix}_{(n\times 1)}, \quad \boldsymbol{\beta} = \begin{bmatrix} \beta_1 \\ \beta_2 \\ \vdots \\ \beta_k \end{bmatrix}_{(k\times 1)}, \quad \boldsymbol{\varepsilon} = \begin{bmatrix} \varepsilon_1 \\ \varepsilon_2 \\ \vdots \\ \varepsilon_n \end{bmatrix}_{(n\times 1)},$$

$$\mathrm{E}(\boldsymbol{Y}|\boldsymbol{X}) = \begin{bmatrix} \mathrm{E}(Y_1|X_{21}, X_{31}, \cdots, X_{k1}) \\ \mathrm{E}(Y_2|X_{22}, X_{32}, \cdots, X_{k2}) \\ \vdots \\ \mathrm{E}(Y_n|X_{2n}, X_{3n}, \cdots, X_{kn}) \end{bmatrix}_{(n\times 1)},$$

$$\boldsymbol{X} = \begin{bmatrix} 1 & X_{21} & X_{31} & \cdots & X_{k1} \\ 1 & X_{22} & X_{32} & \cdots & X_{k2} \\ \vdots & \vdots & \vdots & & \vdots \\ 1 & X_{2n} & X_{3n} & \cdots & X_{kn} \end{bmatrix}_{(n\times k)},$$

这里的 $\mathrm{E}(\boldsymbol{Y}|\boldsymbol{X})$ 表示对于不同的 $X_{2i}, X_{3i}, \cdots, X_{ki}, i=1,2,\cdots,n$, 被解释变量 Y_i 的均值向量; $\boldsymbol{X}$ 是由解释变量 $X_{2i}, X_{3i}, \cdots, X_{ki}$ 的数据构成的矩阵, 其中截距项可视为解释变量总是取值为 1. 有时也称 $\boldsymbol{X}$ 为数据矩阵或设计矩阵.

那么, 样本回归模型为

$$\boldsymbol{Y}=\boldsymbol{X}\widehat{\boldsymbol{\beta}}+\boldsymbol{e}, \tag{3.4}$$

样本回归方程为

$$\widehat{\boldsymbol{Y}}=\boldsymbol{X}\widehat{\boldsymbol{\beta}}, \tag{3.5}$$

其中,

$$\widehat{\boldsymbol{Y}}=\begin{bmatrix}\widehat{Y}_1\\\widehat{Y}_2\\\vdots\\\widehat{Y}_n\end{bmatrix}_{(n\times1)},\quad \widehat{\boldsymbol{\beta}}=\begin{bmatrix}\widehat{\beta}_1\\\widehat{\beta}_2\\\vdots\\\widehat{\beta}_k\end{bmatrix}_{(k\times1)},\quad \boldsymbol{e}=\begin{bmatrix}e_1\\e_2\\\vdots\\e_n\end{bmatrix}_{(n\times1)},$$

这里 $\widehat{\boldsymbol{Y}}$ 表示 $\boldsymbol{Y}$ 的样本估计值向量; $\widehat{\boldsymbol{\beta}}$ 表示回归系数 $\boldsymbol{\beta}$ 的估计值向量; $\boldsymbol{e}$ 表示残差向量.

这里需要说明的是, 在构建线性回归模型时, 要以总体回归方程 (3.3) 式描述的内容为理论基础, 利用样本通过统计推断建立样本回归方程 (3.5) 式, 然后借助样本回归模型 (3.4) 式, 解释总体回归模型 (3.2) 式所描述的实际问题. 然而, 线性回归分析是有前提的, 下面我们将介绍经典线性回归模型必须满足的假定条件.

(1) 零均值假定.

假定随机干扰项 $\boldsymbol{\varepsilon}$ 的期望向量或均值向量为零, 即

$$\mathrm{E}(\boldsymbol{\varepsilon})=\mathrm{E}\begin{bmatrix}\varepsilon_1\\\varepsilon_2\\\vdots\\\varepsilon_n\end{bmatrix}=\begin{bmatrix}\mathrm{E}(\varepsilon_1)\\\mathrm{E}(\varepsilon_2)\\\vdots\\\mathrm{E}(\varepsilon_n)\end{bmatrix}=\begin{bmatrix}0\\0\\\vdots\\0\end{bmatrix}=\mathbf{0}. \tag{3.6}$$

(2) 同方差和无序列相关假定.

假定随机干扰项 $\boldsymbol{\varepsilon}$ 不存在序列相关且方差相同, 即

$$\begin{aligned}\mathrm{Var}(\boldsymbol{\varepsilon})&=\mathrm{E}[(\boldsymbol{\varepsilon}-\mathrm{E}(\boldsymbol{\varepsilon}))(\boldsymbol{\varepsilon}-\mathrm{E}(\boldsymbol{\varepsilon}))']\\&=\mathrm{E}(\boldsymbol{\varepsilon}\boldsymbol{\varepsilon}')\\&=\begin{bmatrix}\sigma^2&0&\cdots&0\\0&\sigma^2&\cdots&0\\\vdots&\vdots&\ddots&\vdots\\0&0&\cdots&\sigma^2\end{bmatrix},\end{aligned}$$

即

$$\mathrm{Var}(\boldsymbol{\varepsilon})=\sigma^2\boldsymbol{I}_n, \tag{3.7}$$

其中, $\boldsymbol{I}_n$ 为 n 阶单位矩阵.

(3) 假定随机干扰项 $\boldsymbol{\varepsilon}$ 与解释变量相互独立, 即

$$\mathrm{E}(\boldsymbol{X}'\boldsymbol{\varepsilon})=\boldsymbol{0}, \tag{3.8}$$

这里通常假定 $\boldsymbol{X}$ 中的元素 $X_{2i}, X_{3i}, \cdots, X_{ki}$ 为非随机变量.

(4) 无多重共线性的假定.

假设各解释变量之间不存在线性关系, 或者说各解释变量的观测值之间线性无关, 在此条件下, 数据矩阵 $\boldsymbol{X}$ 列满秩, 即 $\mathrm{Rank}(\boldsymbol{X})=k$. 此时, 方阵 $\boldsymbol{X}'\boldsymbol{X}$ 满秩, 即 $\mathrm{Rank}(\boldsymbol{X}'\boldsymbol{X})=k$, 从而, $\boldsymbol{X}'\boldsymbol{X}$ 可逆, $(\boldsymbol{X}'\boldsymbol{X})^{-1}$ 存在.

(5) 正态性假定.

假定随机干扰项 $\boldsymbol{\varepsilon}$ 服从正态分布, 即

$$\boldsymbol{\varepsilon}\sim N(\boldsymbol{0},\sigma^2\boldsymbol{I}_n).$$

这里假定 (1) 和假定 (2) 是对随机干扰项的要求, 同时满足也成为 “球形干扰项”. 假定 (3) 的主要意义是方便线性回归的讨论和证明, 避免由于 $\boldsymbol{X}$ 与随机干扰项有强相关时回归分析的有效性和价值受到影响. 假定 (4) 是多元线性回归分析的特定要求, 对保证回归分析的有效性和可靠性也很重要. 假定 (5) 实际上要求随机干扰项确实是多种微小扰动因素的综合, 也是回归系数估计量分布性质和相关统计推断的基础, 但这一假定不是线性回归分析必须要求的, 因为本身不影响回归系数估计的性质.

在实际问题中, 这些假定条件有时可能并不成立. 如何识别这些假定条件是否满足, 以及假定条件不成立时如何进行参数估计和检验, 我们将在下一节讨论.

(二) 最小二乘估计

总体回归模型 (3.2) 式

$$\boldsymbol{Y}=\boldsymbol{X}\boldsymbol{\beta}+\boldsymbol{\varepsilon}$$

中的参数矩阵 $\boldsymbol{\beta}=(\beta_1,\beta_2,\cdots,\beta_k)'$ 的各个元素, 反映了解释变量 $X_2, X_3, \cdots, X_k$ 对被解释变量 $\boldsymbol{Y}$ 的影响程度. 由于 $\boldsymbol{\beta}$ 矩阵是总体参数矩阵, 通过有限的样本无法得到 $\boldsymbol{\beta}$ 矩阵. 只能通过统计推断的思想, 用有限的样本对 $\boldsymbol{\beta}$ 矩阵进行估计, 得出参数估计值矩阵 $\widehat{\boldsymbol{\beta}}$.

求参数估计值矩阵 $\widehat{\boldsymbol{\beta}}$ 的方法是最小二乘 (OLS) 法, 即求 $\widehat{\boldsymbol{\beta}}$ 使得残差平方和 $\sum e_i^2=\boldsymbol{e}'\boldsymbol{e}$ 达到最小, 其中

$$\boldsymbol{e}=\boldsymbol{Y}-\widehat{\boldsymbol{Y}}=\boldsymbol{Y}-\boldsymbol{X}\widehat{\boldsymbol{\beta}}. \tag{3.9}$$

残差平方和为

$$Q(\widehat{\boldsymbol{\beta}}) = \boldsymbol{e}'\boldsymbol{e} = (\boldsymbol{Y} - \boldsymbol{X}\widehat{\boldsymbol{\beta}})'(\boldsymbol{Y} - \boldsymbol{X}\widehat{\boldsymbol{\beta}}) = \boldsymbol{Y}'\boldsymbol{Y} - 2\widehat{\boldsymbol{\beta}}'\boldsymbol{X}'\boldsymbol{Y} + \widehat{\boldsymbol{\beta}}'\boldsymbol{X}'\boldsymbol{X}\widehat{\boldsymbol{\beta}}. \tag{3.10}$$

根据矩阵代数理论, 对 (3.10) 式中的 $\widehat{\boldsymbol{\beta}}$ 求偏导, 并令其为零, 可以得到方程

$$\frac{\partial Q(\widehat{\boldsymbol{\beta}})}{\partial \widehat{\boldsymbol{\beta}}} = -2\boldsymbol{X}'\boldsymbol{Y} + 2\boldsymbol{X}'\boldsymbol{X}\widehat{\boldsymbol{\beta}} = \boldsymbol{0},$$

即

$$(\boldsymbol{X}'\boldsymbol{X})\widehat{\boldsymbol{\beta}} = \boldsymbol{X}'\boldsymbol{Y}, \tag{3.11}$$

称其为**正则方程**, 因为 $\boldsymbol{X}'\boldsymbol{X}$ 是一个非退化矩阵, 所以有

$$\widehat{\boldsymbol{\beta}} = (\boldsymbol{X}'\boldsymbol{X})^{-1}\boldsymbol{X}'\boldsymbol{Y}. \tag{3.12}$$

这就是线性回归模型参数的最小二乘估计量.

这里需要提及的是, 根据微积分的极值理论, $\widehat{\boldsymbol{\beta}}$ 只是函数 $Q(\widehat{\boldsymbol{\beta}})$ 的一个驻点, 应该证明 $\widehat{\boldsymbol{\beta}}$ 确实使得 $Q(\widehat{\boldsymbol{\beta}})$ 达到最小, 这里从略.

二、估计量的性质及参数 σ^2 的估计

(一) 估计量的性质

在线性模型的经典假设下, 线性回归模型参数的最小二乘估计有优良的性质, 是对最小二乘估计量有效性和其价值的有力支持. 线性回归模型参数的最小二乘估计量性质的具体内容由高斯 – 马尔可夫定理来体现.

高斯 – 马尔可夫 (Gauss-Markov) 定理　在线性模型的经典假设下, 参数的最小二乘估计量是线性无偏估计中方差最小的估计量 (BLUE 估计量).

(1) 线性特性.

由 (3.12) 式知

$$\widehat{\boldsymbol{\beta}} = (\boldsymbol{X}'\boldsymbol{X})^{-1}\boldsymbol{X}'\boldsymbol{Y} = (\boldsymbol{X}'\boldsymbol{X})^{-1}\boldsymbol{X}'(\boldsymbol{X}\boldsymbol{\beta} + \boldsymbol{\varepsilon}) = \boldsymbol{\beta} + (\boldsymbol{X}'\boldsymbol{X})^{-1}\boldsymbol{X}'\boldsymbol{\varepsilon}. \tag{3.13}$$

令 $\boldsymbol{A} = (\boldsymbol{X}'\boldsymbol{X})^{-1}\boldsymbol{X}'$, 上式变为

$$\widehat{\boldsymbol{\beta}} = \boldsymbol{A}\boldsymbol{Y} = \boldsymbol{\beta} + \boldsymbol{A}\boldsymbol{\varepsilon}. \tag{3.14}$$

各个参数的估计量为

$$\begin{aligned}\widehat{\beta}_k &= \boldsymbol{A}_{1\times k}\boldsymbol{Y}\\ &= \beta_k + \boldsymbol{A}_{1\times k}\boldsymbol{\varepsilon}.\end{aligned} \tag{3.15}$$

这里 (3.15) 中的 $\boldsymbol{A}_{1\times k} = [(\boldsymbol{X}'\boldsymbol{X})^{-1}\boldsymbol{X}']_{1\times k}$ 是矩阵 $(\boldsymbol{X}'\boldsymbol{X})^{-1}\boldsymbol{X}'$ 的第 k 行因素构成的行向量, 由此证明了参数估计量 $\widehat{\boldsymbol{\beta}}$ 具有线性特性. 它不仅是 $\boldsymbol{Y}$ 的线性组合, 也是 $\boldsymbol{\varepsilon}$ 的线性组合. 线性特性是确定参数估计量的分布性质和进行统计推断的重要基础.

(2) 无偏性.

由 (3.14) 式知

$$\begin{aligned}\mathrm{E}(\widehat{\boldsymbol{\beta}}) &= \mathrm{E}(\boldsymbol{\beta} + \boldsymbol{A}\boldsymbol{\varepsilon})\\ &= \mathrm{E}(\boldsymbol{\beta}) + \boldsymbol{A}\mathrm{E}(\boldsymbol{\varepsilon})\\ &= \boldsymbol{\beta}.\end{aligned} \tag{3.16}$$

这里需要提及的是, 这个性质从概率分布的角度反映了最小二乘估计量与参数真实值之间的内在联系, 利用无偏性通过最小二乘估计量的概率分布可以推断参数情况和范围等.

(3) 最小方差性.

最小二乘估计量的有效性, 即在模型参数的所有线性无偏估计量中最小二乘估计的方差最小.

最小二乘估计量的协方差矩阵为

$$\begin{aligned}\mathrm{Var}(\widehat{\boldsymbol{\beta}}) &= \mathrm{E}[(\widehat{\boldsymbol{\beta}} - \mathrm{E}(\widehat{\boldsymbol{\beta}}))(\widehat{\boldsymbol{\beta}} - \mathrm{E}(\widehat{\boldsymbol{\beta}}))']\\ &= \mathrm{E}[(\widehat{\boldsymbol{\beta}} - \boldsymbol{\beta})(\widehat{\boldsymbol{\beta}} - \boldsymbol{\beta})']\\ &= \mathrm{E}[(\boldsymbol{A}\boldsymbol{\varepsilon})(\boldsymbol{A}\boldsymbol{\varepsilon})']\\ &= \boldsymbol{A}\sigma^2\boldsymbol{I}\boldsymbol{A}'\\ &= \sigma^2(\boldsymbol{X}'\boldsymbol{X})^{-1}.\end{aligned} \tag{3.17}$$

该协方差矩阵对角线上的元素就是模型各个参数估计量的方差, 其他因素是不同参数估计量之间的协方差.

下面需要证明, 任何其他线性无偏估计量 $\widehat{\boldsymbol{\beta}}_c$ 的方差都大于 $\widehat{\boldsymbol{\beta}}$ 的方差, 不妨假设

$$\begin{aligned}\widehat{\boldsymbol{\beta}}_c &= (\boldsymbol{A} + \boldsymbol{C})\boldsymbol{Y}\\ &= (\boldsymbol{A} + \boldsymbol{C})\boldsymbol{X}\boldsymbol{\beta} + (\boldsymbol{A} + \boldsymbol{C})\boldsymbol{\varepsilon}.\end{aligned} \tag{3.18}$$

由于 $\widehat{\boldsymbol{\beta}}$ 为 $\boldsymbol{\beta}$ 的无偏估计量, 即有

$$\begin{aligned}\mathrm{E}(\widehat{\boldsymbol{\beta}}_c) &= (\boldsymbol{A}+\boldsymbol{C})\boldsymbol{X}\boldsymbol{\beta}+(\boldsymbol{A}+\boldsymbol{C})\mathrm{E}(\boldsymbol{\varepsilon})\\ &= \boldsymbol{A}\boldsymbol{X}\boldsymbol{\beta}+\boldsymbol{C}\boldsymbol{X}\boldsymbol{\beta}\\ &= (\boldsymbol{X}'\boldsymbol{X})^{-1}\boldsymbol{X}'\boldsymbol{X}\boldsymbol{\beta}+\boldsymbol{C}\boldsymbol{X}\boldsymbol{\beta}\\ &= \boldsymbol{\beta}+\boldsymbol{C}\boldsymbol{X}\boldsymbol{\beta}.\end{aligned} \tag{3.19}$$

这样只有 $\boldsymbol{CX}=\boldsymbol{0}$ 或 $\boldsymbol{X}'\boldsymbol{C}'=\boldsymbol{0}$, 那么有

$$\begin{aligned}\mathrm{Var}(\widehat{\boldsymbol{\beta}}_c) &= \mathrm{E}[(\widehat{\boldsymbol{\beta}}_c-\mathrm{E}(\widehat{\boldsymbol{\beta}}_c))(\widehat{\boldsymbol{\beta}}_c-\mathrm{E}(\widehat{\boldsymbol{\beta}}_c))']\\ &= \mathrm{E}[(\widehat{\boldsymbol{\beta}}-\boldsymbol{\beta})(\widehat{\boldsymbol{\beta}}-\boldsymbol{\beta})']\\ &= (\boldsymbol{A}+\boldsymbol{C})\mathrm{E}(\boldsymbol{\varepsilon}\boldsymbol{\varepsilon}')(\boldsymbol{A}+\boldsymbol{C})'\\ &= \sigma^2(\boldsymbol{A}+\boldsymbol{C})(\boldsymbol{A}+\boldsymbol{C})'.\end{aligned} \tag{3.20}$$

在 (3.20) 式中,

$$\begin{aligned}&(\boldsymbol{A}+\boldsymbol{C})(\boldsymbol{A}+\boldsymbol{C})'\\ =\ &(\boldsymbol{X}'\boldsymbol{X})^{-1}\boldsymbol{X}'\boldsymbol{X}(\boldsymbol{X}'\boldsymbol{X})^{-1}+(\boldsymbol{X}'\boldsymbol{X})^{-1}\boldsymbol{X}'\boldsymbol{C}'+\boldsymbol{C}\boldsymbol{X}(\boldsymbol{X}'\boldsymbol{X})^{-1}+\boldsymbol{C}\boldsymbol{C}'\\ =\ &(\boldsymbol{X}'\boldsymbol{X})^{-1}+\boldsymbol{C}\boldsymbol{C}'.\end{aligned}$$

从而

$$\begin{aligned}\mathrm{Var}(\widehat{\boldsymbol{\beta}}_c) &= \sigma^2(\boldsymbol{X}'\boldsymbol{X})^{-1}+\sigma^2\boldsymbol{C}\boldsymbol{C}'\\ &= \mathrm{Var}(\widehat{\boldsymbol{\beta}})+\sigma^2\boldsymbol{C}\boldsymbol{C}'.\end{aligned} \tag{3.21}$$

根据矩阵代数的知识, 任何矩阵与自身转置的乘积都是半正定矩阵, (3.21) 式中的 $\boldsymbol{CC}'$ 为半正定矩阵, 其对角线上的元素必然是非负的. 因此得知, 任意其他线性无偏估计量的方差都大于最小二乘估计量的方差.

这里需要说明的是, 对于无偏估计, 方差愈小愈好, 因此高斯–马尔可夫 (Gauss-Markov) 定理表明: 最小二乘估计量 $\widehat{\boldsymbol{\beta}}$ 在 $\boldsymbol{\beta}$ 的线性无偏估计量中是最优的, 所以我们也称 $\widehat{\boldsymbol{\beta}}$ 为 $\boldsymbol{\beta}$ 的 “最佳线性无偏估计量” (BLUE 估计量). 这个事实奠定了最小二乘估计在线性回归模型中的地位.

(二) 参数 σ^2 的估计

在线性回归模型 (3.7) 式中还有一个重要的参数 σ^2, 它是模型干扰项的方差, 因而有时简称为误差方差. σ^2 反映了模型误差以及观测误差的大小, 在线性回归分析中起着重要的作用. 现在我们讨论 σ^2 的估计问题.

由样本回归模型 (3.4) 式知

$$
\begin{aligned}
\boldsymbol{e} &= \boldsymbol{Y} - \boldsymbol{X}\widehat{\boldsymbol{\beta}} \\
&= (\boldsymbol{X}\boldsymbol{\beta} + \boldsymbol{\varepsilon}) - \boldsymbol{X}(\boldsymbol{X}'\boldsymbol{X})^{-1}\boldsymbol{X}'\boldsymbol{Y} \\
&= (\boldsymbol{X}\boldsymbol{\beta} + \boldsymbol{\varepsilon}) - \boldsymbol{X}(\boldsymbol{X}'\boldsymbol{X})^{-1}\boldsymbol{X}'(\boldsymbol{X}\boldsymbol{\beta} + \boldsymbol{\varepsilon}) \\
&= [\boldsymbol{I}_n - \boldsymbol{X}(\boldsymbol{X}'\boldsymbol{X})^{-1}\boldsymbol{X}']\boldsymbol{\varepsilon},
\end{aligned} \tag{3.22}
$$

令 $\boldsymbol{M} = \boldsymbol{I}_n - \boldsymbol{X}(\boldsymbol{X}'\boldsymbol{X})^{-1}\boldsymbol{X}'$, 则 $\boldsymbol{e} = \boldsymbol{M}\boldsymbol{\varepsilon}$. 这说明 $\boldsymbol{e}$ 是 $\boldsymbol{\varepsilon}$ 的线性变换. 其中, $\boldsymbol{M}$ 称为最小二乘基本等幂矩阵, 有如下的性质.

利用最小二乘基本等幂矩阵 $\boldsymbol{M}$ 的性质, 以及 (3.22) 式, 可以得到残差平方和为

$$
\begin{aligned}
\boldsymbol{e}'\boldsymbol{e} &= (\boldsymbol{M}\boldsymbol{\varepsilon})'(\boldsymbol{M}\boldsymbol{\varepsilon}) \\
&= \boldsymbol{\varepsilon}'\boldsymbol{M}'\boldsymbol{M}\boldsymbol{\varepsilon} \\
&= \boldsymbol{\varepsilon}'\boldsymbol{M}\boldsymbol{\varepsilon}.
\end{aligned}
$$

由于 $\boldsymbol{e}'\boldsymbol{e}$ 和 $\boldsymbol{\varepsilon}'\boldsymbol{M}\boldsymbol{\varepsilon}$ 都是标量, 由矩阵代数的可知, 标量应与其迹相等, 并由迹的轮换性定理知,

$$
\begin{aligned}
\mathrm{E}(\boldsymbol{e}'\boldsymbol{e}) &= \mathrm{E}[\mathrm{tr}(\boldsymbol{\varepsilon}'\boldsymbol{M}\boldsymbol{\varepsilon})] \\
&= \mathrm{tr}[\boldsymbol{M}\mathrm{E}(\boldsymbol{\varepsilon}\boldsymbol{\varepsilon}')] \\
&= \sigma^2\mathrm{tr}(\boldsymbol{M}) \\
&= \sigma^2\mathrm{tr}(\boldsymbol{I}_n - \boldsymbol{X}(\boldsymbol{X}'\boldsymbol{X})^{-1}\boldsymbol{X}') \\
&= \sigma^2[\mathrm{tr}\boldsymbol{I}_n - \mathrm{tr}(\boldsymbol{X}(\boldsymbol{X}'\boldsymbol{X})^{-1}\boldsymbol{X}')] \\
&= \sigma^2(n-k).
\end{aligned}
$$

定义

$$
s^2 = \frac{\boldsymbol{e}'\boldsymbol{e}}{n-k}, \tag{3.23}
$$

则 s^2 为 σ^2 的无偏估计量, 即 $\mathrm{E}(s^2) = \sigma^2$.

(三) 约束最小二乘法

对于线性回归模型 (3.2) 式, 在对参数向量 $\boldsymbol{\beta}$ 没有附加任何约束条件的情况下, 我们求出了最小二乘估计量, 并讨论了它的基本性质. 但是, 在解决实际问题中, 我们需要求带一定线性约束的最小二乘估计量.

假设参数向量 $\boldsymbol{\beta}$ 的线性约束

$$
\boldsymbol{D}\boldsymbol{\beta} = \boldsymbol{b} \tag{3.24}
$$

是一个相容线性方程组, 其中 $\boldsymbol{D}$ 为 $p \times k$ 的已知矩阵, 而且秩为 p, $\boldsymbol{b}$ 为 $p \times 1$ 的已知向量. 我们用 Lagrange 乘子法求模型 (3.2) 满足线性约束 (3.24) 式的最小二乘估计量.

记

$$\boldsymbol{D} = \begin{pmatrix} \boldsymbol{d}_1' \\ \vdots \\ \boldsymbol{d}_p' \end{pmatrix}, \quad \boldsymbol{b} = \begin{pmatrix} b_1 \\ \vdots \\ b_p \end{pmatrix},$$

则线性约束 (3.24) 式可以表示为

$$\boldsymbol{d}_i'\boldsymbol{\beta} = b_i, \quad i = 1, 2, \cdots, p. \tag{3.25}$$

我们的问题是, 在 p 个约束条件下, 求使得

$$Q(\boldsymbol{\beta}) = \boldsymbol{e}'\boldsymbol{e} = (\boldsymbol{Y} - \boldsymbol{X}\boldsymbol{\beta})'(\boldsymbol{Y} - \boldsymbol{X}\boldsymbol{\beta})$$

达到最小的 $\widehat{\boldsymbol{\beta}}_c$. 应用 Lagrange 乘子法构造目标函数为

$$\begin{aligned} g(\boldsymbol{\beta}, \boldsymbol{\lambda}) &= (\boldsymbol{Y} - \boldsymbol{X}\boldsymbol{\beta})'(\boldsymbol{Y} - \boldsymbol{X}\boldsymbol{\beta}) + 2\sum_{i=1}^{p} \lambda_i(\boldsymbol{d}_i'\boldsymbol{\beta} - b_i) \\ &= (\boldsymbol{Y} - \boldsymbol{X}\boldsymbol{\beta})'(\boldsymbol{Y} - \boldsymbol{X}\boldsymbol{\beta}) + 2\boldsymbol{\lambda}'(\boldsymbol{D}\boldsymbol{\beta} - \boldsymbol{b}), \end{aligned}$$

其中 $\boldsymbol{\lambda} = (\lambda_1, \cdots, \lambda_p)'$ 为 Lagrange **乘子**. 函数 $g(\boldsymbol{\beta}, \boldsymbol{\lambda})$ 求对 $\beta_1, \beta_2, \cdots, \beta_k$ 的偏导数, 整理并令它们等于零, 得到

$$-\boldsymbol{X}'\boldsymbol{Y} + \boldsymbol{X}'\boldsymbol{X}\boldsymbol{\beta} + \boldsymbol{D}'\boldsymbol{\lambda} = \boldsymbol{0}. \tag{3.26}$$

联立线性约束条件 (3.24) 式, 求解方程组, 解得

$$\widehat{\boldsymbol{\beta}}_c = \widehat{\boldsymbol{\beta}} - (\boldsymbol{X}'\boldsymbol{X})^{-1}\boldsymbol{D}'(\boldsymbol{D}(\boldsymbol{X}'\boldsymbol{X})^{-1}\boldsymbol{D}')^{-1}(\boldsymbol{D}\widehat{\beta} - \boldsymbol{b}). \tag{3.27}$$

这里我们需要提及的是, $\widehat{\boldsymbol{\beta}}_c$ 确实是线性约束 $\boldsymbol{D}\boldsymbol{\beta} = \boldsymbol{b}$ 下的 $\boldsymbol{\beta}$ 的最小二乘估计量, 即 $\widehat{\boldsymbol{\beta}}_c$ 满足:

(1) $\boldsymbol{D}\widehat{\boldsymbol{\beta}}_c = \boldsymbol{b}$;

(2) 对一切满足 $\boldsymbol{D}\boldsymbol{\beta} = \boldsymbol{b}$ 的 $\boldsymbol{\beta}$, 都有

$$(\boldsymbol{Y} - \boldsymbol{X}\boldsymbol{\beta})'(\boldsymbol{Y} - \boldsymbol{X}\boldsymbol{\beta}) \geqslant (\boldsymbol{Y} - \boldsymbol{X}\widehat{\boldsymbol{\beta}}_c)'(\boldsymbol{Y} - \boldsymbol{X}\widehat{\boldsymbol{\beta}}_c).$$

第三节　线性模型的检验

一、拟合优度

拟合优度是描述线性回归方程与样本数据趋势拟合情况的重要指标, 它既是分析数据情况的手段, 也是检验模型变量关系真实性的重要手段.

为了说明线性回归模型对样本观测值的拟合情况, 需要考查解释变量 $\boldsymbol{Y}$ 的总变差进行分解分析. $\boldsymbol{Y}$ 的总变差分解式为

$$\sum(Y_i-\overline{\boldsymbol{Y}})^2=\sum(Y_i-\widehat{Y}_i)^2+\sum(\widehat{Y}_i-\overline{\boldsymbol{Y}})^2, \tag{3.28}$$

其中, $\sum(Y_i-\overline{\boldsymbol{Y}})^2$ 称为**总离差平方和**, 记为 TSS, 它反映了被解释变量观测值总变差的大小, 其自由度为 $n-1$; $\sum(Y_i-\widehat{Y}_i)^2$ 称为**残差平方和**, 记为 ESS, 它反映了被解释变量观测值与估计值之间的变差, 其自由度为 $n-k$; $\sum(\widehat{Y}_i-\overline{\boldsymbol{Y}})^2$ 称为**回归平方和**, 记为 RSS, 它反映了被解释变量回归估计值总变差的大小, 其自由度为 $k-1$. 用矩阵表示为

$$\text{TSS}=\boldsymbol{Y}'\boldsymbol{Y}-n\overline{\boldsymbol{Y}}^2,\quad \text{RSS}=\widehat{\boldsymbol{Y}}'\widehat{\boldsymbol{Y}}-n\overline{\boldsymbol{Y}}^2,\quad \text{ESS}=\boldsymbol{e}'\boldsymbol{e}.$$

这里, 回归平方和 RSS 越大, 残差平方和 ESS 就越小, 从而被解释变量观测值总变差中能由解释变量解释的那部分变差就越大, 回归模型对观测值的拟合程度就越高. 因此, 我们定义**可决系数**来描述回归模型对观测值的拟合程度, 即

$$R^2=\frac{\text{RSS}}{\text{TSS}}=\frac{\widehat{\boldsymbol{Y}}'\widehat{\boldsymbol{Y}}-n\overline{\boldsymbol{Y}}^2}{\boldsymbol{Y}'\boldsymbol{Y}-n\overline{\boldsymbol{Y}}^2}. \tag{3.29}$$

我们应该注意到, 可决系数 R^2 有一个显著的特点: 如果观测值 Y_i 不变, 可决系数 R^2 将随着解释变量数目的增加而增大. 但是有些解释变量对被解释变量 Y_i 的影响很小, 增加这些解释变量对减少残差平方和没有多大作用. 由 (3.23) 式

$$s^2=\frac{\boldsymbol{e}'\boldsymbol{e}}{n-k},$$

可以知道, 引入解释变量数目越多, k 越大. 如果残差平方和 $\boldsymbol{e}'\boldsymbol{e}$ 减小不明显, 那么误差方差 σ^2 的估计值 s^2 将增大. s^2 的增大对于推断参数 $\boldsymbol{\beta}$ 的置信区间, 以及对于预测区间的估计, 都意味着推断精度的降低. 因此, 在线性模型中引入某个解释变量不应该根据可决系数 R^2 是否增大来判断. 为了解决这一问题, 我们定义**修正可决系数**为

$$\overline{R}^2=1-\frac{\text{ESS}/(n-k)}{\text{TSS}/(n-1)}. \tag{3.30}$$

修正可决系数 $\overline{R}^2$ 描述了, 当增加一个对被解释变量 Y_i 有较大影响的解释变量时, 残差平方和 $\boldsymbol{e}'\boldsymbol{e}$ 减小比 $n-k$ 减小更显著, 修正可决系数 $\overline{R}^2$ 就增大; 如果增加一个对被解释变量 Y_i 没有多大影响的解释变量, 残差平方和 $\boldsymbol{e}'\boldsymbol{e}$ 减小没有 $n-k$ 减小显著, $\overline{R}^2$ 会减小, 其说明不应该引入这个不重要的解释变量.

由此可见, 修正可决系数 $\overline{R}^2$ 比一般可决系数 R^2 更准确地反映了解释变量对被解释变量的影响程度. 因此, 在一般情况下修正可决系数 $\overline{R}^2$ 比 R^2 应用更广泛. 当 $k-1>0$,

$n-k>0, 1-R^2>0$ 时,

$$\overline{R}^2 \leqslant R^2, \tag{3.31}$$

即修正可决系数 $\overline{R}^2$ 不大于一般可决系数 R^2.

但修正可决系数 $\overline{R}^2$ 有一个重要的特点: 它可能为负值. 若 $\overline{R}^2<0$, 修正可决系数 $\overline{R}^2$ 将失去意义. 因此, $\overline{R}^2$ 只适应于变量 Y 与变量 $X_2, X_3, \cdots, X_k$ 的整体相关程度比较高的情况.

二、参数估计值的检验

在本章第一节中讨论参数 $\boldsymbol{\beta}$ 的最小二乘估计的过程, 及参数估计量 $\widehat{\boldsymbol{\beta}}$ 的有关性质时, 并没有涉及干扰项 $\boldsymbol{\varepsilon}$ 的具体分布形式. 如果只计算最小二乘估计 $\widehat{\boldsymbol{\beta}}$, 不需要对 $\boldsymbol{\varepsilon}$ 的分布形式提出要求. 但是如果讨论参数估计的检验问题、总体参数 $\boldsymbol{\beta}$ 的置信区间和预测问题时, 就必须对干扰项 $\boldsymbol{\varepsilon}$ 的分布形式作出规定.

(一) 参数估计式的分布特性

首先, 我们根据中心极限定理可知, 无论干扰项 $\boldsymbol{\varepsilon}$ 服从什么分布, 只要样本容量 n 足够大, 就可以近似按 $\boldsymbol{\varepsilon}$ 服从正态分布的情况一样, 对 $\widehat{\boldsymbol{\beta}}$ 进行显著性检验, 以及对总体参数 $\boldsymbol{\beta}$ 的置信区间进行推断. 在实际问题中, 各种变量之间有的联系较为复杂, 样本资料很难满足正态分布的要求. 同时, 也很难对样本本身是否严格服从正态分布作出准确判断, 甚至根本无法判断样本服从什么分布. 有了中心极限定理, 就可以回避检验 $\boldsymbol{\varepsilon}$ 的分布形式的困难, 按照 $\boldsymbol{Y}$ 和 $\boldsymbol{\varepsilon}$ 服从正态分布讨论检验和预测等问题. 只要样本容量比较大, 得到的结果的近似程度就比较高. 因此, 对正态分布的讨论具有一般性.

根据线性回归模型的经典假设, 随机干扰项 $\boldsymbol{\varepsilon}$ 服从多元正态分布, 即

$$\boldsymbol{\varepsilon} \sim N(\boldsymbol{0}, \sigma^2 \boldsymbol{I}_n).$$

假定 $\boldsymbol{\varepsilon}$ 服从多元正态分布, 那么 $\widehat{\boldsymbol{\beta}} = \boldsymbol{\beta} + (\boldsymbol{X}'\boldsymbol{X})^{-1}\boldsymbol{X}'\boldsymbol{\varepsilon}$ 也服从多元正态分布. 由 (3.16) 式和 (3.17) 式, 可以得到

$$\widehat{\boldsymbol{\beta}} \sim N(\boldsymbol{\beta}, \sigma^2(\boldsymbol{X}'\boldsymbol{X})^{-1}). \tag{3.32}$$

这里用它的无偏估计 $s^2 = \dfrac{\boldsymbol{e}'\boldsymbol{e}}{n-k}$ 近似代替 σ^2. 利用 $\widehat{\boldsymbol{\beta}}$ 的方差估计式

$$\widehat{\mathrm{Var}}(\widehat{\boldsymbol{\beta}}) = s^2(\boldsymbol{X}'\boldsymbol{X})^{-1}$$

就可以对参数估计 $\widehat{\boldsymbol{\beta}}$ 进行显著性检验.

在线性回归模型分析中, 除了要对单个参数进行检验, 还要检验多个解释变量对被解释变量 $\boldsymbol{Y}$ 的共同影响是否显著. 这种检验是多方面的检验, 要反复筛选解释变量和反复检验. 通常构造 F 统计量进行这些检验.

为了构造 F 统计量, 必须满足下面两个要求:

(1) $\dfrac{\boldsymbol{e}'\boldsymbol{e}}{\sigma^2}$ 服从 $\chi^2(n-k)$ 分布;

(2) $\boldsymbol{e}'\boldsymbol{e}$ 与 $\widehat{\boldsymbol{\beta}}$ 的分布互相独立.

其有关证明可以参看文献.

(二) 参数估计的显著性检验与总体参数的置信区间

下面讨论 $\widehat{\boldsymbol{\beta}}$ 的检验问题. 为了得到多种假设检验和 $\boldsymbol{\beta}$ 的置信区间的一般方法, 首先对 $\widehat{\boldsymbol{\beta}}$ 作线性变换:

$$\begin{bmatrix} \widehat{\gamma}_1 \\ \widehat{\gamma}_2 \\ \vdots \\ \widehat{\gamma}_r \end{bmatrix} = \begin{bmatrix} C_{11} & C_{12} & \cdots & C_{1k} \\ C_{21} & C_{22} & \cdots & C_{2k} \\ \vdots & \vdots & & \vdots \\ C_{r1} & C_{r2} & \cdots & C_{rk} \end{bmatrix} \begin{bmatrix} \widehat{\beta}_1 \\ \widehat{\beta}_2 \\ \vdots \\ \widehat{\beta}_k \end{bmatrix},$$

即

$$\widehat{\boldsymbol{\gamma}} = \boldsymbol{C}\widehat{\boldsymbol{\beta}}, \tag{3.33}$$

其中, $\widehat{\boldsymbol{\gamma}}$ 为 $r\times 1$ 矩阵, $\boldsymbol{C}$ 为 $r\times k$ 常数矩阵, r 为待检验的参数数目, k 为全部参数的数目, 显然 $r\leqslant k$. 假设 $\boldsymbol{C}$ 为满秩矩阵, 即 $\mathrm{Rank}(\boldsymbol{C})=r$. 这样只要改变 $\boldsymbol{C}$ 的定义形式, 对 $\widehat{\boldsymbol{\gamma}}$ 的检验可以代表对 $\widehat{\boldsymbol{\beta}}$ 中不同参数估计的各种检验.

随机矩阵 $\widehat{\boldsymbol{\gamma}}$ 的期望和协方差分别为

$$\begin{aligned}
\mathrm{E}(\widehat{\boldsymbol{\gamma}}) &= \mathrm{E}(\boldsymbol{C}\widehat{\boldsymbol{\beta}}) = \boldsymbol{C}\boldsymbol{\beta}, \\
\mathrm{Var}(\widehat{\boldsymbol{\gamma}}) &= \mathrm{Var}(\boldsymbol{C}\widehat{\boldsymbol{\beta}}) \\
&= \mathrm{E}[(\boldsymbol{C}\widehat{\boldsymbol{\beta}} - \mathrm{E}(\boldsymbol{C}\widehat{\boldsymbol{\beta}}))(\boldsymbol{C}\widehat{\boldsymbol{\beta}} - \mathrm{E}(\boldsymbol{C}\widehat{\boldsymbol{\beta}}))'] \\
&= \mathrm{E}[(\boldsymbol{C}\widehat{\boldsymbol{\beta}} - \boldsymbol{C}\boldsymbol{\beta})(\boldsymbol{C}\widehat{\boldsymbol{\beta}} - \boldsymbol{C}\boldsymbol{\beta})'] \\
&= \boldsymbol{C}\mathrm{E}((\widehat{\boldsymbol{\beta}} - \boldsymbol{\beta})(\widehat{\boldsymbol{\beta}} - \boldsymbol{\beta})')\boldsymbol{C}' \\
&= \boldsymbol{C}\mathrm{Var}(\widehat{\boldsymbol{\beta}})\boldsymbol{C}' \\
&= \sigma^2\boldsymbol{C}(\boldsymbol{X}'\boldsymbol{X})^{-1}\boldsymbol{C}'.
\end{aligned}$$

由于 $\widehat{\boldsymbol{\gamma}}$ 是 $\widehat{\boldsymbol{\beta}}$ 的线性变换, $\widehat{\boldsymbol{\beta}}$ 服从多元正态分布, 所以 $\widehat{\boldsymbol{\gamma}}$ 也服从多元正态分布, 并且 $\widehat{\boldsymbol{\gamma}}$ 的元素之间是互相独立的. $\widehat{\boldsymbol{\gamma}}$ 服从自由度为 r 的 χ^2 分布, 即

$$\sum_{i=1}^{r}\left[\frac{\widehat{\gamma}_i - \mathrm{E}(\widehat{\gamma}_i)}{\sigma\widehat{\gamma}_i}\right]^2 = \sum_{i=1}^{r}\frac{(\widehat{\gamma}_i - \mathrm{E}(\widehat{\gamma}_i))^2}{\sigma^2_{\widehat{\gamma}_i}} \sim \chi^2(r).$$

用矩阵形式表示 $\widehat{\boldsymbol{\gamma}}$ 的 χ^2 统计量为

$$\begin{aligned}\chi^2 &= (\widehat{\gamma} - \mathrm{E}(\widehat{\gamma}))'(\mathrm{Var}(\widehat{\gamma}))^{-1}(\widehat{\gamma} - \mathrm{E}(\widehat{\gamma})) \\ &= (\boldsymbol{C}\widehat{\boldsymbol{\beta}} - \mathrm{E}(\boldsymbol{C}\widehat{\boldsymbol{\beta}}))'(\mathrm{Var}(\boldsymbol{C}\widehat{\boldsymbol{\beta}}))^{-1}(\boldsymbol{C}\widehat{\boldsymbol{\beta}} - \mathrm{E}(\boldsymbol{C}\widehat{\boldsymbol{\beta}})) \\ &= (\boldsymbol{C}\widehat{\boldsymbol{\beta}} - \boldsymbol{C}\boldsymbol{\beta})'(\sigma^2\boldsymbol{C}(\boldsymbol{X}'\boldsymbol{X})^{-1}\boldsymbol{C}')^{-1}(\boldsymbol{C}\widehat{\boldsymbol{\beta}} - \boldsymbol{C}\boldsymbol{\beta}),\end{aligned}$$

则

$$(\boldsymbol{C}\widehat{\boldsymbol{\beta}} - \boldsymbol{C}\boldsymbol{\beta})'(\sigma^2\boldsymbol{C}(\boldsymbol{X}'\boldsymbol{X})^{-1}\boldsymbol{C}')^{-1}(\boldsymbol{C}\widehat{\boldsymbol{\beta}} - \boldsymbol{C}\boldsymbol{\beta}) \sim \chi^2(r).$$

令

$$\chi_1^2 = (\boldsymbol{C}\widehat{\boldsymbol{\beta}} - \boldsymbol{C}\boldsymbol{\beta})'(\sigma^2\boldsymbol{C}(\boldsymbol{X}'\boldsymbol{X})^{-1}\boldsymbol{C}')^{-1}(\boldsymbol{C}\widehat{\boldsymbol{\beta}} - \boldsymbol{C}\boldsymbol{\beta}), \quad v_1 = r,$$
$$\chi_2^2 = \frac{\boldsymbol{e}'\boldsymbol{e}}{\sigma^2}, \quad v_2 = n - k.$$

因此, 可以得到 F 统计量

$$\begin{aligned}F &= \frac{\chi_1^2(v_1)/v_1}{\chi_2^2(v_2)/v_2} \\ &= \frac{(\boldsymbol{C}\widehat{\boldsymbol{\beta}} - \boldsymbol{C}\boldsymbol{\beta})'(\sigma^2\boldsymbol{C}(\boldsymbol{X}'\boldsymbol{X})^{-1}\boldsymbol{C}')^{-1}(\boldsymbol{C}\widehat{\boldsymbol{\beta}} - C\boldsymbol{\beta})/r}{\left(\dfrac{\boldsymbol{e}'\boldsymbol{e}}{\sigma^2}\right)\Big/n-k} \\ &= \frac{(\boldsymbol{C}\widehat{\boldsymbol{\beta}} - \boldsymbol{C}\boldsymbol{\beta})'(\boldsymbol{C}(\boldsymbol{X}'\boldsymbol{X})^{-1}\boldsymbol{C}')^{-1}(\boldsymbol{C}\widehat{\boldsymbol{\beta}} - C\boldsymbol{\beta})}{s^2 r} \sim F(r, n-k).\end{aligned} \tag{3.34}$$

上式中的 F 统计量不但可以用于显著性检验, 也可以用于推断 $\boldsymbol{\beta}$ 的置信区间.

如果确定了显著性水平 α, 那么 $F \leqslant F_\alpha(r, n-k)$ 的概率为 $1-\alpha$, 并且 $\boldsymbol{C}\boldsymbol{\beta}$ 的 $1-\alpha$ 置信区间为

$$(\boldsymbol{C}\widehat{\boldsymbol{\beta}} - \boldsymbol{C}\boldsymbol{\beta})'(\boldsymbol{C}(\boldsymbol{X}'\boldsymbol{X})^{-1}\boldsymbol{C}')^{-1}(\boldsymbol{C}\boldsymbol{\beta} - \boldsymbol{C}\widehat{\boldsymbol{\beta}}) \leqslant s^2 r F_\alpha(r, n-k). \tag{3.35}$$

对于不同的情形, 讨论参数估计 $\widehat{\boldsymbol{\beta}}$ 的显著性检验问题和总体回归的参数 $\boldsymbol{\beta}$ 的置信区间问题.

(1) 对整体 $\widehat{\beta}_i$ 的显著性检验及全部 β_i 的置信区间问题.

我们检验的问题是

$$H_0: \boldsymbol{\beta} = \boldsymbol{0}, \quad H_1: \boldsymbol{\beta} \neq \boldsymbol{0}.$$

在原假设成立下,

$$F = \frac{\widehat{\boldsymbol{\beta}}'(\boldsymbol{X}'\boldsymbol{X})\widehat{\boldsymbol{\beta}}}{s^2 k} \sim F(k, n-k). \tag{3.36}$$

当 $F \leqslant F_\alpha(k, n-k)$ 时, 接受原假设, 即认为 $\widehat{\boldsymbol{\beta}}$ 矩阵中的所有元素 $\widehat{\beta}_1, \widehat{\beta}_2, \cdots, \widehat{\beta}_k$ 作为一个整体不显著, 因此必须重新建立模型. 当 $F > F_\alpha(k, n-k)$ 时, $\widehat{\boldsymbol{\beta}}$ 中的元素作为一个整体显著, 但是并不保证其中每个元素都显著.

$\boldsymbol{\beta}$ 的置信区间, 即 $\beta_1, \beta_2, \cdots, \beta_k$ 的联合置信区间为

$$(\boldsymbol{\beta}-\widehat{\boldsymbol{\beta}})'(\boldsymbol{X}'\boldsymbol{X})(\boldsymbol{\beta}-\widehat{\boldsymbol{\beta}}) \leqslant s^2 k F_\alpha(k, n-k), \tag{3.37}$$

$\boldsymbol{\beta}$ 落入该置信区间的概率为 $1-\alpha$.

(2) 对部分 $\widehat{\beta}_i$ 的显著性检验和部分 β_i 的置信区间问题.

重新排列原解释变量矩阵中各解释变量的顺序, 把准备留在模型中的 r 个解释变量排到新的 $\boldsymbol{X}$ 矩阵中的右边 r 列. 在重新排列的 $\boldsymbol{\beta}$ 矩阵和 $\widehat{\boldsymbol{\beta}}$ 矩阵中, 与 $\boldsymbol{X}$ 相应的 β_i 和 $\widehat{\beta}_i$ 排列在下面 r 行. 定义

$$\boldsymbol{C}=\left[\begin{array}{c|cccc} & 1 & & & \\ & & 1 & & 0 \\ 0 & & & \ddots & \\ & & 0 & & 1 \end{array}\right]_{(r\times k)},$$

因此

$$\boldsymbol{C}\boldsymbol{\beta}=\boldsymbol{\beta}_r=\begin{bmatrix}\beta_{r1}\\ \beta_{r2}\\ \vdots\\ \beta_{rr}\end{bmatrix}_{(r\times 1)}, \quad \boldsymbol{C}\widehat{\boldsymbol{\beta}}=\widehat{\boldsymbol{\beta}}_r=\begin{bmatrix}\widehat{\beta}_{r1}\\ \widehat{\beta}_{r2}\\ \vdots\\ \widehat{\beta}_{rr}\end{bmatrix}_{(r\times 1)}.$$

如果定义 $\boldsymbol{V}_r$ 矩阵为 $(\boldsymbol{X}'\boldsymbol{X})^{-1}$ 矩阵中下面 r 行右面 r 列元素构成的子矩阵, 则

$$\boldsymbol{C}(\boldsymbol{X}'\boldsymbol{X})^{-1}\boldsymbol{C}'=\boldsymbol{V}_r. \tag{3.38}$$

那么, 我们检验的问题是

$$H_0: \boldsymbol{\beta}_r=\boldsymbol{0}, \quad H_1: \boldsymbol{\beta}_r \neq \boldsymbol{0}.$$

在原假设成立下, (3.34) 式则简化为

$$F=\frac{\widehat{\boldsymbol{\beta}}_r'\boldsymbol{V}_r^{-1}\widehat{\boldsymbol{\beta}}_r}{s^2 r} \sim F(r, n-k). \tag{3.39}$$

当 $F \leqslant F_\alpha(r, n-k)$ 时, 接受原假设. 当 $F > F_\alpha(r, n-k)$ 时, 拒绝原假设.

由 (3.39) 式, $\boldsymbol{\beta}_r$ 的联合置信区间为

$$(\boldsymbol{\beta}_r-\widehat{\boldsymbol{\beta}}_r)'\boldsymbol{V}_r^{-1}(\boldsymbol{\beta}_r-\widehat{\boldsymbol{\beta}}_r) \leqslant s^2 r F_\alpha(r, n-k), \tag{3.40}$$

$\boldsymbol{\beta}_r$ 落入上述区间的概率为 $1-\alpha$.

(3) 对单个 $\widehat{\beta}_i$ 的显著性检验和单个 β_i 的置信区间问题.

在上述对部分参数的检验问题中, 令 $r=1$. 重新排列 $\boldsymbol{X}$ 矩阵, 把最重要的解释变量放在新 $\boldsymbol{X}$ 矩阵最右边一列, 即 $\boldsymbol{X}_k$. $\boldsymbol{\beta}$ 和 $\widehat{\boldsymbol{\beta}}$ 矩阵也重新排列, 把与 $\boldsymbol{X}_k$ 相应的元素放在最下面一行, 即 β_k 和 $\widehat{\beta}_k$. 取 $\boldsymbol{C}=(0,0,0,\cdots,0,1)$, $(\boldsymbol{X}'\boldsymbol{X})^{-1}$ 矩阵的右下角的元素记为 V_k. 构造原假设 $H_0:\beta_k=0$. 在原假设成立下, (3.34) 式简化为

$$F=\frac{\widehat{\beta}_k^2}{V_k s^2}. \tag{3.41}$$

当 $F\leqslant F_\alpha(1,n-k)$ 时, 接受原假设. 当 $F>F_\alpha(1,n-k)$ 时, 拒绝原假设.

对单个参数进行检验, 不但可以利用 F 统计量, 也可以利用 t 统计量, 两者是等价的, 即

$$F(1,n-k)=t^2(n-k). \tag{3.42}$$

参数 β_k 的概率为 $1-\alpha$ 的置信区间为

$$(\beta_k-\widehat{\beta}_k)^2\leqslant s^2V_kF_\alpha(1,n-k),$$

即

$$\widehat{\beta}_k-\sqrt{s^2V_kF_\alpha(1,n-k)}<\beta_k<\widehat{\beta}_k+\sqrt{s^2V_kF_\alpha(1,n-k)}, \tag{3.43}$$

或

$$\widehat{\beta}_k-\sqrt{s^2V_k}t_{\alpha/2}(n-k)<\beta_k<\widehat{\beta}_k+\sqrt{s^2V_k}t_{\alpha/2}(n-k). \tag{3.44}$$

第四节 预 测

一、单值预测

针对线性回归模型 $\boldsymbol{Y}=\boldsymbol{X\beta}+\boldsymbol{\varepsilon}$, 对给定的解释变量矩阵 $\boldsymbol{X}_0'=(1,X_{20},X_{30},\cdots,X_{k0})_{1\times k}$, 有关系式

$$\widehat{Y}_0=\boldsymbol{X}_0'\widehat{\boldsymbol{\beta}}. \tag{3.45}$$

估计值 $\widehat{Y}_0$, 既是 $\mathrm{E}(Y_0)$ 的点估计值, 也是 Y_0 的点估计值.

由于

$$\mathrm{E}(\widehat{Y}_0)=\mathrm{E}(\boldsymbol{X}_0\widehat{\boldsymbol{\beta}})=\boldsymbol{X}_0\mathrm{E}(\widehat{\boldsymbol{\beta}})=\boldsymbol{X}_0\boldsymbol{\beta}=\mathrm{E}(Y_0), \tag{3.46}$$

说明 $\widehat{Y}_0$ 是 $\mathrm{E}(Y_0)$ 的无偏估计量. 另外,

$$\mathrm{E}(\widehat{Y}_0)=\mathrm{E}(\boldsymbol{X}_0\widehat{\boldsymbol{\beta}})=\boldsymbol{X}_0\mathrm{E}(\widehat{\boldsymbol{\beta}})=\boldsymbol{X}_0\boldsymbol{\beta}=Y_0-\varepsilon_0. \tag{3.47}$$

可见 $\widehat{Y}_0$ 不是 Y_0 的无偏估计量. 但是 $\mathrm{E}(\widehat{Y}_0-Y_0)=0$, 说明 $\widehat{Y}_0-Y_0$ 的平均程度稳定在零. 从而可知, 用估计值 $\widehat{Y}_0$, 是作为 $\mathrm{E}(Y_0)$ 和 Y_0 的单值预测具有一定的合理性.

二、$\mathrm{E}(Y_0)$ 和 Y_0 的预测区间

(一) $E(Y_0)$ 的预测区间

为了得到 $\mathrm{E}(Y_0)$ 的置信区间, 首先要得到 $\widehat{Y}_0$ 的方差, 即

$$\begin{aligned}\mathrm{Var}(\widehat{Y}_0) &= \mathrm{E}[(\widehat{Y}_0 - E(\widehat{Y}_0))^2] \\ &= \mathrm{E}[(\boldsymbol{X}_0\widehat{\boldsymbol{\beta}} - \mathrm{E}(\boldsymbol{X}_0\widehat{\boldsymbol{\beta}}))^2] \\ &= \mathrm{E}[(\boldsymbol{X}_0\widehat{\boldsymbol{\beta}} - \boldsymbol{X}_0\boldsymbol{\beta})^2] \\ &= \mathrm{E}[(\boldsymbol{X}_0(\widehat{\boldsymbol{\beta}} - \boldsymbol{\beta}))(\boldsymbol{X}_0(\widehat{\boldsymbol{\beta}} - \boldsymbol{\beta}))],\end{aligned} \tag{3.48}$$

其中, $\boldsymbol{X}_0(\widehat{\boldsymbol{\beta}} - \boldsymbol{\beta})$ 为标量, 因此

$$\boldsymbol{X}_0(\widehat{\boldsymbol{\beta}} - \boldsymbol{\beta}) = (\boldsymbol{X}_0(\widehat{\boldsymbol{\beta}} - \boldsymbol{\beta}))' = (\widehat{\boldsymbol{\beta}} - \boldsymbol{\beta})'\boldsymbol{X}_0'.$$

将上式代入 (3.48) 式, 得

$$\begin{aligned}\mathrm{Var}(\widehat{Y}_0) &= \mathrm{E}[(\boldsymbol{X}_0(\widehat{\boldsymbol{\beta}} - \boldsymbol{\beta}))((\widehat{\boldsymbol{\beta}} - \boldsymbol{\beta})'\boldsymbol{X}_0')] \\ &= \boldsymbol{X}_0\mathrm{E}[(\widehat{\boldsymbol{\beta}} - \boldsymbol{\beta})(\widehat{\boldsymbol{\beta}} - \boldsymbol{\beta})']\boldsymbol{X}_0' \\ &= \boldsymbol{X}_0\mathrm{Cov}(\widehat{\boldsymbol{\beta}})\boldsymbol{X}_0' \\ &= \sigma^2\boldsymbol{X}_0(\boldsymbol{X}'\boldsymbol{X})^{-1}\boldsymbol{X}_0'.\end{aligned} \tag{3.49}$$

$\mathrm{Var}(\widehat{Y}_0)$ 的估计值为

$$\widehat{\mathrm{Var}}(\widehat{Y}_0) = s^2\boldsymbol{X}_0(\boldsymbol{X}'\boldsymbol{X})^{-1}\boldsymbol{X}_0'. \tag{3.50}$$

由于 $\widehat{Y}_0 \sim N(\boldsymbol{X}_0\boldsymbol{\beta}, \sigma^2\boldsymbol{X}_0(\boldsymbol{X}'\boldsymbol{X})^{-1}\boldsymbol{X}_0')$, 所以

$$\frac{\widehat{Y}_0 - \mathrm{E}(Y_0)}{s\sqrt{\boldsymbol{X}_0(\boldsymbol{X}'\boldsymbol{X})^{-1}\boldsymbol{X}_0'}} \sim t(n-k). \tag{3.51}$$

在给定了置信度 $(1-\alpha)$ 之后, $\mathrm{E}(Y_0)$ 的 $1-\alpha$ 置信区间为

$$\mathrm{E}(Y_0) = \widehat{Y}_0 \pm t_{\alpha/2}(n-k)s\sqrt{\boldsymbol{X}_0(\boldsymbol{X}'\boldsymbol{X})^{-1}\boldsymbol{X}_0'}. \tag{3.52}$$

(二) Y_0 的预测区间

由于 $Y_0 = \boldsymbol{X}_0\boldsymbol{\beta} + \varepsilon_0$, $\widehat{Y}_0 = \boldsymbol{X}_0\widehat{\boldsymbol{\beta}}$, $Y_0 - \widehat{Y}_0 = \boldsymbol{X}_0(\boldsymbol{\beta} - \widehat{\boldsymbol{\beta}}) + \varepsilon_0$, 因此

$$\begin{aligned}\mathrm{Var}(Y_0 - \widehat{Y}_0) &= \mathrm{E}[(\boldsymbol{X}_0(\boldsymbol{\beta} - \widehat{\boldsymbol{\beta}}) + \varepsilon_0)^2] \\ &= \mathrm{E}[(\boldsymbol{X}_0(\boldsymbol{\beta} - \widehat{\boldsymbol{\beta}}) + \varepsilon_0)(\boldsymbol{X}_0(\boldsymbol{\beta} - \widehat{\boldsymbol{\beta}}) + \varepsilon_0)].\end{aligned} \tag{3.53}$$

由于

$$\boldsymbol{X}_0(\boldsymbol{\beta} - \widehat{\boldsymbol{\beta}}) + \varepsilon_0 = (\boldsymbol{X}_0(\boldsymbol{\beta} - \widehat{\boldsymbol{\beta}}) + \varepsilon_0)',$$

将上式代入 (3.53) 式, 得

$$\begin{aligned}\operatorname{Var}(Y_0-\widehat{Y}_0)&=\mathrm{E}[(\boldsymbol{X}_0(\boldsymbol{\beta}-\widehat{\boldsymbol{\beta}})+\varepsilon_0)((\boldsymbol{\beta}-\widehat{\boldsymbol{\beta}})'\boldsymbol{X}_0'+\varepsilon_0')]\\&=\mathrm{E}[\boldsymbol{X}_0(\boldsymbol{\beta}-\widehat{\boldsymbol{\beta}})(\boldsymbol{\beta}-\widehat{\boldsymbol{\beta}})'\boldsymbol{X}_0']+\mathrm{E}(\varepsilon_0\varepsilon_0')\\&\quad+\mathrm{E}(\varepsilon_0(\boldsymbol{\beta}-\widehat{\boldsymbol{\beta}})'\boldsymbol{X}_0')+\mathrm{E}(\boldsymbol{X}_0(\boldsymbol{\beta}-\widehat{\boldsymbol{\beta}})\varepsilon_0'),\end{aligned}\tag{3.54}$$

其中, $\boldsymbol{X}_0(\boldsymbol{\beta}-\widehat{\boldsymbol{\beta}})\varepsilon_0'$ 是标量, 因此

$$\boldsymbol{X}_0(\boldsymbol{\beta}-\widehat{\boldsymbol{\beta}})\varepsilon_0'=(\boldsymbol{X}_0(\boldsymbol{\beta}-\widehat{\boldsymbol{\beta}})\varepsilon_0')'=\varepsilon_0(\boldsymbol{\beta}-\widehat{\boldsymbol{\beta}})'\boldsymbol{X}_0'.$$

将上式代入 (3.54) 式, 得

$$\begin{aligned}\operatorname{Var}(Y_0-\widehat{Y}_0)=&\boldsymbol{X}_0\mathrm{E}[(\widehat{\boldsymbol{\beta}}-\boldsymbol{\beta})(\widehat{\boldsymbol{\beta}}-\boldsymbol{\beta})']\boldsymbol{X}_0'+\sigma^2\\&-2\boldsymbol{X}_0\mathrm{E}((\widehat{\boldsymbol{\beta}}-\boldsymbol{\beta})\varepsilon_0').\end{aligned}\tag{3.55}$$

由于

$$\widehat{\boldsymbol{\beta}}-\boldsymbol{\beta}=(\boldsymbol{X}'\boldsymbol{X})^{-1}\boldsymbol{X}'\boldsymbol{\varepsilon},$$

将上式代入 (3.55) 式, 得

$$\begin{aligned}\operatorname{Var}(Y_0-\widehat{Y}_0)&=\boldsymbol{X}_0\operatorname{Var}(\widehat{\boldsymbol{\beta}})\boldsymbol{X}_0'+\sigma_\varepsilon^2-2\boldsymbol{X}_0\mathrm{E}((\boldsymbol{X}'\boldsymbol{X})^{-1})\boldsymbol{X}'\boldsymbol{\varepsilon}\varepsilon_0')\\&=\sigma^2(1+\boldsymbol{X}_0(\boldsymbol{X}'\boldsymbol{X})^{-1}\boldsymbol{X}_0')-2\boldsymbol{X}_0(\boldsymbol{X}'\boldsymbol{X})^{-1}\boldsymbol{X}'\mathrm{E}(\boldsymbol{\varepsilon}\varepsilon_0')\end{aligned}\tag{3.56}$$

其中, 矩阵 $\boldsymbol{\varepsilon}$ 的各元素中不包含 ε_0, 所以 $\mathrm{E}(\boldsymbol{\varepsilon}\varepsilon_0')=\mathbf{0}$.

将上式代入 (3.56) 式, 得到 $(Y_0-\widehat{Y}_0)$ 的方差, 即

$$\operatorname{Var}(Y_0-\widehat{Y}_0)=\sigma_\varepsilon^2(1+\boldsymbol{X}_0(\boldsymbol{X}'\boldsymbol{X})^{-1}\boldsymbol{X}_0').\tag{3.57}$$

用 s^2 代替 σ^2, 得到

$$\widehat{\operatorname{Var}}(Y_0-\widehat{Y}_0)=s^2(1+\boldsymbol{X}_0(\boldsymbol{X}'\boldsymbol{X})^{-1}\boldsymbol{X}_0').\tag{3.58}$$

由于

$$(Y_0-\widehat{Y}_0)\sim N(\boldsymbol{X}_0\boldsymbol{\beta},\sigma_\varepsilon^2(1+\boldsymbol{X}_0(\boldsymbol{X}'\boldsymbol{X})^{-1}\boldsymbol{X}_0')),\tag{3.59}$$

所以

$$\frac{Y_0-\widehat{Y}_0}{s\sqrt{1+\boldsymbol{X}_0(\boldsymbol{X}'\boldsymbol{X})^{-1}\boldsymbol{X}_0'}}\sim t(n-k).\tag{3.60}$$

在给定了置信度 $1-\alpha$ 之后, Y_0 的 $1-\alpha$ 预测区间为

$$Y_0=\widehat{Y}_0\pm t_{\alpha/2}(n-k)s\sqrt{1+\boldsymbol{X}_0(\boldsymbol{X}'\boldsymbol{X})^{-1}\boldsymbol{X}_0'}.\tag{3.61}$$

第五节 回归分析应用中应注意的问题

在实际问题中, 我们遇到的数据形式各异, 利用回归分析推导出的模型可能会出现各种问题, 达不到预期效果, 因此在实际运用中我们可以注意以下几个问题.

第一, 如果观测值 $(x_{i2}, x_{i3}, \cdots x_{ik}; y_i)(i = 1, 2 \cdots, n)$ 是按时间序列测量的, 我们以观测时间或观测值序号为横坐标, 以残差为纵坐标作出散点图, 称为**时序残差图**. 拟合较好的模型其时序残差图中的点应落在以时间轴为中轴线的带状区域内, 且无明显的趋势性, 即图 3.1(a) 的形状; 图 3.1(b) 说明回归函数中应包含时间的二次项为自变量; 图 3.1(c) 说明误差方差随时间增大, 即等方差的假定是不合理的, 此时, 利用数据变换可以在一定程度上改善误差的异方差性; 图 3.1(d) 说明回归函数中应包含时间的线性项.

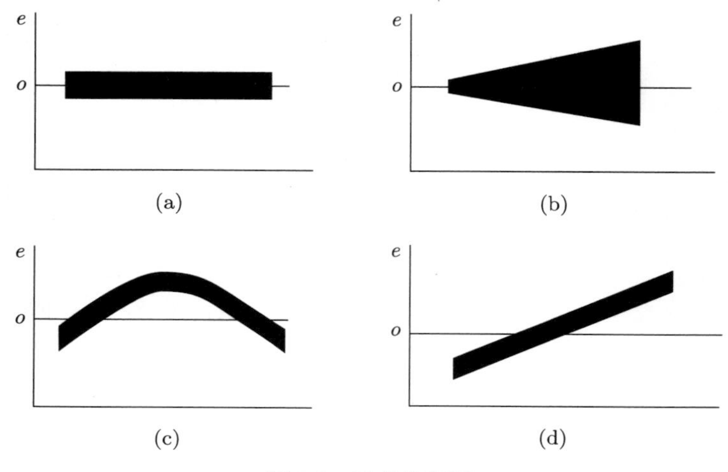

图 3.1 残差分析图

第二, 可采用以拟合值 Y 为横坐标的残差图, 若模型适当, 以拟合值 Y 为横坐标的残差图也应呈现图 3.1(a) 的水平带状. 若出现图 3.1(b) 的表状, 说明回归函数应包含某些变量的高次项或交叉乘积项, 或者在拟合模型前应对变量 Y 作变换. 若出现图 3.1(c) 的形状, 说明误差方差不是常数. 若出现图 3.1(d) 的形状, 说明拟合数据与真实数据间存在系统偏差, 这有可能是测量数据时, 遗漏了某些对因变量有显著影响的自变量或者回归方程遗漏了常数项 β_1.

第三, 可以采用自变量为横坐标的残差图, 以每个 $X_j(2 \leqslant j \leqslant k)$ 的各观测值 $x_{ij}(1 \leqslant i \leqslant n)$ 为横坐标作残差图. 同样, 满意的残差图应呈现如图 3.1(a) 所示的水平带状. 若呈现图 3.1(b) 的形状, 则需在模型中添加 X_j 的高次项或者对 Y 作变换. 若呈现图 3.1(c) 的形式, 说明误差等方差的假定不合理. 若呈现图 3.1(d) 的形状, 说明 X_j 的线性效应未完全消除. 进一步, 我们还可以作出以 X_1X_2 为横坐标的残差图, 以考查是否有必要将 X_1 与 X_2 的乘积项引入到回归函数中 (此项也称为 X_1 与 X_2 对 Y 的交互影响). 如果该残差图呈现某种线性趋势, 说明我们应在回归函数中加入 X_1X_2 项, 即应考虑如下模型:

$$Y=\beta_0+\beta_1X_1+\beta_2X_2+\beta_3X_1X_2+\varepsilon.$$

如果该残差图无明显的趋势性, 即不需考虑 X_1 与 X_2 的乘积项.

第六节 实 证 分 析

一、多元回归构建

为了研究影响中国税收收入增长的主要原因, 分析中央和地方税收收入的增长规律, 预测中国税收未来的增长趋势, 需要建立计量经济模型, 数据见表 3.1. 影响中国税收收入增长的因素很多, 但据分析主要的因素可能有:

(1) 从宏观经济看, 经济整体增长是税收增长的基本源泉.

(2) 公共财政的需求. 税收收入是财政收入的主体, 社会经济的发展和社会保障的完善等都对公共财政提出要求, 因此对预算支出所表现的公共财政的需求对当年的税收收入可能会有一定的影响.

(3) 物价水平. 我国的税制结构以流转税为主, 以现行价格计算的 GDP 等指标和经营者的收入水平都与物价水平有关.

(4) 税收政策因素. 选择包括中央和地方税收的 “国家财政收入” 中的 “各项税收” (简称 “税收收入”) 作为被解释变量, 以反映国家税收的增长; 选择 “国内生产总值 (GDP) ” 作为经济整体增长水平的代表; 选择中央和地方 “财政支出” 作为公共财政需求的代表; 选择 “商品零售价格指数” 作为物价水平的代表. 由于财税体制的改革难以量化, 而且 1985 年以后财税体制改革对税收增长的影响不是很大, 可暂不考虑税制改革对税收增长的影响. 所以解释变量设定为可观测的 “国内生产总值”“财政支出”“商品零售价格指数” 等变量.

设定的多元线性回归模型为

$$Y_i=\beta_1+\beta_2X_{2i}+\beta_3X_{3i}+\beta_4X_{4i}+\varepsilon_i.$$

由表 3.1 可得回归结果:

$$\begin{aligned}
\widehat{Y}_i &= -2582.791+0.022067X_{2i}+0.702104X_{3i}+23.9854X_{4i},\\
se &= 940.6128 \qquad 0.0056 \qquad\quad 0.0332 \qquad\quad 8.7363\\
t &= -2.7459 \qquad 3.9566 \qquad\quad 21.1247 \qquad\quad 2.7449\\
R^2 &= 0.9974, \quad \overline{R}^2=0.9971, \quad F=2717.238, \quad P=0.
\end{aligned}$$

表 3.1 税收收入及相关数据

年份	税收收入 Y (亿元)	国内生产总值 X_2 (亿元)	财政支出 X_3 (亿元)	商品零售价格指数 X_4 (%)
1978	519.28	3624.1	1122.09	100.7
1979	537.82	4038.2	1281.79	102.0
1980	571.70	4517.8	1228.83	106.0
1981	629.89	4862.4	1138.41	102.4
1982	700.02	5294.7	1229.98	101.9
1983	775.59	5934.5	1409.52	101.5
1984	947.35	7171.0	1701.02	102.8
1985	2040.79	8964.4	2004.25	108.8
1986	2090.73	10202.2	2204.91	106.0
1987	2140.36	11962.5	2262.18	107.3
1988	2390.47	14928.3	2491.21	118.5
1989	2727.40	16909.2	2823.78	117.8
1990	2821.86	18547.9	3083.59	102.1
1991	2990.17	21617.8	3386.62	102.9
1992	3296.91	26638.1	3742.20	105.4
1993	4255.30	34634.4	4642.30	113.2
1994	5126.88	46759.4	5792.62	121.7
1995	6038.04	58478.1	6823.72	114.8
1996	6909.82	67884.6	7937.55	106.1
1997	8234.04	74462.6	9233.56	100.8
1998	9262.80	78345.2	10798.18	97.4
1999	10682.58	82067.5	13187.67	97.0
2000	12581.51	89468.1	15886.50	98.5
2001	15301.38	97314.8	18902.58	99.2
2002	17636.45	104790.6	22053.15	98.7

(一) 经济意义检验

模型估计结果说明, 在假定其他变量不变的情况下, 当年 GDP 每增长 1 亿元, 税收收入就会增长 0.02207 亿元; 在假定其他变量不变的情况下, 当年财政支出每增长 1 亿元, 税收收入会增长 0.7021 亿元; 在假定其他变量不变的情况下, 当年商品零售价格指数上涨一个百分点, 税收收入就会增长 23.9854 亿元. 这与理论分析和经验判断相一致.

(二) 统计检验

(1) 拟合优度.

由表 3.1 中数据可以得到: $R^2 = 0.9974$, 修正的可决系数为 $\overline{R}^2 = 0.9971$. 这说明模型对样本拟合得很好.

(2) F 检验.

针对 $H_0 : \beta_2 = \beta_3 = \beta_4 = 0$, 给定显著性水平 $\alpha = 0.05$, 在 F 分布表中查出自由度为 $k-1=3$ 和 $n-k=21$ 的临界值 $F_\alpha(3,21) = 3.075$. 由表 3.1 得到 $F = 2717.238$. 因此, 应拒绝原假设 $H_0 : \beta_2 = \beta_3 = \beta_4 = 0$, 说明回归方程显著, 即 "国内生产总值" "财政支出" "商品零售价格指数" 等变量联合起来确实对 "税收收入" 有显著影响.

(3) t 检验.

分别针对 $H_0 : \beta_j = 0$ $(j = 1,2,3,4)$, 给定显著性水平 $\alpha = 0.05$, 查 t 分布表得自由度为 $n-k=21$ 的临界值 $t_{\alpha/2}(n-k) = 2.08$. 由表 3.1 中数据可得, 与 $\widehat{\beta}_1, \widehat{\beta}_2, \widehat{\beta}_3, \widehat{\beta}_4$ 对应的 t 统计量分别为 –2.7459, 3.9566, 21.1247, 2.7449, 其绝对值均大于 $t_{\alpha/2}(n-k) = 2.08$, 这说明分别都应当拒绝 $H_0 : \beta_j = 0$ $(j = 1,2,3,4)$. 也就是说, 当在其他解释变量不变的情况下, 解释变量 "国内生产总值 X_2" "财政支出 X_3" "商品零售价格指数 X_4" 分别对被解释变量 "税收收入" Y 都有显著的影响.

(三) 预测

假如进行事后预测, 已知 2003 年的国内生产总值 X_2, 财政支出 X_3, 商品零售价格指数 X_4 分别为 117251.9 亿元, 24649.95 亿元, 99.9%. 利用上面的模型点预测得 2003 年的税收收入为 19707.6 亿元, 税收收入均值在 95% 的置信度下的区间预测为 [19245.11, 20170.09], 税收收入在 95% 的置信度下的区间预测为 [18989.81,20425.40].

二、变量删选

影响财政收入的因素很多, 不可能包含所有对因变量有影响的自变量, 况且当自变量数目过大时, 模型计算复杂且往往会扩大估计方差, 降低模型精度. 下面利用逐步回归法对各个可能变量进行删选, 寻找对国家财政收入影响最大的变量.

根据实际情况挑选了 6 个变量, 分别为工业产值 (X_2, 亿元)、农业总产值 (X_3, 亿元)、建筑业总产值 (X_4, 亿元)、社会商品零售总额 (X_5, 亿元)、人口数 (X_6, 万人)、受灾面积 (X_7, 万公顷) . 具体数据如表 3.2 所示:

表 3.2 我国 1989—2003 财政收入及相关变量

年度	Y	X_2	X_3	X_4	X_5	X_6	X_7
1989	2664.9	6484.0	4100.6	794	8101.4	112704	46991
1990	2937.1	6858.0	4954.3	859.4	8300.1	114333	38474
1991	3149.48	8087.1	5146.4	1015.1	9415.6	115823	55472
1992	3483.37	10284.5	5588	1415	10993.7	117171	51333
1993	4348.95	14143.8	6605.1	2284.7	12462.1	118517	48829
1994	5218.1	19359.6	9169.2	3012.6	16264.7	119850	55043
1995	6242.2	24718.3	11884.6	3819.6	20620	121121	45821
1996	7407.99	29082.6	13539.8	4530.5	24774.1	122389	46989
1997	8651.14	32412.1	13852.5	4810.6	27298.9	123626	53429
1998	9875.95	33387.9	14241.9	5231.4	29152.5	124761	50145
1999	11444.08	35087.2	14106.2	5470.6	31134.7	125786	49981
2000	13395.23	39047.3	13873.6	5888	34152.6	126743	54688
2001	16386.04	42374.6	14462.8	6375.4	37495.2	127627	52215
2002	18903.64	45975.2	14931.5	7005	42027.1	128453	47119
2003	21691	53092.9	14870.1	8181.3	45842	129227	54506

数据来源: 中国统计年鉴

下面使用逐步回归法, 设进入模型变量的显著性水平为 0.05, 剔除变量的显著性水平为 0.1. 第一步进入的变量是 X_5, 第二步进入的变量是 X_3, 第三步没有显著的变量进入, 所以最终的回归模型为

$$
\begin{aligned}
Y &= 519.678 - 0.812X_3 + 0.723X_5,\\
t &= 1.746 \quad 34.879 \quad -13.152
\end{aligned}
$$

$$R^2 = 0.997, \quad \overline{R}^2 = 0.996, \quad F = 1872, \quad P = 0.$$

该模型代表财政收入 Y 在很大程度上可以由农业总产值 X_3 和社会商品零售总额 X_5 共同决定, 并且农业总产值 X_3 与财政收入 Y 成负相关, 社会商品零售总额 X_5 与财政收入 Y 成正相关.

思考与练习

3.1 写出过原点的一元、二元线性回归模型, 并分别求出回归系数的最小二乘估计.

3.2 针对多元线性回归模型

$$\boldsymbol{Y} = \boldsymbol{X\beta} + \varepsilon.$$

试证明经典线性回归模型参数 OLS 估计量的性质 $\mathrm{E}(\widehat{\boldsymbol{\beta}}) = \boldsymbol{\beta}$ 和 $\mathrm{Cov}(\widehat{\boldsymbol{\beta}}, \widehat{\boldsymbol{\beta}}) = \sigma^2(\boldsymbol{X}'\boldsymbol{X})^{-1}$, 并说明您在证明时用到了哪些基本假定.

3.3 证明关系式 TSS = RSS + ESS.

3.4 为了解某国职业妇女是否受到歧视, 可以用该国统计局的"当前人口调查"中的截面数据, 研究男女工资有没有差别. 这项多元回归分析研究所用到的变量有:

W — 雇员的工资率 (美元/小时),

$$\text{SEX}=\begin{cases}1, & \text{若雇员为妇女,}\\ 0, & \text{其他,}\end{cases}$$

ED — 受教育的年数.

AGE — 年龄.

对 124 名雇员的样本进行研究, 得到回归结果为 (括号内为估计的 t 值):

$$\begin{aligned}\widehat{W} &= -6.41 - 2.76\text{SEX} + 0.99\text{ED} + 0.12\text{AGE},\\ t &= -3.38 \quad -4.61 \qquad 8.54 \qquad 4.63\\ R^2 &= 0.867, \quad F = 23.2.\end{aligned}$$

(1) 求调整后的可决系数 $\overline{R}^2$.

(2) AGE 的系数估计值的标准差为多少?

(3) 检验该国工作妇女是否受到歧视, 为什么?

(4) 求以 95% 的概率, 当一个 30 岁受教育 16 年的该国女性, 平均每小时工作收入的预测区间是多少?

3.5 设一元线性模型为

$$Y_i=\alpha+\beta X_i+\varepsilon_i, \quad i=1,2,\cdots,n.$$

其回归方程为 $\widehat{Y}=\widehat{\alpha}+\widehat{\beta}X$. 证明残差满足下式:

$$\widehat{\varepsilon}_i=Y_i-\overline{Y}-\frac{S_{XY}}{S_{XX}}(X_i-\overline{X}).$$

如果把变量 X_2, X_3 分别对 X_1 进行一元线性回归, 由两者残差定义的 X_2, X_3 关于 X_1 的偏相关系数 $r_{23\cdot1}$ 满足:

$$r_{23\cdot1}=\frac{r_{23}-r_{21}r_{31}}{\sqrt{(1-r_{21})(1-r_{31})}}.$$

3.6 针对多元线性回归模型 (3.2) 式, 如果真正的协差阵 $\text{Var}(\boldsymbol{\varepsilon})=\sigma^2\boldsymbol{V}$.

(1) 证明: 此时最小二乘估计量 $\widehat{\boldsymbol{\beta}}=(\boldsymbol{X}'\boldsymbol{X})^{-1}\boldsymbol{X}'\boldsymbol{Y}$ 仍然是 $\boldsymbol{\beta}$ 的无偏估计量.

(2) 证明: $\text{Var}(\widehat{\boldsymbol{\beta}})=\sigma^2(\boldsymbol{X}'\boldsymbol{X})^{-1}(\boldsymbol{X}'\boldsymbol{V}\boldsymbol{X})(\boldsymbol{X}'\boldsymbol{X})^{-1}$.

(3) 记 $\widehat{\sigma}^2=\boldsymbol{Y}'(\boldsymbol{I}_n-\boldsymbol{X}(\boldsymbol{X}'\boldsymbol{X})^{-1}\boldsymbol{X}')\boldsymbol{Y}/(n-p)$, 证明:

$$\mathrm{E}(\widehat{\sigma}^2) = \frac{\sigma^2}{(n-p)}\mathrm{tr}[\boldsymbol{V}(\boldsymbol{I}_n - \boldsymbol{X}(\boldsymbol{X}'\boldsymbol{X})^{-1}\boldsymbol{X}')].$$

3.7 模型的可决系数 $\boldsymbol{R}^2$ 是如何定义的，这一指标反映了拟合值的什么性质？修正的可决系数合优度 $\overline{\boldsymbol{R}}^2$ 又是如何定义的，它有什么作用？修正的可决系数 $\overline{\boldsymbol{R}}^2$ 有可能会出现负值，为什么？

3.8 考虑下面两个模型：

$$\mathrm{I}:\ Y_i = \beta_1 + \beta_2 X_{2i} + \cdots + \beta_l X_{li} + \cdots + \beta_k X_{ki} + \varepsilon_i,$$

$$\mathrm{II}:\ Y_i - X_{li} = \beta_1' + \beta_2' X_{2i} + \cdots + \beta_l' X_{li} + \cdots + \beta_k' X_{ki} + \varepsilon_i.$$

(1) 证明：$\widehat{\beta}_l' - \widehat{\beta}_l = 1, \widehat{\beta}_j' = \widehat{\beta}_j, j = 1, 2, \cdots, l-1, l+1, \cdots, k$.

(2) 证明：模型 I 和模型 II 的最小二乘残差相等.

(3) 研究两个模型的可决系数之间的大小关系.

3.9 设某公司的投资行为可用如下回归模型描述：

$$I_i = \beta_1 + \beta_2 F_{i-1} + \beta_3 K_{i-1} + \varepsilon_i.$$

其中，I_i 为当期总投资，F_{i-1} 为已发行股票的上期期末价值，K_{i-1} 为上期资本存量. 所得到的有关数据如下：

(单位：亿元)

年份	I_i	F_{i-1}	K_{i-1}
1984	317.6	3078.5	2.8
1985	391.8	4661.7	52.6
1986	410.6	5387.1	156.9
1987	257.7	2792.2	209.2
1988	330.8	4313.2	203.4
1989	461.2	4643.9	207.2
1990	512.0	4551.2	255.2
1991	448.0	3244.1	303.7
1992	499.6	4053.7	264.1
1993	547.5	4379.3	201.6
1994	561.2	4840.9	265.0
1995	688.1	4900.9	402.2
1996	568.9	3526.5	761.5
1997	529.2	3254.7	922.4
1998	555.1	3700.2	1020.1
1999	642.9	3755.6	1099.0
2000	755.9	4833.0	1207.7
2001	891.2	4924.9	1430.5
2002	1304.4	6241.7	1777.3

(1) 对此模型作估计, 并作出经济学和计量经济学的说明.

(2) 根据此模型所估计的结果, 作计量经济学检验.

(3) 计算修正的可决系数.

(4) 如果 2003 年的 F_{i-1} 和 K_{i-1} 分别为 5593.6 和 2226.3, 计算 I_i 在 2003 年的预测值, 并求出置信度为 95% 的预测区间.

3.10 针对多元线性回归模型

$$\boldsymbol{Y} = \boldsymbol{X}\boldsymbol{\beta} + \boldsymbol{\varepsilon},$$

设 $\mathrm{E}(\boldsymbol{\varepsilon}) = \mathbf{0}$, $\mathrm{Cov}(\boldsymbol{\varepsilon}, \boldsymbol{\varepsilon}) = \sigma^2 \boldsymbol{I}_n$, 且 $\boldsymbol{X}$ 是 $n \times p$ 的设计矩阵, 其秩为 p. 将 $\boldsymbol{X}$, $\boldsymbol{\beta}$ 分块成

$$\boldsymbol{X}\boldsymbol{\beta} = \begin{pmatrix} \boldsymbol{X}_1 & \boldsymbol{X}_2 \end{pmatrix} \begin{pmatrix} \boldsymbol{\beta}_1 \\ \boldsymbol{\beta}_2 \end{pmatrix}.$$

(1) 证明: $\boldsymbol{\beta}_2$ 的最小二乘估计量 $\widehat{\boldsymbol{\beta}}_2$ 为

$$\widehat{\boldsymbol{\beta}}_2 = \left[\boldsymbol{X}_2'\boldsymbol{X}_2 - \boldsymbol{X}_2'\boldsymbol{X}_1(\boldsymbol{X}_1'\boldsymbol{X}_1)^{-1}\boldsymbol{X}_1'\boldsymbol{X}_2\right]^{-1}\left[\boldsymbol{X}_2'\boldsymbol{Y} - \boldsymbol{X}_2'\boldsymbol{X}_1(\boldsymbol{X}_1'\boldsymbol{X}_1)^{-1}\boldsymbol{X}_1'\boldsymbol{Y}\right].$$

(2) 计算 $\mathrm{Cov}(\widehat{\boldsymbol{\beta}}_2, \widehat{\boldsymbol{\beta}}_2)$.

第四章 聚 类 分 析

第一节 引 言

俗话说, “物以类聚, 人以群分”. 对事物进行分类, 是人们认识事物的出发点, 也是人们认识世界的一种重要方法. 因此, 分类学已成为人们认识世界的一门基础科学.

在生物、经济、社会、人口等领域的研究中, 存在着大量量化分类研究. 例如: 在生物学中, 为了研究生物的演变, 生物学家需要根据各种生物的不同特征对其进行分类; 在经济学研究中, 为了研究不同地区城镇居民生活中的收入和消费情况, 往往需要划分不同的类型去研究; 在地质学中, 为了研究矿物勘探, 需要根据各种矿石的化学和物理性质, 及所含化学成分把它们归于不同的矿石类; 在人口学研究中, 需要构造人口生育分类模式、人口死亡分类状况, 以此来研究人口的生育和死亡规律. 但历史上这些分类方法多半是人们依靠经验作定性分类, 致使许多分类带有主观性和任意性, 不能很好地揭示客观事物内在的本质差别与联系. 特别是对于多因素、多指标的分类问题, 定性分类的准确性不好把握. 为了克服定性分类存在的不足, 人们把数学方法引入分类中, 形成了数值分类学. 后来随着多元统计分析的发展, 从数值分类学中逐渐分离出了聚类分析方法. 随着计算机技术的不断发展, 利用数学方法研究分类不仅非常必要而且完全可能. 因此近年来, 聚类分析的理论和应用得到了迅速的发展.

聚类分析就是分析如何对样品 (或变量) 进行量化分类的问题. 通常聚类分析分为 Q 型聚类和 R 型聚类. Q 型聚类是对样品进行分类处理, R 型聚类是对变量进行分类处理.

第二节 相似性的量度

一、样品距离的度量

在聚类之前, 要首先分析样品间的距离. Q 型聚类分析, 常用距离来测度样品之间的相似程度. 每个样品有 p 个指标 (变量) 从不同方面描述其性质, 形成一个 p 维的向量. 如果把 n 个样品看成 p 维空间中的 n 个点, 则两个样品间的相似程度就可用 p 维空间中的两点距离公式来度量. 两点距离公式可以从不同角度进行定义, 令 d_{ij} 表示样品 $\boldsymbol{X}_{(i)}$ 与 $\boldsymbol{X}_{(j)}$ 的距离, 存在以下的距离公式.

(一) 明考夫斯基距离

$$d_{ij}(q) = \left(\sum_{k=1}^{p} |X_{ik} - X_{jk}|^q \right)^{1/q}. \tag{4.1}$$

明考夫斯基距离简称明氏距离, 按 q 的取值不同又可分成:

(1) 绝对距离 ($q = 1$)

$$d_{ij}(1) = \sum_{k=1}^{p} |X_{ik} - X_{jk}|; \tag{4.2}$$

(2) 欧氏距离 ($q = 2$)

$$d_{ij}(2) = \left(\sum_{k=1}^{p} |X_{ik} - X_{jk}|^2 \right)^{1/2}; \tag{4.3}$$

(3) 切比雪夫距离 ($q = \infty$)

$$d_{ij}(\infty) = \max_{1 \leqslant k \leqslant p} |X_{ik} - X_{jk}|. \tag{4.4}$$

欧氏距离是常用的距离, 大家都比较熟悉, 但是前面已经提到, 在解决多元数据的分析问题时, 欧氏距离就显示出了它的不足之处. 一是它没有考虑到总体的变异对 "距离" 远近的影响, 显然一个变异程度大的总体可能与更多样品近些, 即使它们的欧氏距离不一定最近. 另外, 欧氏距离受变量的量纲影响, 这对多元数据的处理是不利的. 为了克服这方面的不足, 可用 "马氏距离" 的概念.

(二) 马氏距离

我们先设有两个正态总体, $X \sim N(\mu_1, \sigma^2)$ 和 $Y \sim N(\mu_2, 4\sigma^2)$, 现有一个样品位于如图 4.1 所示的 A 点, 距总体 X 的中心 2σ 远, 距总体 Y 的中心 3σ 远, 那么, A 点处的样品到底离哪一个总体近呢? 若按欧氏距离来量度, A 点离总体 X 要比离总体 Y "近一些". 但是, 从概率的角度看, A 点位于 μ_1 右侧 $2\sigma_x$ 处, 而位于 μ_2 左侧 $1.5\sigma_y$ 处, 应该认为 A 点离总体 Y

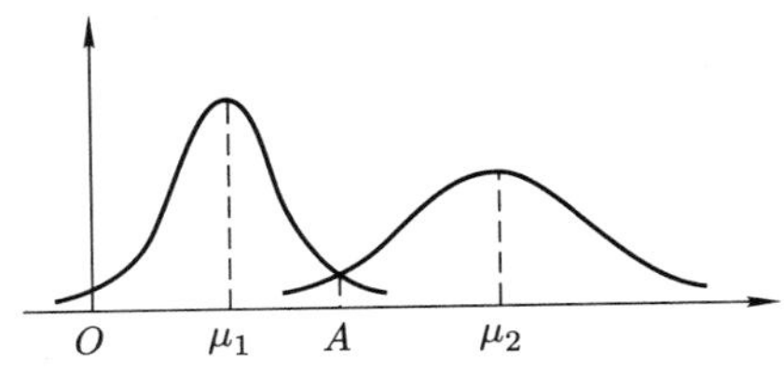

图 4.1 两个正态总体的分布

"近一些". 显然, 后一种量度更合理些. 为此, 我们引入一种由印度著名统计学家马哈拉诺比斯 (Mahalanobis, 1936) 提出的 "马氏距离" 的概念.

设 $\boldsymbol{X}_i$ 与 $\boldsymbol{X}_j$ 是来自均值向量为 $\boldsymbol{\mu}$, 协方差为 $\boldsymbol{\Sigma}$ (正定阵) 的总体 G 中的两个 p 维样品, 则两个样品间的**马氏距离**为

$$d_{ij}^2(M) = (\boldsymbol{X}_i - \boldsymbol{X}_j)'\boldsymbol{\Sigma}^{-1}(\boldsymbol{X}_i - \boldsymbol{X}_j). \tag{4.5}$$

马氏距离又称为广义欧氏距离. 显然, 马氏距离与上述各种距离的主要不同就是它考虑了观测变量之间的相关性. 如果各变量之间相互独立, 即观测变量的协方差矩阵是对角矩阵, 则马氏距离就退化为用各个观测指标的标准差的倒数作为权数的加权欧氏距离. 马氏距离还考虑了观测变量之间的变异性, 不再受各指标量纲的影响. 将原始数据作线性变换后, 马氏距离不变.

(三) 兰氏距离

$$d_{ij}(L) = \frac{1}{p}\sum_{k=1}^{p}\frac{|X_{ik} - X_{jk}|}{X_{ik} + X_{jk}}. \tag{4.6}$$

它仅适用于一切 $X_{ij} > 0$ 的情况, 这个距离也可以克服各个指标之间量纲的影响. 这是一个自身标准化的量, 由于它对大的奇异值不敏感, 所以它特别适合于高度偏倚的数据. 虽然这个距离有助于克服明氏距离的第一个缺点, 但它也没有考虑指标之间的相关性.

(四) 距离选择的原则

一般说来, 同一批数据采用不同的距离公式, 会得到不同的分类结果. 产生不同结果的原因, 主要是由于不同的距离公式的侧重点和实际意义都有不同. 因此我们在进行聚类分析时, 应注意距离公式的选择. 通常选择距离公式应注意遵循以下的基本原则:

(1) 要考虑所选择的距离公式在实际应用中有明确的意义. 如欧氏距离就有非常明确的空间距离概念, 马氏距离有消除量纲影响的作用.

(2) 要综合考虑对样本观测数据的预处理和将要采用的聚类分析方法. 若在进行聚类分析之前已经对变量作了标准化处理, 则通常就可采用欧氏距离.

(3) 要考虑研究对象的特点和计算量的大小. 样品间距离公式的选择是一个比较复杂且带有一定主观性的问题, 我们应根据研究对象的不同特点作出具体分析. 实际中, 聚类分析前不妨试探性地多选择几个距离公式分别进行聚类, 然后对聚类分析的结果进行对比分析, 以确定最合适的距离测度方法.

二、变量相似性的度量

多元数据中的变量表现为向量形式, 在几何上可用多维空间中的一个有向线段表示. 在对多元数据进行分析时, 相对于数据的大小, 我们更多地对变量的变化趋势或方向感兴趣.

因此, 变量间的相似性, 我们可以从它们的方向趋同性或“相关性”进行考查, 从而得到“夹角余弦法”和“相关系数”两种度量方法.

(一) 夹角余弦

两变量 $\boldsymbol{X}_i$ 与 $\boldsymbol{X}_j$ 看作 n 维空间的两个向量, 这两个向量间的夹角余弦可用下式进行计算:

$$\cos\theta_{ij}=\frac{\sum\limits_{k=1}^{n}X_{ik}X_{jk}}{\sqrt{\left(\sum\limits_{k=1}^{n}X_{ik}^2\right)\left(\sum\limits_{k=1}^{n}X_{jk}^2\right)}}. \tag{4.7}$$

显然, $|\cos\theta_{ij}|\leqslant 1$.

(二) 相关系数

相关系数经常用来度量变量间的相似性. 变量 $\boldsymbol{X}_i$ 与 $\boldsymbol{X}_j$ 的相关系数定义为

$$r_{ij}=\frac{\sum\limits_{k=1}^{n}(X_{ik}-\overline{X}_i)(X_{jk}-\overline{X}_j)}{\sqrt{\sum\limits_{k=1}^{n}(X_{ik}-\overline{X}_i)^2\sum\limits_{k=1}^{n}(X_{jk}-\overline{X}_j)^2}}. \tag{4.8}$$

显然也有, $|r_{ij}|\leqslant 1$.

无论是夹角余弦还是相关系数, 它们的绝对值都小于 1, 都是作为变量近似性的度量工具, 我们把它们统记为 c_{ij}, 则有

当 $|c_{ij}|=1$ 时, 说明变量 $\boldsymbol{X}_i$ 与 $\boldsymbol{X}_j$ 完全相似;

当 $|c_{ij}|$ 近似于 1 时, 说明变量 $\boldsymbol{X}_i$ 与 $\boldsymbol{X}_j$ 非常密切;

当 $|c_{ij}|=0$ 时, 说明变量 $\boldsymbol{X}_i$ 与 $\boldsymbol{X}_j$ 完全不一样;

当 $|c_{ij}|$ 近似于 0 时, 说明变量 $\boldsymbol{X}_i$ 与 $\boldsymbol{X}_j$ 差别很大.

据此, 我们把比较相似的变量聚为一类, 把不太相似的变量归到不同的类内.

在实际聚类过程中, 为了计算方便, 我们把变量间相似性的度量公式作一个变换:

$$d_{ij}=1-|c_{ij}|, \tag{4.9}$$

或者

$$d_{ij}^2=1-c_{ij}^2. \tag{4.10}$$

用 d_{ij} 表示变量间的距离远近, d_{ij} 小, 则 $\boldsymbol{X}_i$ 与 $\boldsymbol{X}_j$ 先聚成一类, 这比较符合人们的一般思维习惯.

第三节 系统聚类分析法

一、系统聚类的基本思想

系统聚类的基本思想是: 距离相近的样品 (或变量) 先聚成类, 距离相远的后聚成类, 过程一直进行下去, 每个样品 (或变量) 总能聚到合适的类中.

系统聚类的过程是: 假设总共有 n 个样品 (或变量),

第一步 将每个样品 (或变量) 独自聚成一类, 共有 n 类;

第二步 根据所确定的样品 (或变量) "距离" 公式, 把距离较近的两个样品 (或变量) 聚合为一类, 其他的样品 (或变量) 仍各自聚为一类, 共聚成 $n-1$ 类;

第三步 将 "距离" 最近的两个类进一步聚成一类, 共聚成 $n-2$ 类;

....

以上步骤一直进行下去, 最后将所有的样品 (或变量) 全聚成一类. 为了直观地反映以上的系统聚类过程, 可以把整个分类系统画成一张谱系图 (图 4.15). 所以有时系统聚类也称为**谱系分析**.

二、类间距离与系统聚类法

在进行系统聚类之前, 我们首先要定义类与类之间的距离, 由类间距离定义的不同产生了不同的系统聚类法. 常用的类间距离定义有 8 种之多, 与之相应的系统聚类法也有 8 种, 分别为最短距离法、最长距离法、中间距离法、重心法、类平均法、可变类平均法、可变法和离差平方和法. 它们的归类步骤基本上是一致的, 主要差异是类间距离的计算方法不同. 以下用 d_{ij} 表示样品 $\boldsymbol{X}_i$ 与 $\boldsymbol{X}_j$ 之间的距离, 用 D_{ij} 表示类 G_i 与 G_j 之间的距离.

(一) 最短距离法

定义类 G_p 与 G_q 之间的距离为两类最近样品的距离, 即为

$$D_{pq} = \min_{X_i \in G_p, X_j \in G_q} d_{ij}. \tag{4.11}$$

设类 G_p 与 G_q 合并成一个新类记为 G_r, 则任一类 G_k 与 G_r 的距离为

$$\begin{aligned} D_{kr} &= \min_{X_i \in G_k, X_j \in G_r} d_{ij} \\ &= \min\left\{ \min_{X_i \in G_k, X_j \in G_p} d_{ij}, \min_{X_i \in G_k, X_j \in G_q} d_{ij} \right\} \\ &= \min\{D_{kp}, D_{kq}\}. \end{aligned} \tag{4.12}$$

最短距离法进行聚类分析的步骤如下:

(1) 定义样品之间的距离, 计算样品的两两距离, 得一距离阵记为 $\boldsymbol{D}_{(0)}$, 开始每个样品自成一类, 显然这时 $G_{ij} = d_{ij}$.

(2) 找出距离最小元素, 设为 D_{pq}, 则将 G_p 和 G_q 合并成一个新类, 记为 G_r, 即 $G_r = \{G_p, G_q\}$.

(3) 按 (4.12) 计算新类与其他类的距离.

(4) 重复 (2), (3) 两步, 直到所有元素并成一类为止. 如果某一步距离最小的元素不止一个, 则对应这些最小元素的类可以同时合并.

例 4.1 设有 6 个样品, 每个只测量一个指标, 分别是 1, 2, 5, 7, 9, 10, 试用最短距离法将它们分类.

解 (1) 样品采用绝对值距离, 计算样品间的距离阵 $\boldsymbol{D}_{(0)}$, 见表 4.1.

表 4.1 样品间的距离阵 $\boldsymbol{D}_{(0)}$

	G_1	G_2	G_3	G_4	G_5	G_6
G_1	0					
G_2	1	0				
G_3	4	3	0			
G_4	6	5	2	0		
G_5	8	7	4	2	0	
G_6	9	8	5	3	1	0

(2) $\boldsymbol{D}_{(0)}$ 中最小的元素是 $D_{12} = D_{56} = 1$, 于是将 G_1 和 G_2 合并成 G_7, G_5 和 G_6 合并成 G_8, 并利用 (4.12) 式计算新类与其他类的距离阵 $\boldsymbol{D}_{(1)}$, 见表 4.2.

表 4.2 样品间的距离阵 $\boldsymbol{D}_{(1)}$

	G_7	G_3	G_4	G_8
G_7	0			
G_3	3	0		
G_4	5	2	0	
G_8	7	4	2	0

(3) 在 $\boldsymbol{D}_{(1)}$ 中最小值是 $D_{34} = D_{48} = 2$, 由于 G_4 与 G_3 合并, 又与 G_8 合并, 因此 G_3, G_4, G_8 合并成一个新类 G_9, 其与其他类的距离阵 $\boldsymbol{D}_{(2)}$ 见表 4.3.

表 4.3 样品间的距离阵 $D_{(2)}$

	G_7	G_9
G_7	0	
G_9	3	0

(4) 最后将 G_7 和 G_9 合并成 G_{10}, 这时所有的 6 个样品聚为一类, 其过程终止.

上述聚类的可视化过程见图 4.2 所示, 横坐标的刻度表示并类的距离. 这里我们应该注意, 聚类的个数要以实际情况所定, 其详细内容将在后面讨论.

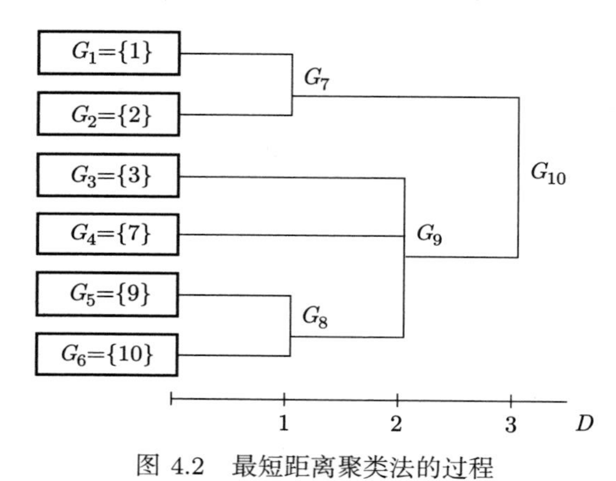

图 4.2 最短距离聚类法的过程

(二) 最长距离法

定义类 G_p 与 G_q 之间的距离为两类最远样品的距离, 即为

$$D_{pq} = \max_{X_i \in G_p, X_j \in G_q} d_{ij}. \tag{4.13}$$

最长距离法与最短距离法的并类步骤完全一样, 也是将各样品先自成一类, 然后将距离最大的两类合并. 将类 G_p 与 G_q 合并为 G_r, 则任一类 G_k 与 G_r 的类间距离公式为

$$\begin{aligned} D_{kr} &= \max_{X_i \in G_k, X_j \in G_r} d_{ij} \\ &= \max\left\{ \max_{X_i \in G_k, X_j \in G_p} d_{ij}, \max_{x_i \in G_k, x_j \in G_q} d_{ij} \right\} \\ &= \max\{D_{kp}, D_{kq}\}. \end{aligned} \tag{4.14}$$

再找距离最小的两类并类, 直至所有的样品全归为一类为止. 可以看出最长距离法与最短距离法只有两点不同: 一是类与类之间的距离定义不同; 二是计算新类与其他类的距离所用的公式不同.

(三) 中间距离法

最短、最长距离定义表示都是极端情况, 我们定义类间距离可以既不采用两类之间最近的距离, 也不采用两类之间最远的距离, 而是采用介于两者之间的距离, 称为中间距离法.

中间距离将类 G_p 与类 G_q 合并为类 G_r, 则任意的类 G_k 和 G_r 的距离公式为

$$D_{kr}^2=\frac{1}{2}D_{kp}^2+\frac{1}{2}D_{kq}^2+\beta D_{pq}^2,\quad -\frac{1}{4}\leqslant\beta\leqslant 0. \tag{4.15}$$

设 $D_{kq}>D_{kp}$, 如果采用最短距离法, 则 $D_{kr}=D_{kp}$; 如果采用最长距离法, 则 $D_{kr}=D_{kq}$. 如图 4.3 所示, (4.15) 式就是取它们 (最长距离与最短距离) 的中间一点作为计算 D_{kr} 的根据. 特别当 $\beta=-1/4$, 它表示取中间点算距离, 公式为

$$D_{kr}=\sqrt{\frac{1}{2}D_{kp}^2+\frac{1}{2}D_{kp}^2-\frac{1}{4}D_{pq}^2}. \tag{4.16}$$

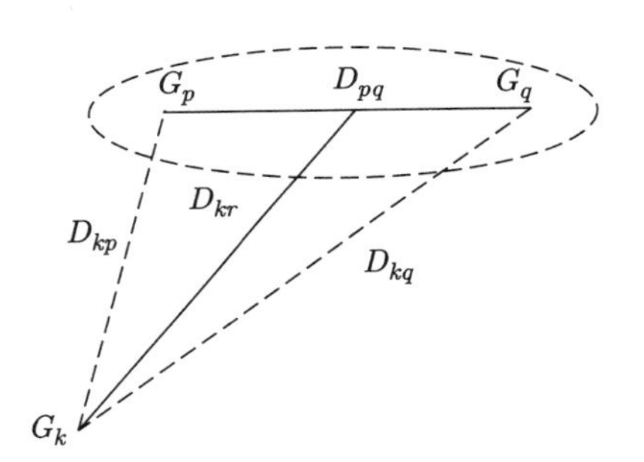

图 4.3　中间距离法

(四) 重心法

重心法定义类间距离为两类重心 (各类样品的均值) 的距离. 重心指标对类有很好的代表性, 但利用各样本的信息不充分.

设 G_p 与 G_q 分别有样品 n_p, n_q 个, 其重心分别为 $\overline{\boldsymbol{X}}_p$ 和 $\overline{\boldsymbol{X}}_q$, 则 G_p 与 G_q 之间的距离定义为 $\overline{\boldsymbol{X}}_p$ 和 $\overline{\boldsymbol{X}}_q$ 之间的距离, 这里我们用欧氏距离来表示, 即

$$D_{pq}^2=(\overline{\boldsymbol{X}}_p-\overline{\boldsymbol{X}}_q)'(\overline{\boldsymbol{X}}_p-\overline{\boldsymbol{X}}_q). \tag{4.17}$$

设将 G_p 和 G_q 合并为 G_r, 则 G_r 内样品个数为 $n_r=n_p+n_q$, 它的重心是 $\overline{\boldsymbol{X}}_r=\dfrac{1}{n_r}(n_p\overline{\boldsymbol{X}}_p+n_q\overline{\boldsymbol{X}}_q)$, 类 G_k 的重心是 $\overline{\boldsymbol{X}}_k$, 那么依据 (4.17) 式, 它与新类 G_r 的距离为

$$D_{kr}^2=\frac{n_p}{n_r}D_{kp}^2+\frac{n_q}{n_r}D_{kq}^2-\frac{n_pn_q}{n_r^2}D_{pq}^2. \tag{4.18}$$

这里我们应该注意, 实际上 (4.18) 式表示的类 G_k 与新类 G_r 的距离为

$$
\begin{aligned}
D_{kr}^2 &= (\overline{\boldsymbol{X}}_k - \overline{\boldsymbol{X}}_r)'(\overline{\boldsymbol{X}}_k - \overline{\boldsymbol{X}}_r) \\
&= \left[\overline{\boldsymbol{X}}_k - \frac{1}{n_r}(n_p\overline{\boldsymbol{X}}_p + n_q\overline{\boldsymbol{X}}_q)\right]'\left[\overline{\boldsymbol{X}}_k - \frac{1}{n_r}(n_p\overline{\boldsymbol{X}}_p + n_q\overline{\boldsymbol{X}}_q)\right] \\
&= \overline{\boldsymbol{X}}_k'\overline{\boldsymbol{X}}_k - 2\frac{n_p}{n_r}\overline{\boldsymbol{X}}_k'\overline{\boldsymbol{X}}_p - 2\frac{n_q}{n_r}\overline{\boldsymbol{X}}_k'\overline{\boldsymbol{X}}_q \\
&\quad + \frac{1}{n_r^2}(n_p^2\overline{\boldsymbol{X}}_p'\overline{\boldsymbol{X}}_p + 2n_pn_q\overline{\boldsymbol{X}}_p'\overline{\boldsymbol{X}}_q + n_q^2\overline{\boldsymbol{X}}_q'\overline{\boldsymbol{X}}_q).
\end{aligned}
$$

利用 $\overline{\boldsymbol{X}}_k'\overline{\boldsymbol{X}}_k = \dfrac{1}{n_r}(n_p\overline{\boldsymbol{X}}_k'\overline{\boldsymbol{X}}_k + n_q\overline{\boldsymbol{X}}_k'\overline{\boldsymbol{X}}_k)$ 代入上式, 有

$$
\begin{aligned}
D_{kr}^2 &= \frac{n_p}{n_r}(\overline{\boldsymbol{X}}_k'\overline{\boldsymbol{X}}_k - 2\overline{\boldsymbol{X}}_k'\overline{\boldsymbol{X}}_p + \overline{\boldsymbol{X}}_p'\overline{\boldsymbol{X}}_p) \\
&\quad + \frac{n_q}{n_r}(\overline{\boldsymbol{X}}_k'\overline{\boldsymbol{X}}_k - 2\overline{\boldsymbol{X}}_k'\overline{\boldsymbol{X}}_q + \overline{\boldsymbol{X}}_q'\overline{\boldsymbol{X}}_q) \\
&\quad - \frac{n_pn_q}{n_r^2}(\overline{\boldsymbol{X}}_p'\overline{\boldsymbol{X}}_p - 2\overline{\boldsymbol{X}}_p'\overline{\boldsymbol{X}}_q + \overline{\boldsymbol{X}}_q'\overline{\boldsymbol{X}}_q) \\
&= \frac{n_p}{n_r}D_{kp}^2 + \frac{n_q}{n_r}D_{kq}^2 - \frac{n_pn_q}{n_r^2}D_{pq}^2.
\end{aligned} \tag{4.19}
$$

例 4.2 针对例 4.1 的数据, 试用重心法将它们聚类.

解 具体步骤如下:

(1) 样品采用欧氏距离, 计算样品间的平方距离阵 $\boldsymbol{D}_{(0)}^2$, 见表 4.4.

表 4.4 样品间的平方距离阵 $\boldsymbol{D}_{(0)}^2$

	G_1	G_2	G_3	G_4	G_5	G_6
G_1	0					
G_2	1	0				
G_3	16	9	0			
G_4	36	25	4	0		
G_5	64	49	16	4	0	
G_6	81	64	25	9	1	0

(2) $\boldsymbol{D}_{(0)}^2$ 中最小的元素是 $D_{12}^2 = D_{56}^2 = 1$, 于是将 G_1 和 G_2 合并成 G_7, G_5 和 G_6 合并成 G_8, 并利用 (4.18) 式计算新类与其他类的距离阵 $\boldsymbol{D}_{(1)}^2$, 见表 4.5.

表 4.5 样品间的平方距离阵 $\boldsymbol{D}_{(1)}^2$

	G_7	G_3	G_4	G_8
G_7	0			
G_3	12.25	0		
G_4	30.25	4	0	
G_8	64	20.25	6.25	0

其中,

$$\begin{aligned}D_{37}^2 &= \frac{1}{2}D_{31}^2 + \frac{1}{2}D_{32}^2 - \frac{1}{2} \times \frac{1}{2}D_{12}^2 \\ &= \frac{1}{2} \times 16 + \frac{1}{2} \times 9 - \frac{1}{2} \times \frac{1}{2} \times 1 = 12.25.\end{aligned}$$

其他结果类似可以求得.

(3) 在 $\boldsymbol{D}_{(1)}^2$ 中最小值是 $D_{34}^2 = 4$, 那么 G_3 与 G_4 合并成一个新类 G_9, 其与其他类的距离阵 $\boldsymbol{D}_{(2)}^2$, 见表 4.6.

表 4.6 样品间的平方距离阵 $\boldsymbol{D}_{(2)}^2$

	G_7	G_9	G_8
G_7	0		
G_9	20.25	0	
G_8	64	12.5	0

(4) 在 $\boldsymbol{D}_{(2)}^2$ 中最小值是 $D_{89}^2 = 12.5$, 那么 G_8 与 G_9 合并成一个新类 G_{10}, 其与其他类的距离阵, 见表 4.7.

表 4.7 样品间的平方距离阵 $\boldsymbol{D}_{(3)}^2$

	G_7	G_{10}
G_7	0	
G_{10}	39.0625	0

(5) 最后将 G_7 和 G_{10} 合并成 G_{11}, 这时所有的 6 个样品聚为一类, 其过程终止.

上述重心法聚类的可视化过程见图 4.4 所示, 横坐标的刻度表示并类的距离.

(五) 类平均法

类平均法定义类间距离平方为这两类元素两两之间距离平方的平均数, 即为

$$D_{pq}^2 = \frac{1}{n_p n_q} \sum_{X_i \in G_p} \sum_{X_j \in G_q} d_{ij}^2. \tag{4.20}$$

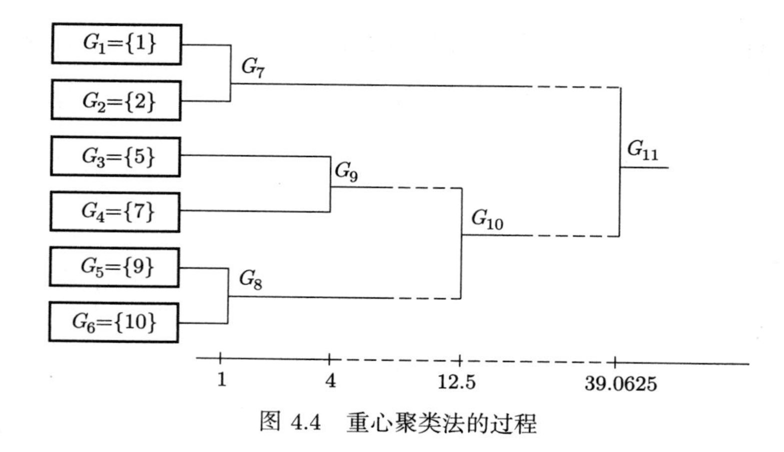

图 4.4 重心聚类法的过程

设聚类的某一步将 G_p 和 G_q 合并为 G_r, 则任一类 G_k 与 G_r 的距离为

$$\begin{aligned}D_{kr}^2 &= \frac{1}{n_k n_r}\sum_{X_i\in G_k}\sum_{X_j\in G_r} d_{ij}^2\\ &= \frac{1}{n_k n_r}\left(\sum_{X_i\in G_k}\sum_{X_j\in G_p} d_{ij}^2 + \sum_{X_i\in G_k}\sum_{X_j\in G_q} d_{ij}^2\right)\\ &= \frac{n_p}{n_r}D_{kp}^2 + \frac{n_q}{n_r}D_{kq}^2. \end{aligned} \tag{4.21}$$

类平均法的聚类过程与上述方法完全类似, 这里就不再详述了.

(六) 可变类平均法

由于类平均法中没有反映出 G_p 和 G_q 之间的距离 D_{pq} 的影响, 因此将类平均法进一步推广, 如果将 G_p 和 G_q 合并为新类 G_r, 类 G_k 与新并类 G_r 的距离公式为

$$D_{kr}^2 = (1-\beta)\left(\frac{n_p}{n_r}D_{kp}^2 + \frac{n_q}{n_r}D_{kq}^2\right) + \beta D_{pq}^2, \tag{4.22}$$

其中 β 是可变的, 且 $\beta < 1$, 称这种系统聚类法为可变类平均法.

(七) 可变法

针对于中间法而言, 如果将中间法的前两项的系数也依赖于 β, 那么, 如果将 G_p 和 G_q 合并为新类 G_r, 类 G_k 与新并类 G_r 的距离公式为

$$D_{kr}^2 = \frac{1-\beta}{2}(D_{kp}^2 + D_{kq}^2) + \beta D_{pq}^2, \tag{4.23}$$

其中 β 是可变的, 且 $\beta<1$. 显然在可变类平均法中取 $\frac{n_p}{n_r}=\frac{n_q}{n_r}=\frac{1}{2}$, 即为可变法. 可变类平均法与可变法的分类效果与 β 的选择关系很大, 在实际应用中 β 常取负值.

(八) 离差平方和法

该方法是 Ward 提出来的, 所以又称为 Ward 法. 该方法的基本思想来自于方差分析, 如果分类正确, 同类样品的离差平方和应当较小, 类与类的离差平方和较大. 具体做法是先将 n 个样品各自成一类, 然后每次减少一类, 每减小一类, 离差平方和就要增大, 选择使方差增加最小的两类合并, 直到所有的样品归为一类为止.

设将 n 个样品分成 k 类 $G_1,G_2,\cdots,G_k$, 用 $\boldsymbol{X}_{it}$ 表示 $\boldsymbol{G}_t$ 中的第 i 个样品, n_t 表示 G_t 中样品的个数, $\overline{\boldsymbol{X}}_t$ 是 G_t 的重心, 则 G_t 的样品离差平方和为

$$S_t=\sum_{t=1}^{n_t}(\boldsymbol{X}_{it}-\overline{\boldsymbol{X}}_t)'(\boldsymbol{X}_{it}-\overline{\boldsymbol{X}}_t). \tag{4.24}$$

如果 G_p 和 G_q 合并为新类 G_r, 则类内离差平方和分别为

$$S_p=\sum_{i=1}^{n_p}(\boldsymbol{X}_{ip}-\overline{\boldsymbol{X}}_p)'(\boldsymbol{X}_{ip}-\overline{\boldsymbol{X}}_p),$$
$$S_q=\sum_{i=1}^{n_q}(\boldsymbol{X}_{iq}-\overline{\boldsymbol{X}}_q)'(\boldsymbol{X}_{iq}-\overline{\boldsymbol{X}}_q),$$
$$S_r=\sum_{i=1}^{n_r}(\boldsymbol{X}_{ir}-\overline{\boldsymbol{X}}_r)'(\boldsymbol{X}_{ir}-\overline{\boldsymbol{X}}_r).$$

它们反映了各自类内样品的分散程度, 如果 G_p 和 G_q 这两类相距较近, 则合并后所增加的离散平方和 $S_r-S_p-S_q$ 应较小; 否则, 应较大. 于是定义 G_p 和 G_q 之间的平方距离为

$$D_{pq}^2=S_r-S_p-S_q, \tag{4.25}$$

其中 $G_r=G_p\cup G_q$. 可以证明类间距离的递推公式为

$$D_{kr}^2=\frac{n_k+n_p}{n_r+n_k}D_{kp}^2+\frac{n_k+n_q}{n_r+n_k}D_{kq}^2-\frac{n_k}{n_r+n_k}D_{pq}^2. \tag{4.26}$$

这种系统聚类法称为离差平方和法或 Ward 方法. 下面论证离差平方和法的距离递推公式 (4.26).

由于

$$
\begin{aligned}
S_r &= \sum_{i=1}^{n_r}(\boldsymbol{X}_{ir}-\overline{\boldsymbol{X}}_r)'(\boldsymbol{X}_{ir}-\overline{\boldsymbol{X}}_r)\\
&= \sum_{i=1}^{n_r}(\boldsymbol{X}_{ir}-\overline{\boldsymbol{X}}_p+\overline{\boldsymbol{X}}_p-\overline{\boldsymbol{X}}_r)'(\boldsymbol{X}_{ir}-\overline{\boldsymbol{X}}_p+\overline{\boldsymbol{X}}_p-\overline{\boldsymbol{X}}_r)\\
&= \sum_{i=1}^{n_r}(\boldsymbol{X}_{ir}-\overline{\boldsymbol{X}}_p)'(\boldsymbol{X}_{ir}-\overline{\boldsymbol{X}}_p)+\sum_{i=1}^{n_r}(\boldsymbol{X}_{ir}-\overline{\boldsymbol{X}}_p)'(\overline{\boldsymbol{X}}_p-\overline{\boldsymbol{X}}_r)\\
&\quad+\sum_{i=1}^{n_r}(\overline{\boldsymbol{X}}_p-\overline{\boldsymbol{X}}_r)'(\boldsymbol{X}_{ir}-\overline{\boldsymbol{X}}_p)+\sum_{i=1}^{n_r}(\overline{\boldsymbol{X}}_p-\overline{\boldsymbol{X}}_r)'(\overline{\boldsymbol{X}}_p-\overline{\boldsymbol{X}}_r)\\
&= \sum_{i=1}^{n_p}(\boldsymbol{X}_{ip}-\overline{\boldsymbol{X}}_p)'(\boldsymbol{X}_{ip}-\overline{\boldsymbol{X}}_p)+\sum_{i=1}^{n_q}(\boldsymbol{X}_{iq}-\overline{\boldsymbol{X}}_p)'(\boldsymbol{X}_{iq}-\overline{\boldsymbol{X}}_p)\\
&\quad+2(\overline{\boldsymbol{X}}_p-\overline{\boldsymbol{X}}_r)'\sum_{i=1}^{n_r}(\boldsymbol{X}_{ir}-\overline{\boldsymbol{X}}_p)+n_r(\overline{\boldsymbol{X}}_p-\overline{\boldsymbol{X}}_r)'(\overline{\boldsymbol{X}}_p-\overline{\boldsymbol{X}}_r)\\
&= S_p+\sum_{i=1}^{n_q}(\boldsymbol{X}_{iq}-\overline{\boldsymbol{X}}_q+\overline{\boldsymbol{X}}_q-\overline{\boldsymbol{X}}_p)'(\boldsymbol{X}_{iq}-\overline{\boldsymbol{X}}_q+\overline{\boldsymbol{X}}_q-\overline{\boldsymbol{X}}_p)\\
&\quad-n_r(\overline{\boldsymbol{X}}_p-\overline{\boldsymbol{X}}_r)'(\overline{\boldsymbol{X}}_p-\overline{\boldsymbol{X}}_r)\\
&= S_p+\sum_{i=1}^{n_q}(\boldsymbol{X}_{iq}-\overline{\boldsymbol{X}}_q)'(\boldsymbol{X}_{iq}-\overline{\boldsymbol{X}}_q)+n_q(\overline{\boldsymbol{X}}_p-\overline{\boldsymbol{X}}_q)'(\overline{\boldsymbol{X}}_p-\overline{\boldsymbol{X}}_q)\\
&\quad-n_r\left(\overline{\boldsymbol{X}}_p-\frac{n_p\overline{\boldsymbol{X}}_p+n_q\overline{\boldsymbol{X}}_q}{n_r}\right)'\left(\overline{\boldsymbol{X}}_p-\frac{n_p\overline{\boldsymbol{X}}_p+n_q\overline{\boldsymbol{X}}_q}{n_r}\right)\\
&= S_p+S_q+n_q(\overline{\boldsymbol{X}}_p-\overline{\boldsymbol{X}}_q)'(\overline{\boldsymbol{X}}_p-\overline{\boldsymbol{X}}_q)\\
&\quad-\frac{n_p^2}{n_r}(\overline{\boldsymbol{X}}_p-\overline{\boldsymbol{X}}_q)'(\overline{\boldsymbol{X}}_p-\overline{\boldsymbol{X}}_q)\\
&= S_p+S_q+n_q(\overline{\boldsymbol{X}}_p-\overline{\boldsymbol{X}}_q)'(\overline{\boldsymbol{X}}_p-\overline{\boldsymbol{X}}_q)\\
&\quad-\frac{n_qn_p}{n_r}(\overline{\boldsymbol{X}}_p-\overline{\boldsymbol{X}}_q)'(\overline{\boldsymbol{X}}_p-\overline{\boldsymbol{X}}_q).
\end{aligned}
$$

从而, 由 (4.25) 式知

$$
D_{pq}^2=\frac{n_qn_p}{n_r}(\overline{\boldsymbol{X}}_p-\overline{\boldsymbol{X}}_q)'(\overline{\boldsymbol{X}}_p-\overline{\boldsymbol{X}}_q). \tag{4.27}
$$

那么, 由 (4.27) 式和 (4.19) 式, 可以得到离差平方和法的平方距离的递推公式为

$$
\begin{aligned}
D_{kr}^2 &= \frac{n_r n_k}{n_r+n_k}(\overline{\boldsymbol{X}}_r-\overline{\boldsymbol{X}}_k)'(\overline{\boldsymbol{X}}_r-\overline{\boldsymbol{X}}_k) \\
&= \frac{n_r n_k}{n_r+n_k}\left[\frac{n_p}{n_r}(\overline{\boldsymbol{X}}_k-\overline{\boldsymbol{X}}_p)'(\overline{\boldsymbol{X}}_k-\overline{\boldsymbol{X}}_p)\right. \\
&\quad \left.+\frac{n_q}{n_r}(\overline{\boldsymbol{X}}_k-\overline{\boldsymbol{X}}_q)'(\overline{\boldsymbol{X}}_k-\overline{\boldsymbol{X}}_q)-\frac{n_p n_q}{n_r^2}(\overline{\boldsymbol{X}}_p-\overline{\boldsymbol{X}}_q)'(\overline{\boldsymbol{X}}_p-\overline{\boldsymbol{X}}_q)\right] \\
&= \frac{n_k+n_p}{n_r+n_k}\cdot\frac{n_k n_p}{n_p+n_k}(\overline{\boldsymbol{X}}_k-\overline{\boldsymbol{X}}_p)'(\overline{\boldsymbol{X}}_k-\overline{\boldsymbol{X}}_p) \\
&\quad +\frac{n_k+n_q}{n_r+n_k}\cdot\frac{n_k n_q}{n_q+n_k}(\overline{\boldsymbol{X}}_k-\overline{\boldsymbol{X}}_q)'(\overline{\boldsymbol{X}}_k-\overline{\boldsymbol{X}}_q) \\
&\quad -\frac{n_k}{n_r+n_k}\cdot\frac{n_p n_q}{n_r}(\overline{\boldsymbol{X}}_p-\overline{\boldsymbol{X}}_q)'(\overline{\boldsymbol{X}}_p-\overline{\boldsymbol{X}}_q) \\
&= \frac{n_k+n_p}{n_r+n_k}D_{kp}^2+\frac{n_k+n_q}{n_r+n_k}D_{kq}^2-\frac{n_k}{n_r+n_k}D_{pq}^2.
\end{aligned}
$$

三、类间距离的统一性

上述八种系统聚类法的步骤完全一样, 只是距离的递推公式不同. 兰斯 (Lance) 和威廉姆斯 (Williams) 于 1967 年给出了一个统一的公式:

$$
D_{kr}^2=\alpha_p D_{kp}^2+\alpha_q D_{kq}^2+\beta D_{pq}^2+\gamma|D_{kp}^2-D_{kq}^2|, \tag{4.28}
$$

其中 $\alpha_p,\alpha_q,\beta,\gamma$ 是参数, 不同的系统聚类法, 它们取不同的数, 详见表 4.8.

表 4.8 系统聚类法参数表

方法	α_p	α_q	β	γ
最短距离	1/2	1/2	0	–1/2
最长距离	1/2	1/2	0	1/2
中间距离	1/2	1/2	–1/4	0
重心法	n_p/n_r	n_q/n_r	$-\alpha_p\alpha_q$	0
类平均法	n_p/n_r	n_q/n_r	0	0
可变类平均	$(1-\beta)n_p/n_r$	$(1-\beta)n_q/n_r$	$\beta(<1)$	0
可变法	$(1-\beta)/2$	$(1-\beta)/2$	$\beta(<1)$	0
离差平方	$(n_p+n_k)/(n_r+n_k)$	$(n_q+n_k)/(n_r+n_k)$	$-n_k/(n_k+n_r)$	0

这里应该注意, 不同的聚类方法结果不一定完全相同, 一般只是大致相似. 如果有很大的差异, 则应该仔细考查, 找到问题所在, 另外, 可将聚类结果与实际问题对照, 看哪一个结果更符合经验.

第四节 k-均值聚类分析

系统聚类法需要计算出不同样品或变量的距离, 还要在聚类的每一步都要计算 "类间距离", 相应的计算量自然比较大. 特别是当样本的容量很大时, 需要占据非常大的计算机内存空间, 这给应用带来一定的困难. 而 k-均值法是一种快速聚类法, 采用该方法得到的结果比较简单易懂, 对计算机的性能要求不高, 因此应用也比较广泛.

k-均值法是麦奎因 (MacQueen, 1967) 提出的, 这种算法的基本思想是将每一个样品分配给最近中心 (均值) 的类中, 具体的算法至少包括以下三个步骤:

(1) 将所有的样品分成 k 个初始类;

(2) 通过欧氏距离将某个样品划入离中心最近的类中, 并对获得样品与失去样品的类重新计算中心坐标;

(3) 重复步骤 (2), 直到所有的样品都不能再分配时为止.

k-均值法和系统聚类法一样, 都是以距离的远近亲疏为标准进行聚类的, 但是两者的不同之处也是明显的: 系统聚类对不同的类数产生一系列的聚类结果, 而 k-均值法只能产生指定类数的聚类结果. 具体类数的确定, 离不开实践经验的积累; 有时也可以借助系统聚类法以一部分样品为对象进行聚类, 其结果作为 k-均值法确定类数的参考.

下面通过一个具体问题说明 k-均值法的计算过程.

例 4.3 假定我们对 A, B, C, D 四个样品分别测量两个变量 X_1 和 X_2, 得到结果, 见下表 4.9:

表 4.9 样品测量结果

样品	变量	
	X_1	X_2
A	5	3
B	−1	1
C	1	−2
D	−3	−2

试将以上的样品聚成两类.

解 具体步骤如下:

(1) 按要求取 $k=2$, 为了实施均值法聚类, 我们将这些样品随意分成两类, 比如 (A, B) 和 (C, D), 然后计算这两个聚类的中心坐标, 见表 4.10.

表 4.10 中的中心坐标是通过原始数据计算得来的, 比如 (A, B) 类的 $\overline{X}_1=\dfrac{5+(-1)}{2}=2$, 等等.

表 4.10 中心坐标

聚类	中心坐标	
	$\overline{X}_1$	$\overline{X}_2$
(A, B)	2	2
(C, D)	−1	−2

(2) 计算某个样品到各类中心的欧氏平方距离, 然后将该样品分配给最近的一类. 对于样品有变动的类, 重新计算它们的中心坐标, 为下一步聚类作准备. 先计算 A 到两个类的平方距离:

$$d^2(\mathrm{A}, (\mathrm{A}, \mathrm{B})) = (5-2)^2 + (3-2)^2 = 10,$$
$$d^2(\mathrm{A}, (\mathrm{C}, \mathrm{D})) = (5+1)^2 + (3+2)^2 = 61.$$

由于 A 到 (A, B) 的距离小于它到 (C, D) 的距离, 因此 A 不用重新分配. 计算 B 到两类的平方距离:

$$d^2(\mathrm{B}, (\mathrm{A}, \mathrm{B})) = (-1-2)^2 + (1-2)^2 = 10,$$
$$d^2(\mathrm{B}, (\mathrm{C}, \mathrm{D})) = (-1+1)^2 + (1+2)^2 = 9.$$

由于 B 到 (A, B) 的距离大于它到 (C, D) 的距离, 因此 B 要分配给 (C, D) 类, 得到新的聚类是 (A) 和 (B, C, D). 更新中心坐标如表 4.11 所示.

表 4.11 更新后的中心坐标

聚类	中心坐标	
	$\overline{X}_1$	$\overline{X}_2$
(A)	5	3
(B, C, D)	−1	−1

(3) 再次检查每个样品, 以决定是否需要重新分类. 计算各样品到各中心的距离平方, 结果见表 4.12.

表 4.12 样品聚类结果

聚类	样品到中心的距离平方			
	A	B	C	D
(A)	0	40	41	89
(B, C, D)	52	4	5	5

到现在为止, 每个样品都已经分配给距离中心最近的类, 因此聚类过程到此结束. 最终得到 $k=2$ 的聚类结果是 A 独自成一类, B, C, D 聚成一类.

第五节 有序样品的聚类分析法

以上的系统聚类和 k-均值聚类中, 样品的地位是彼此独立的, 没有考虑样品的次序. 但在实际应用中, 样品的次序有时是不能变动的, 这就产生了有序样品的聚类分析问题. 例如对动植物按生长的年龄段进行分类, 年龄的顺序是不能改变的, 否则就没有实际意义了; 又例如在地质勘探中, 需要通过岩心了解地层结构, 此时按深度顺序取样, 样品的次序也不能打乱. 如果用 $\boldsymbol{X}_{(1)}, \boldsymbol{X}_{(2)}, \cdots, \boldsymbol{X}_{(n)}$ 表示 n 个有序的样品, 则每一类必须是这样的形式, 即 $\boldsymbol{X}_{(i)}, \boldsymbol{X}_{(i+1)}, \cdots, \boldsymbol{X}_{(j)}$, 其中 $1 \leqslant i \leqslant n$, 且 $j \leqslant n$, 简记为 $G_i = \{i, i+1, \cdots, j\}$. 在同一类中的样品是次序相邻的, 这类问题称为有序样品的聚类分析.

一、有序样品可能的分类数目

n 个有序样品分成 k 类, 则一切可能的分法有 C_{n-1}^{k-1} 种.

实际上, n 个有序样品共有 $n-1$ 个间隔, 分成 k 类相当于在这 $n-1$ 个间隔中插入 $k-1$ 根 "棍子", 如图 4.5 所示. 由于不考虑棍子的插入顺序, 是一个组合问题, 共有 C_{n-1}^{k-1} 种插法.

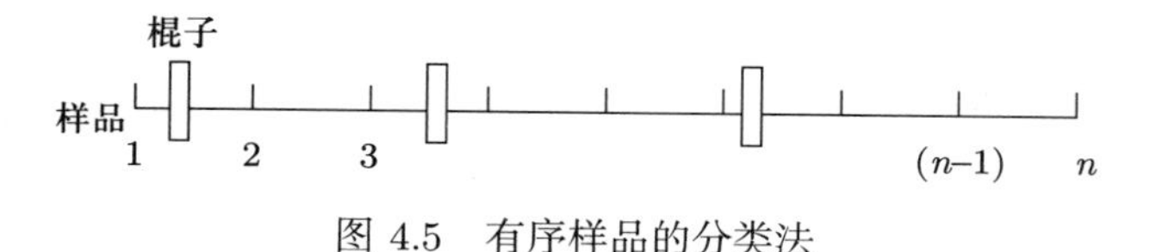

图 4.5 有序样品的分类法

这就是 n 个有序样品分成 k 类的一切可能分法. 因此, 对于有限的 n 和 k, 有序样品的所有可能的分类结果是有限的, 可以在某种损失函数意义下, 求得最优解. 所以有序样品的聚类分析又称为最优分割, 该算法是费希尔最先提出来的, 故也称之为费希尔最优求解法.

二、费希尔最优求解法

设有序样品依次是 $\boldsymbol{X}_{(1)}, \boldsymbol{X}_{(2)}, \cdots, \boldsymbol{X}_{(n)}$ ($\boldsymbol{X}_{(i)}$ 为 p 维向量). 费希尔最优求解法按以下步骤计算.

(一) 定义类的直径

设某一类 G 包含的样品是 $\boldsymbol{X}_{(i)}, \boldsymbol{X}_{(i+1)}, \cdots, \boldsymbol{X}_{(j)}$, 该类的均值坐标为

$$\overline{\boldsymbol{X}}_G = \frac{1}{j-i+1} \sum_{t=i}^{j} \boldsymbol{X}_{(t)}. \tag{4.29}$$

用 $D(i,j)$ 表示这一类的直径, 直径可定义为

$$D(i,j) = \sum_{t=i}^{j} (\boldsymbol{X}_{(t)} - \overline{\boldsymbol{X}}_G)'(\boldsymbol{X}_{(t)} - \overline{\boldsymbol{X}}_G). \tag{4.30}$$

(二) 定义分类的损失函数

费希尔最优求解法定义的分类损失函数的思想类似于系统聚类分析中的 Ward 法, 即要求分类后产生的离差平方和的增量最小. 用 $b(n,k)$ 表示将 n 个有序样品分为 k 类的某一种分法:

$$G_1 = \{i_1, i_1+1, \cdots, i_2-1\},$$
$$G_2 = \{i_2, i_2+1, \cdots, i_3-1\},$$
$$\cdots\cdots,$$
$$G_k = \{i_k, i_k+1, \cdots, n\},$$

其中 $1 = i_1 < i_2 < \cdots < i_k \leqslant n$. 定义上述分类法的损失函数为

$$L[b(n,k)] = \sum_{t=1}^{k} D(i_t, i_{t+1}-1), \tag{4.31}$$

其中 $i_{k+1} = n+1$.

对于固定的 n 和 $k, L[(b(n,k)]$ 越小, 表示各类的离差平方和越小, 分类就是越有效的. 因此, 要求寻找一种分法 $b(n,k)$, 使分类的损失函数 $L[(b(n,k)]$ 最小, 这种最优分类法记为 $p(n,k)$.

(三) 求最优分类法的递推公式

具体计算最优分类的过程是通过递推公式获得的.

先考虑 $k=2$ 的情形 (图 4.6), 对所有的 j 考虑使得

$$L[(b(n,2)] = D(1,j) + D(j,n)$$

最小的 j^*, 得到最优分类 $p(n,2): G_1 = \{1, 2, \cdots, j^*-1\}, G_2 = \{j^*, \cdots, n\}$.

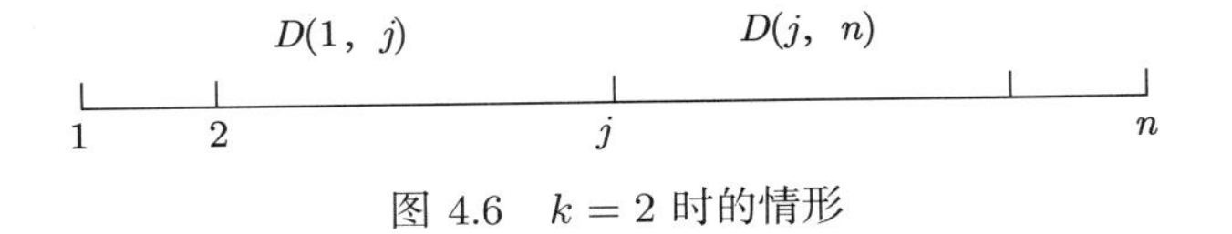

图 4.6　$k=2$ 时的情形

进一步考虑对于 k, 求 $p(n,k)$.

这里需要注意, 若要寻找将 n 个样品分为 k 类的最优分割, 则对于任意的 j $(k \leqslant j \leqslant n)$, 先将前面 $j-1$ 个样品最优分割为 $k-1$ 类, 得到 $p(j-1, k-1)$, 否则从 j 到 n 这最后一类就不可能构成 k 类的最优分割, 参见图 4.7. 再考虑使 $L[(b(n,k)]$ 最小的 j^*, 得到 $p(n,k)$.

因此, 我们得到费希尔最优求解法的递推公式为

$$\begin{cases} L[p(n,2)] = \min\limits_{2\leqslant j\leqslant n}\{D(1,j-1)+D(j,n)\}, \\ L[p(n,k)] = \min\limits_{k\leqslant j\leqslant n}\{L[p(j-1,k-1)]+D(j,n)\}. \end{cases} \tag{4.32}$$

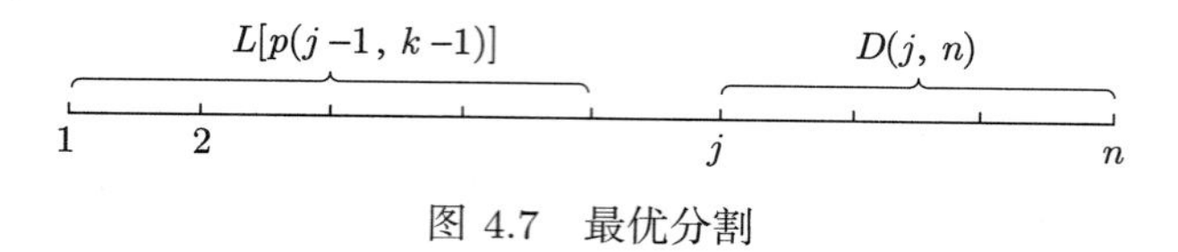

图 4.7 最优分割

(四) 费希尔最优求解法的实际计算

从递推公式 (4.32) 可知, 要得到分点 j_k, 使得

$$L[p(n,k)] = L[p(j_k-1,k-1)] + D(j_k,n).$$

从而获得第 k 类: $G_k = \{j_k,\cdots,n\}$, 必须先计算 j_{k-1}, 使得

$$L[p(j_k-1,k-1)] = L[p(j_{k-1}-1,k-2)] + D(j_{k-1},j_k-1).$$

从而获得第 $k-1$ 类: $G_{k-1} = \{j_{k-1},\cdots,j_k-1\}$.

依此类推, 要得到分点 j_3, 使得

$$L[p(j_4-1,3)] = L[p(j_3-1,2)] + D(j_3,j_4-1).$$

从而获得第 3 类: $G_3 = \{j_3,\cdots,j_4-1\}$, 必须先计算 j_2, 使得

$$L[p(j_3-1,2)] = \min_{2\leqslant j\leqslant j_3-1}\{D(1,j-1)+D(j,j_3-1)\}.$$

从而获得第 2 类: $G_2 = \{j_2,\cdots,j_3-1\}$. 这时自然获得 $G_1 = \{1,\cdots,j_2-1\}$. 最后获得最优分割: $G_1,G_2,\cdots,G_k$.

因此, 实际计算过程中是从计算 j_2 开始的, 一直到最后计算出 j_k 为止. 总之, 为了求最优解, 主要是计算

$$\{D(i,j),1\leqslant i<j\leqslant n\},\quad \{L[p(l,k)],3\leqslant l\leqslant n,2\leqslant k<l,k\leqslant n-1\}.$$

三、一个典型例子

例 4.4 为了了解儿童的生长发育规律, 今随机抽样统计了男孩从出生到 11 岁每年平均增长的重量, 数据见表 4.13, 试问男孩发育可分为几个阶段?

表 4.13 1 ~ 11 岁儿童每年平均增长的重量

年龄 (岁)	1	2	3	4	5	6	7	8	9	10	11
增重 (千克)	9.3	1.8	1.9	1.7	1.5	1.3	1.4	2.0	1.9	2.3	2.1

在分析这是一个有序样品的聚类问题时, 我们通过图形可以看到男孩增重随年龄顺序变化的规律, 从图 4.8 中发现男孩发育确实可以分为几个阶段.

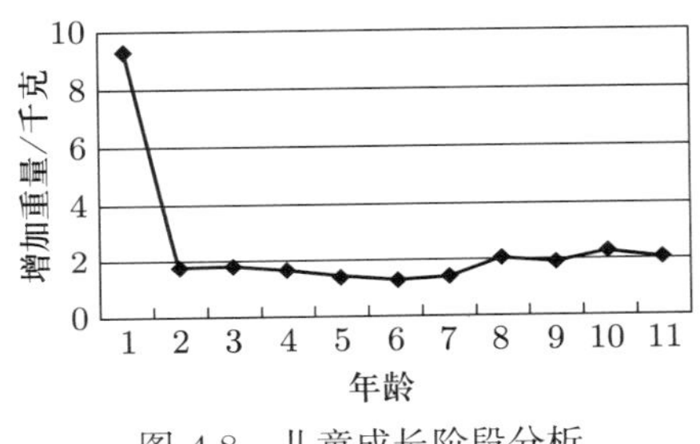

图 4.8 儿童成长阶段分析

下面通过有序样品的聚类分析确定男孩发育分成几个阶段较合适. 步骤如下:

(1) 计算直径 $\{D(i,j)\}$, 结果见表 4.14. 例如计算 $D(1,2)$, 此类包含两个样品 $\{9.3, 1.8\}$, 故有

$$\overline{X}_G = \frac{1}{2}(9.3 + 1.8) = 5.55,$$

$$D(1,2) = (9.3 - 5.55)^2 + (1.8 - 5.55)^2 = 28.125.$$

其他依此计算, 其结果见表 4.14.

表 4.14 直径 $D(i,j)$

j \ i	1	2	3	4	5	6	7	8	9	10
2	28.125									
3	37.007	0.005								
4	42.208	0.020	0.020							
5	45.992	0.088	0.080	0.020						
6	49.128	0.232	0.200	0.080	0.020					
7	51.100	0.280	0.232	0.088	0.020	0.005				
8	51.529	0.417	0.393	0.308	0.290	0.287	0.180			
9	51.980	0.467	0.454	0.393	0.388	0.370	0.207	0.005		
10	52.029	0.802	0.800	0.774	0.773	0.708	0.420	0.087	0.080	
11	52.182	0.909	0.909	0.895	0.889	0.793	0.452	0.088	0.080	0.020

(2) 计算最小分类损失函数 $\{L[p(l,k)]\}$, 结果见表 4.15.

表 4.15 最小分类损失函数 $L[p(l,k)]$

l \ k	2	3	4	5	6	7	8	9	10
3	0.005(2)								
4	0.020(2)	0.005(4)							
5	0.088(2)	0.020(5)	0.005(5)						
6	0.232(2)	0.040(5)	0.020(6)	0.005(6)					
7	0.280(2)	0.040(5)	0.025(6)	0.010(6)	0.005(6)				
8	0.417(2)	0.280(8)	0.040(8)	0.025(8)	0.010(8)	0.005(8)			
9	0.469(2)	0.285(8)	0.045(8)	0.030(8)	0.015(8)	0.010(3)	0.005(8)		
10	0.802(2)	0.367(8)	0.127(8)	0.045(10)	0.030(10)	0.015(10)	0.010(10)	0.005(8)	
11	0.909(2)	0.368(8)	0.128(8)	0.065(10)	0.045(11)	0.030(11)	0.015(11)	0.010(11)	0.005(11)

首先计算 $\{L[p(l,2)], 3 \leqslant l \leqslant 11\}$ (即表 4.15 中的 $k=2$ 列), 例如计算:

$$
\begin{aligned}
L[p(3,2)] &= \min_{2\leqslant j\leqslant 3}\{D(1,j-1)+D(j,3)\} \\
&= \min\{D(1,1)+D(2,3), D(1,2)+D(3,3)\} \\
&= \min\{0+0.005, 28.125+0\} = 0.005.
\end{aligned}
$$

极小值是在 $j=2$ 处达到, 故记 $L[p(3,2)] = 0.005(2)$, 其他类似计算.

再计算 $\{L[p(l,3)], 4 \leqslant l \leqslant 11\}$ (即表 4.15 中的 $k=3$ 列), 例如计算:

$$
\begin{aligned}
L[p(4,3)] &= \min\{L[p(2,2)]+D(3,4), L[p(3,2)]+D(4,4)\} \\
&= \min\{0+0.02,\ 0.005+0\} = 0.005(4).
\end{aligned}
$$

表 4.15 中其他数值同样计算, 括弧内的数字表示最优分割处的序号.

(3) 分类个数 k 的确定.

如果能从生理角度事先确定 k 当然最好, 有时不能事先确定 k 时, 可以从 $L[p(l,k)]$ 随 k 的变化趋势图中找到拐点处, 作为确定 k 的依据. 当曲线拐点很平缓时, 可选择的 k 很多, 这时需要用其他的办法来确定, 比如均方比和特征根法, 限于篇幅此略, 有兴趣的读者可以查看其他资料.

本例从表 4.15 中的最后一行可以看出 $k=3,4$ 处有拐点, 即分成 3 类或 4 类都是较合适的, 从图 4.9 中可以更明显看出这一点.

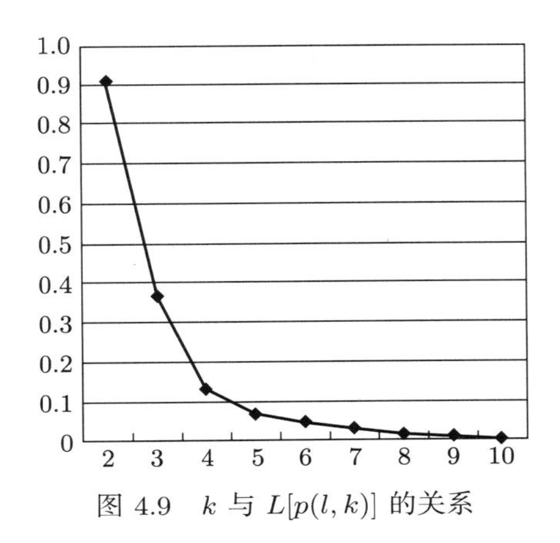

图 4.9　k 与 $L[p(l,k)]$ 的关系

(4) 求最优分类.

例如, 我们把儿童生长分成 4 个阶段, 即可查表 4.15 中 $k=4$ 列的最后一行 (即 $l=11$ 行) 得 $L[p(11,4)]=0.128(8)$, 说明最优损失函数值为 0.128, 最后的最优分割在第 8 个元素处, 因此

$$G_4=\{8,9,10,11\}, \quad 或 \quad G_4=\{2.0,1.9,2.3,2.1\}.$$

进一步从表中查 $L[p(7,3)]=0.040(5)$, 因此

$$G_3=\{5,6,7\} \quad 或 \quad G_3=\{1.5,1.3,1.4\}.$$

再从表中查得 $L[p(4,2)]=0.020(2)$. 最后 $G_2=\{2,3,4\}$ 或 $G_2=\{1.8,1.9,1.7\}$, 剩下的 $G_1=\{9.3\}$.

第六节　实 例 分 析

一、在 SPSS 中利用系统聚类法进行聚类分析

近些年我国城镇居民消费水平和生活质量有了明显的提高, 消费结构也发生了深刻的变化, 生活水平已经由传统的“温饱型”到“小康型”的全面升级. 接下来我们从食品、衣着、居住、家庭设备用品及服务、医疗保健、交通通讯、文教娱乐、其他支出等八大类消费支出进行系统聚类分析, 研究 2012 年我国城镇居民的消费支出分布规律在哪些省份比较相近, 数据见表 4.16. $X_1,X_2,X_3,X_4,X_5,X_6,X_7,X_8$ 变量分别表示食品、衣着、居住、家庭设备用品及服务、医疗保健、交通通讯、文教娱乐、其他支出, 数据来源于中国统计局网站.

表 4.16　2012 年我国城镇居民的消费支出数据

地区	食品(元)	衣着(元)	居住(元)	家庭设备用品及服务 (元)	医疗保健(元)	交通通讯(元)	文教娱乐(元)	其他(元)
山东	5201.3	2197	1572.4	1126	1005.3	2370.2	1655.9	650.2
辽宁	5809.4	2042.4	1433.3	1069.7	1309.6	2323.3	1843.9	762.1
北京	7535.3	2638.9	1970.9	1610.7	1658.4	3781.5	3696	1154.2
浙江	7552	2109.6	1551.7	1161.4	1228	4133.5	2996.6	812.4
四川	6073.9	1651.1	1284.1	1097.9	772.8	1946.7	1587.4	635.6
上海	9655.6	2111.2	1790.5	1906.5	1016.7	4563.8	3723.7	1485.5
江西	5071.6	1476.6	1173.9	966.2	670.7	1501.3	1487.3	427.9
江苏	6658.4	1916	1437.1	1288.4	1058.1	2689.5	3077.8	700.1
广东	8258.4	1520.6	2099.8	1467.2	1048.3	4176.7	2954.1	871.3
福建	7317.4	1634.2	1753.9	1254.7	773.2	2961.8	2104.8	793.2
重庆	6870.2	2228.8	1177	1196	1101.6	1903.2	1470.6	625.7
安徽	5814.9	1540.7	1397	811.2	1143	1809.7	1932.7	562.4

(一) 操作步骤

(1) 点击 Analyze→Classify→Hierarchical Cluster, 进入 Hierarchical Cluster 主对话框 (图 4.10).

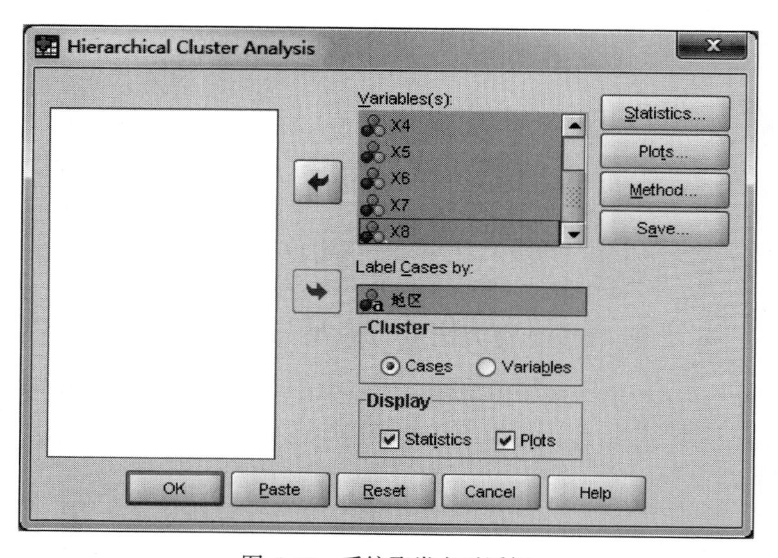

图 4.10　系统聚类主对话框

① Variables 为设定变量列表框, 用于将需要聚类的变量选入. 本例是将 $X_1, X_2, X_3, X_4, X_5, X_6, X_7, X_8$ 等 8 个变量放置于此.

② Label Cases by 为标签变量列表框. 本例中 "地区" 变量为对样品进行标识的变量, 应放置于此.

③ 选中 Cases 表示对样品进行聚类 (Q 型聚类), 选中 Variables 表示对变量进行聚类 (R 型聚类).

④ Display 用于选择显示统计量和聚类图.

(2) 点击主对话框 Statistics 选项 (图 4.10), 用于选择要求输出的各种统计量 (图 4.11).

① Agglomeration schedule 子选项表示要求作凝聚状态表. 显示聚类中每一步合并的两类、两类的距离以及观测量加入到一类的类水平.

② Proximity matrix 子选项表示选择输出各类间的距离矩阵.

③ Cluster Membership 子选项用于设置聚类成员选项. 其中,

- None 表示不显示类成员表;
- Single solution (单一解) 用于指定聚为一定类数的数值;
- Range of solutions (全距解) 要求列出在某个范围内每一步聚类过程和各观测量所属的类.

如图 4.11 所示, 选中所需选项后, 点击 Continue 返回主对话框.

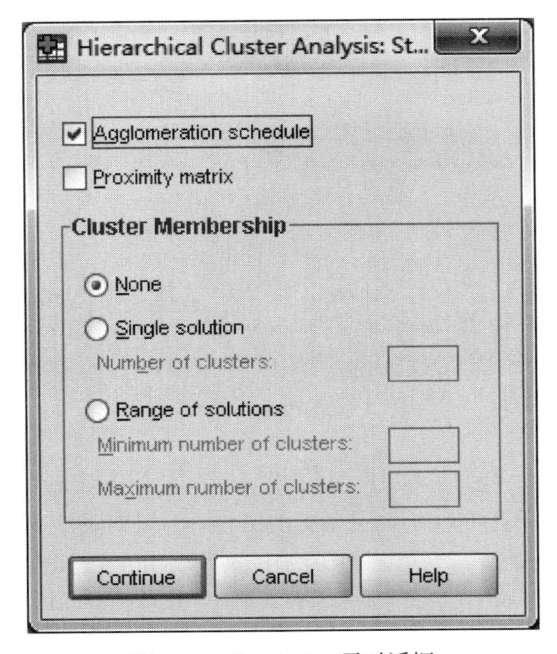

图 4.11 Statistics 子对话框

(3) 点击主对话框 Plots 选项 (图 4.10), 用于选择输出聚类分析统计图 (图 4.12).

① Dendrogram 表示输出结果中显示谱系图.

② Icicle 子选项为冰柱图选项. 其中,

- All clusters 表示每一步聚类都要表现在图中;
- Specified range of clusters 指定显示的聚类范围;
- None 表示不输出冰柱图.

③ Orientation 子选项用于设定冰柱图显示方向选项. 其中,

- Vertical 为纵向显示;
- Horizontal 为横向显示.

如图 4.12 所示, 选中所需选项后, 点击 Continue 返回主对话框.

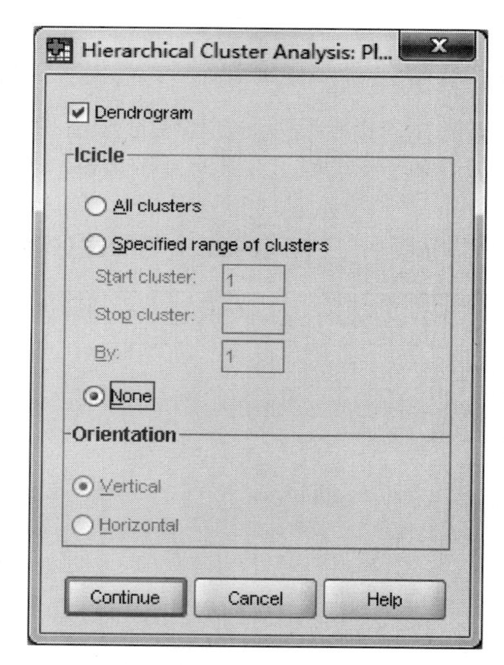

图 4.12 Plots 子对话框

(4) 点击主对话框 Method 选项 (图 4.10), 对系统聚类方法进行设置 (图 4.13).

① Cluster Method 子选项用于设置聚类的方法. 下拉列表给出了聚类的方法:

- Between-groups linkage (组间链接) 为个体与小类间的组间平均连锁距离, 是该个体与小类中每个个体距离的平均值;
- Within-groups linkage (组内链接) 为组内连锁平均距离, 是该个体与小类中每个个体距离及小类内各个个体间距离的平均;
- Nearest neighbor 为最短距离法;
- Furthest neighbor 为最长距离法;

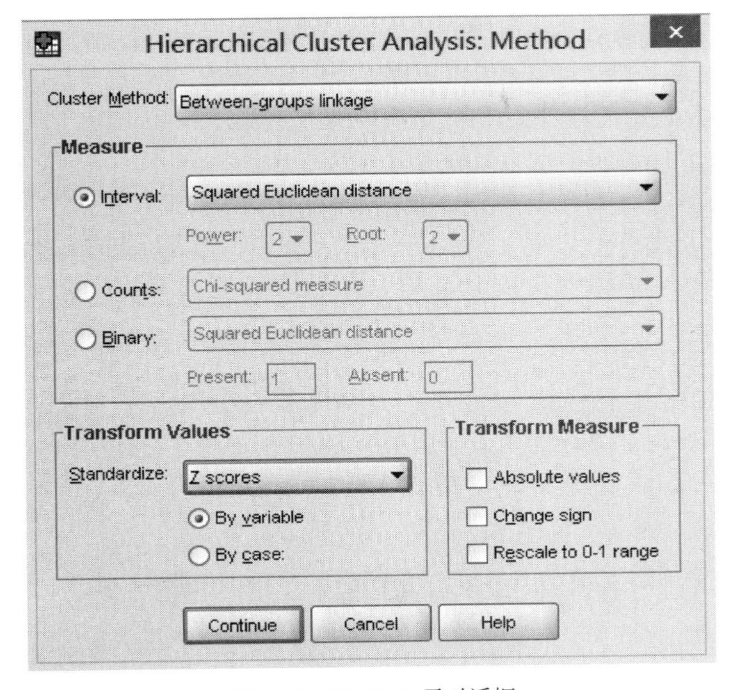

图 4.13 Method 子对话框

- Centroid clustering 为重心法;
- Median clustering 为中间距离法;
- Ward's method 为离差平方和法.

② Measure 子选项用于设定距离或相似性的测度方法. 其中,

- Interval 用于设置等间隔测度的变量 (一般为连续变量), 在下拉菜单中选择距离测度方法;
- Counts 用于设置计数变量 (离散变量), 在下拉菜单中选择不相似性测度方法;
- Binary 用于设置二值变量, 在下拉菜单中选择距离或者不相似性测度方法.

③ Transform Values 子选项用于设定数据标准化的方法. 其中,

- None 表示不进行标准化;
- Z scores 表示数值标准化到 Z 分数 (一般选此项);
- Range –1 to 1 表示把数据标准化到 –1 到 1 范围内;
- Range 0 to 1 表示把数据标准化到 0 到 1 范围内;
- Maximum magnitude of 1 (最大幅度为 1) 表示把数据标准化到最大值为 1;
- Mean of 1 表示把数据标准化到均值为 1;
- Standard deviation of 1 表示把数据标准化到单位标准差.

④ Transform Measure 子选项用于设定标准化转换的方式. 其中,

- Absolute values 表示对距离值取绝对值;
- Change sign 表示把相似性值变为不相似性值或相反;
- Rescale to 0–1 range 表示重新标度到 0 到 1 范围内.

如图 4.13 所示, 选中所需选项后, 点击 Continue 返回主对话框.

(5) 点击主对话框 Save 选项 (图 4.10), 用于对输出结果进行设置 (图 4.14).

在子对话框中, Cluster Membership 用于设定聚类分析的结果以什么样的形式保存在工作文件中. 其中,

- None 表示不保存任何变量;
- Single solution 表示生成一个新变量, 表明每个个体聚类最后所属的类;
- Range of solutions 表示生成多个新变量, 表明聚为若干类时, 每个个体聚类后所属的类. 分别在 Min 和 Max 中输入 2, 4, 表示生成三个新的分类变量.

如图 4.14 所示, 设置完成后, 点击 Continue 返回对话框.

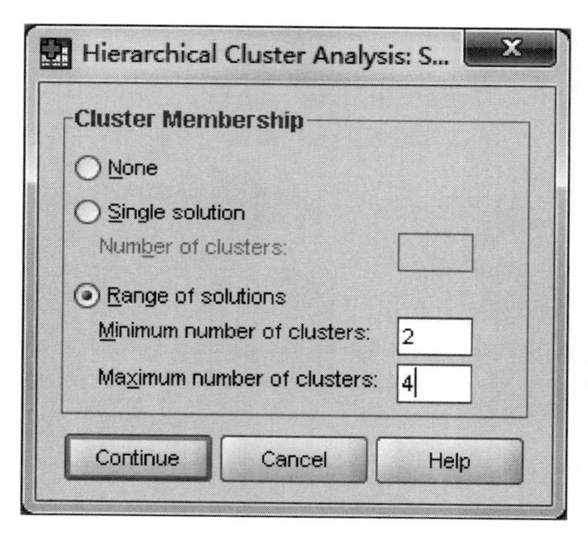

图 4.14 Save 子对话框

(6) 在主对话框点击 OK 按钮 (图 4.10), 运行系统聚类分析程序.

(二) 输出结果

(1) 表 4.17 为样品处理汇总表 (case processing summary).

(2) 表 4.18 为平均链接 (组之间) 聚类表 (agglomeration schedule), 以表的形式说明聚类的过程.

表 4.17 样品处理汇总

Cases					
Valid		Missing		Total	
N	Percent	N	Percent	N	Percent
12	100.0%	0	.0%	12	100.0%

a. Squared Euclidean Distance used

表 4.18 平均链接 (组之间) 聚类表

Stage	Cluster Combined		Coefficients	Stage Cluster First Appears		Next Stage
	Cluster 1	Cluster 2		Cluster 1	Cluster 2	
1	5	7	2.002	0	0	5
2	1	2	2.158	0	0	3
3	1	11	3.378	2	0	7
4	4	8	3.493	0	0	8
5	5	12	4.150	1	0	7
6	9	10	5.892	0	0	8
7	1	5	6.921	3	5	9
8	4	9	7.582	4	6	9
9	1	4	12.703	7	8	11
10	3	6	13.744	0	0	11
11	1	3	30.808	9	10	0

(3) 图 4.15 为谱系图, 以图的形式说明聚类的过程.

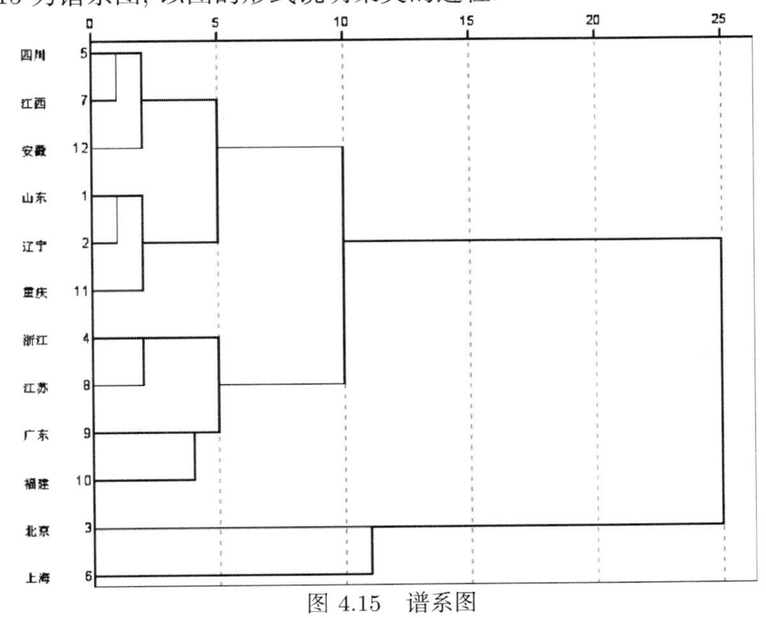

图 4.15 谱系图

从谱系图可以看出, 四川、江西、安徽、山东、辽宁、重庆分为一类; 浙江、江苏、广东、福建分为一类; 上海、北京单独为一类.

二、在 SPSS 中利用 k-均值法进行聚类分析

我国 2012 年各地区三次产业产值如表 4.19 所示, 使用 k-均值法对我国部分城市进行聚类分析.

表 4.19 我国 2012 年部分地区三次产业产值

地区	第一产业	第二产业	第三产业	地区	第一产业	第二产业	第三产业
北京	150.2	4059.27	13669.93	青岛	324.4	3402.2	3575.5
天津	171.6	6663.82	6058.46	郑州	142.4	3132.9	2274.5
石家庄	452.2	2240.7	1807.4	武汉	301.2	3869.6	3833.1
太原	36	1035.6	1239.8	长沙	272.3	3592.5	2535.1
呼和浩特	120.5	902.3	1452.8	广州	213.8	4720.7	8616.8
沈阳	315.2	3383.2	2904.2	深圳	6.3	5737.6	7206.1
大连	451.4	3634.8	2916.7	南宁	323	960.7	1219.5
长春	317.1	2291.9	1847.7	海口	55.9	201.7	561.2
哈尔滨	506.8	1638.9	2404.6	重庆	940.01	5975.18	4494.41
上海	127.8	7854.77	12199.15	成都	348.1	3765.6	4025.2
南京	185.1	3170.8	3845.7	贵阳	72.3	717.3	910.7
杭州	255.1	3572.6	3974.3	昆明	159.2	1378.5	1473.5
宁波	268.5	3516.8	2796.9	拉萨	10.8	90.7	158.7
合肥	229.1	2303.9	1631.4	西安	195.6	1881.8	2288.8
福州	367.6	1917	1933.7	兰州	44.6	744.7	774.6
厦门	25.2	1374	1417.9	西宁	31.2	439.5	380.4
南昌	147.2	1693.6	1159.7	银川	51	619.1	480.9
济南	252.9	1938.1	2612.6	乌鲁木齐	25	829	1150

(一) 操作步骤

(1) 点击 Analyze→Classify→K-Means Cluster, 进入 k-均值聚类分析主对话框 (图 4.16).

① Variables 为设定变量列表框, 用于将需要聚类的变量选入. 本例将第一产业、第二产业、第三产业 3 个变量放置于此.

② Label Case by 用于设定标签变量. 本例将 “地区” 放置于此以对样品进行标识.

③ Number of Clusters 用于填写聚类数. 本例选择 3, 表示 “地区” 最后聚成三类.

④ Method 用于选择聚类方法. 其中,

- Iterate and classify 表示整个聚类过程中不断计算新的聚类中心, 并替换旧的类中心;
- Classify only 表示仅按初始类别中心点进行分类.

⑤ Cluster Centers 用于选择初始类中心. 其中,

- Read initial 要求指定数据文件中的观测量作为初始类中心;
- Write final 表示把聚类过程中的各类中心数据保存到指定的文件中.

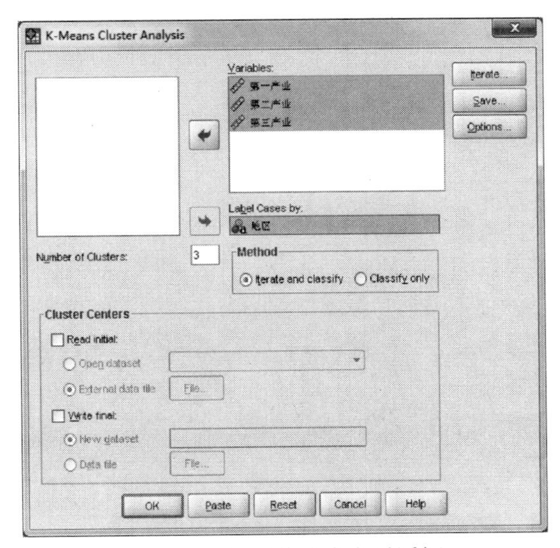

图 4.16　k-均值聚类主对话框

(2) 点击主对话框 Iterate 选项 (图 4.16), 用于对迭代参数进行设置 (图 4.17), 该选项只有在主对话框的 Iterate and classify 勾选后才会激活.

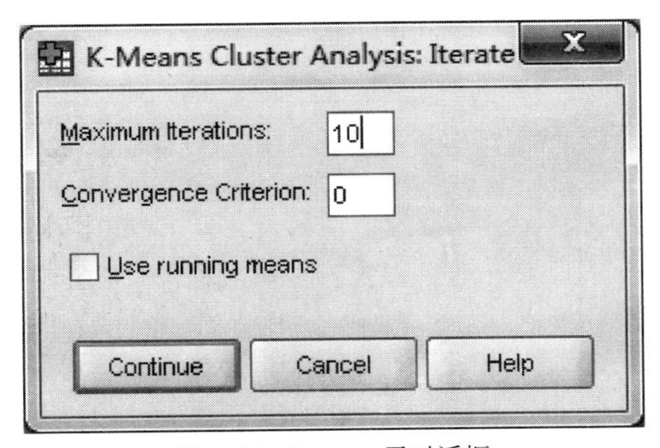

图 4.17　Iterate 子对话框

① Maximum Iteration 用于设定最大迭代次数.

② Convergence Criterion 用于设定算法的收敛性标准, 其数值应该介于 0 至 1 之间, 例如数据设置为 0.02, 表示当一次完整的迭代不能使一个类中心距离的变动与原始类中心距离的比小于 2 时, 迭代停止.

如图 4.17 所示, 设置完成后, 点击 Continue 返回主对话框.

(3) 点击主对话框 Options 选项 (图 4.16), 用于设置要计算的统计量以及对带有缺失值的观测量处理方式 (图 4.18).

① Statistics 子选项用于设定要计算和输出的统计量. 其中,

• Initial cluster centers 表示输出初始聚类中心;

• ANOVA table 表示输出方差分析表;

• Cluster information for each case 表示系统将输出样品分配到哪一类和该样品与所属类中心的距离.

② Missing Values 子选项用于选择一种处理带有缺失值观测量的方法. 其中,

• Exclude cases listwise 表示分析过程中剔除带有缺失值的观测量;

• Exclude cases pairwise 表示只有当一个观测量的全部聚类变量值均缺失时才剔除, 否则根据所有其他非缺失变量值分配到最近的一类中去.

如图 4.18 所示, 选中所需选项后, 单击 Continue 返回主对话框.

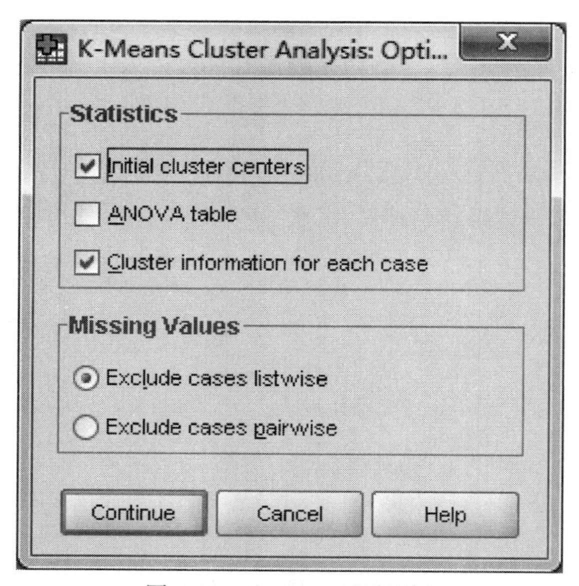

图 4.18 Options 子对话框

(4) 点击主对话框 Save 选项 (图 4.16), 用于设置需要输出的结果 (图 4.19). 其中,

• Cluster membership 用于建立一个代表聚类结果的变量, 默认变量名为 qcl_1;

• Distance from cluster center 用于建立一个新变量 qcl_2, 表示各观测量与其所属类中心的欧氏距离.

如图 4.19 所示, 选中所需选项后, 单击 Continue 返回主对话框.

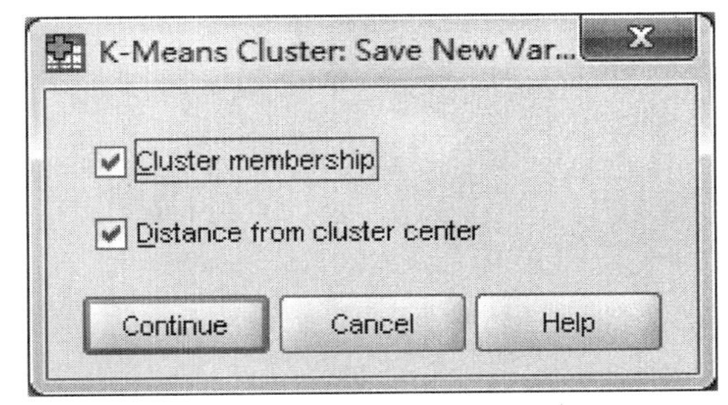

图 4.19 Save 子对话框

(5) 在主对话框单击 OK 按钮 (图 4.16), 运行 k-均值聚类分析程序.

(二) 输出结果

(1) 表 4.20 为初始类中心 (initial cluster centers) 表, 通过该表可以得到三产业的初始类中心.

表 4.20 初始类中心

	聚类		
	1	2	3
第一产业	150.20	171.60	10.80
第二产业	4059.27	6663.82	90.70
第三产业	13669.93	6058.46	158.70

(2) 表 4.21 为迭代历史 (iteration history) . 该表给出迭代过程中类中心的变动量. 可以看出本次聚类过程进行了 4 次迭代, 迭代 4 次后类中心的变化为 0, 迭代结束.

表 4.21 迭代历史[a]

Iteration	Change in Cluster Centers		
	1	2	3
1	2035.284	2523.180	2079.103
2	.000	205.505	98.630
3	.000	328.761	219.273
4	.000	.000	.000

a. Convergence achieved due to no or small change in cluster centers. The maximum absolute coordinate change for any center is .000. The current iteration is 4. The minimum distance between initial centers is 8044.788.

(3) 表 4.22 为聚类成员 (cluster membership). 该表给出了样本观测量所属类别以及与所属类中心的距离.

表 4.22 聚类成员

地区	聚类	距离	地区	聚类	距离
北京	1	2035.284	青岛	2	1146.841
天津	2	2965.707	郑州	3	1991.408
石家庄	3	1024.325	武汉	2	645.637
太原	3	372.329	长沙	2	1941.280
呼和浩特	3	453.977	广州	2	4278.145
沈阳	2	1691.584	深圳	2	3227.705
大连	2	1575.151	南宁	3	450.857
长春	3	1058.493	海口	3	1419.767
哈尔滨	3	1108.097	重庆	2	1858.014
上海	1	2035.284	成都	2	579.241
南京	2	1188.754	贵阳	3	798.758
杭州	2	769.319	昆明	3	89.572
宁波	2	1726.326	拉萨	3	1767.461
合肥	3	986.703	西安	3	1045.494
福州	3	810.989	兰州	3	871.305
厦门	3	149.428	西宁	3	1365.657
南昌	3	414.719	银川	3	1171.622

(4) 表 4.23 为最终聚类中心 (final cluster centers), 通过该表可以得到三次产业最终聚成 3 类后各自的类中心.

表 4.23 最终聚类中心

	聚类		
	1	2	3
第一产业	13.900	311.77	169.79
第二产业	5957.02	4231.18	1349.14
第三产业	12934.54	4367.88	1389.54

(5) 结果分析.

通过上述 k-均值聚类分析, 可以看出: 第一类城市为发达城市, 包括北京、上海, 三产业值分别为: 139 亿元、5957.02 亿元、12900 亿元; 第二类城市为比较发达城市, 包括广州、深圳、青岛、杭州、宁波、南京、沈阳、大连、天津、重庆、成都、长沙、武汉等, 三产业值分别为: 311.77 亿元、4231.18 亿元、4367.88 亿元; 剩余城市均为第三类城市属于欠发达城市, 三产业值分别为: 169.79 亿元、1349.14 亿元、1389.54 亿元.

思考与练习

4.1 判别分析与聚类分析有何区别?

4.2 对样品和变量进行聚类分析时, 所构造的统计量分别是什么? 简要说明为什么这样构造.

4.3 试述系统聚类的基本思想.

4.4 在进行系统聚类时, 不同的类间距离计算方法有何区别? 选择距离公式应遵循哪些原则?

4.5 有序聚类法与系统聚类法有何区别? 试述有序聚类法的基本思想.

4.6 试论述 k-均值法与系统聚类法的异同.

4.7 试证明下列结论:

(1) 由一个正常数乘上一个距离所组成的函数仍为距离;

(2) 由两个距离的乘积所组成的函数不一定是距离.

4.8 检测某类产品的重量, 抽了 6 个样品, 每个样品只测了一个指标, 分别为 1, 2, 3, 6, 9, 11. 试用最短距离法、重心法进行聚类分析.

4.9 设 $\boldsymbol{X}_\alpha, \boldsymbol{X}_\beta$ 为两个二态变量 (设只取 0, 1 两个值), 其观测值向量 $\boldsymbol{x}_\alpha=(x_{1\alpha}, x_{2\alpha}, \cdots, x_{n\alpha})'$ 和 $\boldsymbol{x}_\beta=(x_{1\beta}, x_{2\beta}, \cdots, x_{n\beta})'$ (注意, 分量只由 0, 1 构成) 可总结为下列联表形式:

$\boldsymbol{x}_\alpha$ \ $\boldsymbol{x}_\beta$	1	0	边和
1	a	b	$a+b$
0	c	d	$c+d$
边和	$a+c$	$b+d$	$n=a+b+c+d$

求: (1) $\boldsymbol{x}_\alpha, \boldsymbol{x}_\beta$ 的相关系数 $r_{\alpha\beta}$;

(2) $\boldsymbol{x}_\alpha, \boldsymbol{x}_\beta$ 的夹角余弦 $c_{\alpha\beta}$.

4.10 欧洲各国语言有许多相似之处, 有的甚至十分相似. 以 E, N, Da, Du, G, Fr, S, I, P, H, Fi 分别表示英语、挪威语、丹麦语、荷兰语、德语、法语、西班牙语、意大利语、波兰语、匈牙利语和芬兰语这 11 种语言. 人们以任两种语言对 1 ~ 10 这 10 个数字拼写中第一个字母不相同的个数定义两种语言间的 "距离". 这种 "距离" 是广义距离. 例如, 英语和挪威语只有数字 1 和 8 的第一个字母相同, 故这两种语言的距离定义为 2. 这样得到 11 种语

言间的距离矩阵如下:

$$\begin{array}{c} \text{E} \\ \text{N} \\ \text{Da} \\ \text{Du} \\ \text{G} \\ \text{Fr} \\ \text{S} \\ \text{I} \\ \text{P} \\ \text{H} \\ \text{Fi} \end{array} \begin{pmatrix} 0 & & & & & & & & & & \\ 2 & 0 & & & & & & & & & \\ 2 & 1 & 0 & & & & & & & & \\ 7 & 5 & 6 & 0 & & & & & & & \\ 6 & 4 & 5 & 5 & 0 & & & & & & \\ 6 & 6 & 6 & 9 & 7 & 0 & & & & & \\ 6 & 6 & 5 & 9 & 7 & 2 & 0 & & & & \\ 6 & 6 & 5 & 9 & 7 & 1 & 1 & 0 & & & \\ 7 & 7 & 6 & 10 & 8 & 5 & 3 & 4 & 0 & & \\ 9 & 8 & 8 & 8 & 9 & 10 & 10 & 10 & 10 & 0 & \\ 9 & 9 & 9 & 9 & 9 & 9 & 9 & 9 & 9 & 8 & 0 \end{pmatrix}.$$

用下列方法对这 11 种语言进行谱系聚类:

(1) 最短距离法, 并画谱系图;

(2) 最长距离法, 并画谱系图;

(3) 类平均距离法, 并画谱系图;

(4) 重心距离法;

(5) 离差平方和距离法 (Word 法).

4.11 下面是 5 个样品两两间的距离矩阵:

$$\boldsymbol{D}^{(0)} = \begin{bmatrix} 0 & & & & \\ 4 & 0 & & & \\ 6 & 9 & 0 & & \\ 1 & 7 & 10 & 0 & \\ 6 & 3 & 5 & 8 & 0 \end{bmatrix}.$$

试用最长距离法、类平均法作系统聚类, 并画出谱系聚类图.

4.12 下表是 2003 年我国大部分城市的主要经济指标:

X_1—人均 GDP (元), X_2—人均工业产值 (元),

X_3—客运总量 (万人), X_4—货运总量 (万吨),

X_5—地方财政预算内收入 (亿元), X_6—固定资产投资总额 (亿元),

X_7—在岗职工占总人口的比例, X_8—在岗职工人均工资额 (元),

X_9—城乡居民年底储蓄余额 (亿元).

试通过统计分析软件进行系统聚类分析, 并比较何种方法与人们观察到的实际情况较接近.

城市	X_1	X_2	X_3	X_4	X_5	X_6	X_7	X_8	X_9
北京	31886	33168	30520	30671	593	2000	37.8	25312	6441
天津	26433	43732	3507	34679	205	934	18.8	18648	1825
石家庄	15134	13159	11843	10008	49	416	9.5	12306	1044
太原	15752	15831	2975	15248	33	197	22.8	12679	660
呼和浩特	18991	11257	3508	4155	21	182	13.5	14116	255
沈阳	23268	15446	6612	14636	81	557	14.8	14961	1423
大连	29145	27615	11001	21081	111	407	14.7	17560	1310
长春	18630	21045	6999	10892	46	294	12.5	13870	831
哈尔滨	14825	7561	6458	9518	76	423	17.7	12451	1154
上海	46586	77083	7212	63861	899	2274	21.0	27305	6055
南京	27547	43853	16790	14805	136	794	15.4	22190	1134
杭州	32667	49823	21349	16815	150	717	11.8	24667	1466
宁波	32543	47904	24938	13797	139	555	10.9	23691	1060
合肥	10621	11714	6034	4641	36	245	8.3	13901	359
福州	22281	21310	9680	8250	67	376	11.8	15053	876
厦门	53590	93126	4441	3055	70	238	38.6	19024	397
南昌	14221	9205	5728	4454	31	210	11.0	13913	483
济南	23437	22634	5810	14354	76	429	13.5	16027	758
青岛	24705	35506	14666	30553	120	548	14.5	15335	908
郑州	16674	14023	10709	7847	66	373	12.7	13538	1048
武汉	21278	17083	11882	16610	80	623	17.4	13730	1286
长沙	15446	8873	10609	10631	60	434	10.0	16987	705
广州	48220	55404	29751	28859	275	1089	25.1	28805	3727
深圳	191838	347519	10989	6793	291	875	69.6	31053	2199
南宁	8176	3390	7016	5893	36	170	8.3	13171	451
海口	16442	14553	13284	3304	12	99	16.5	14819	284
重庆	7190	5076	58290	32450	162	1187	6.5	12440	1897
成都	17914	9289	72793	28798	90	788	11.9	15274	1494
贵阳	11046	10350	18511	5318	40	231	15.8	12181	345
昆明	16215	11601	5126	12338	60	342	14.6	14255	709
西安	13140	8913	11413	9392	65	446	15.9	13505	1211
兰州	14459	17136	2209	5581	21	203	18.0	13489	468
西宁	7066	5605	2788	2037	8	76	10.1	14629	175
银川	11787	11013	2146	2127	12	134	21.9	13497	193
乌鲁木齐	22508	17137	2188	12754	41	180	26.1	16509	420
南宁	31886	33168	30520	30671	593	2000	37.8	25312	6441
海口	26433	43732	3507	34679	205	934	18.8	18648	1825

资料来源:《中国统计年鉴 2004》

4.13 下表是我国 1991—2003 年的固定资产投资价格指数, 试对这段时期进行分段, 并据此对我国固定资产投资的价格变化情况进行分析.

年份	1991	1992	1993	1994	1995	1996	1997
人口数	115823	117171	118517	119850	121121	122389	123626
年份	1998	1999	2000	2001	2002	2003	2004
人口数	124761	125786	126743	127627	128453	129227	129988
年份	2005	2006	2007	2008	2009	2010	
人口数	130756	131448	132129	132802	133450	134091	

4.14 下表是我国 31 个部分地区 2003 年三次产业产值表, 试根据三次产业产值利用 k-均值法对这些地区进行聚类分析.

(单位: 亿元)

地区	第一产业 X_1	第二产业 X_2	第三产业 X_3	地区	第一产业 X_1	第二产业 X_2	第三产业 X_3
北京	95.64	1311.86	2255.60	湖北	798.35	2580.58	2022.78
天津	89.66	1245.29	1112.71	湖南	886.47	1794.21	1958.05
河北	1064.33	3657.19	2377.04	广东	1093.52	7307.08	5225.27
山西	215.19	1389.33	852.07	广西	652.28	1007.96	1074.89
内蒙古	420.10	973.94	756.38	海南	248.33	151.16	271.44
辽宁	615.80	2898.89	2487.85	重庆	336.36	977.30	936.90
吉林	486.90	1143.39	892.33	四川	1128.61	2266.06	2061.65
黑龙江	500.80	2532.45	1396.75	贵州	298.37	579.31	478.43
上海	90.64	3130.72	3029.45	云南	502.84	1069.29	893.16
江苏	1106.35	6787.11	4567.37	西藏	40.62	47.99	95.89
浙江	728.00	4941.00	3726.00	陕西	320.03	1133.56	944.99
安徽	732.81	1780.60	1458.97	甘肃	236.61	607.62	460.37
福建	692.94	2492.73	2046.50	青海	46.15	184.26	159.80
江西	560.00	1227.38	1043.08	宁夏	55.50	192.00	137.84
山东	1480.67	6656.85	4298.41	新疆	412.90	796.84	667.87
河南	1239.70	3551.94	2256.95				

第五章 判 别 分 析

第一节 引 言

在我们的日常生活和工作实践中，常常会遇到判别分析问题，即根据历史上划分类别的有关资料和某种最优准则，确定一种判别方法，判定一个新的样本归属哪一类. 例如，某医院有部分患有肺炎、肝炎、冠心病、糖尿病等病人的资料，记录了每个患者若干项症状指标数据. 现在想利用现有的这些资料找出一种方法，使得对于一个新的病人，当测得这些症状指标数据时，能够判定其患有哪种病. 又如，在天气预报中，我们有一段较长时间关于某地区每天气象的记录资料 (晴阴雨、气温、气压、湿度等)，现在想建立一种用连续五天的气象资料来预报第六天是什么天气的方法. 这些问题都可以应用判别分析方法予以解决.

把这类问题用数学语言来表达，可以叙述如下：设有 k 个样本，对每个样本测得 p 项指标 (变量) 的数据，已知每个样本属于 k 个类别 (或总体) $G_1, G_2, \cdots, G_k$ 中的某一类. 我们希望利用这些数据，找出一种判别函数，使得这一函数具有某种最优性质，能把属于不同类别的样本点尽可能地区别开来，并对测得同样 p 项指标 (变量) 数据的一个新样本，能判定这个样本归属于哪一类.

判别分析内容很丰富，方法很多. 判别分析按判别的总体数来区分，有两个总体判别分析和多总体判别分析；按区分不同总体所用的数学模型来分，有线性判别和非线性判别；按判别时所处理的变量方法不同，有逐步判别和序贯判别等. 判别分析可以从不同角度提出问题，因此有不同的判别准则，如马氏距离最小准则、费希尔准则、平均损失最小准则、最小平方准则、最大似然准则、最大概率准则等，按判别准则的不同又提出多种判别方法. 本章仅介绍常用的几种判别分析方法：距离判别法、费希尔判别法、贝叶斯判别法和逐步判别法.

第二节 距离判别法

一、马氏距离再认识

设 p 维欧氏空间 $\mathbf{R}^p$ 中的两点 $\boldsymbol{X} = (X_1, X_2, \cdots, X_p)'$ 和 $\boldsymbol{Y} = (y_1, y_2, \cdots, y_p)'$，通常我们所说的两点之间的距离，是指欧氏距离，即

$$d(\boldsymbol{X}, \boldsymbol{Y}) = \sqrt{(X_1 - Y_1)^2 + \cdots + (X_p - Y_p)^2}. \tag{5.1}$$

在解决实际问题时, 特别是针对多元数据的分析问题, 欧氏距离就显示出了它的薄弱之处. 例如, 设有量度重量和长度的两个变量 $\boldsymbol{X}$ 与 $\boldsymbol{Y}$, 以单位分别为 kg 和 cm 得到样本 $A(0,5), B(10,0), C(1,0), D(0,10)$. 现按照欧氏距离计算, 有

$$AB=\sqrt{10^2+5^2}=\sqrt{125};\quad CD=\sqrt{1^2+10^2}=\sqrt{101}.$$

如果我们将长度单位变为 mm, 那么有

$$AB=\sqrt{10^2+50^2}=\sqrt{2600};\quad CD=\sqrt{1^2+100^2}=\sqrt{10001}.$$

量纲的变化, 将影响欧氏距离计算的结果.

设 $\boldsymbol{X}$ 和 $\boldsymbol{Y}$ 是来自均值向量为 $\boldsymbol{\mu}$, 协方差为 $\boldsymbol{\Sigma}$ (正定阵) 的总体 G 中的 p 维样本, 则总体 G 内 $\boldsymbol{X}$ 与 $\boldsymbol{Y}$ **两点之间的马氏距离**定义为

$$D^2(\boldsymbol{X},\boldsymbol{Y})=(\boldsymbol{X}-\boldsymbol{Y})'\boldsymbol{\Sigma}^{-1}(\boldsymbol{X}-\boldsymbol{Y}); \tag{5.2}$$

定义**点 $\boldsymbol{X}$ 到总体 G 的马氏距离**为

$$D^2(\boldsymbol{X},G)=(\boldsymbol{X}-\boldsymbol{\mu})'\boldsymbol{\Sigma}^{-1}(\boldsymbol{X}-\boldsymbol{\mu}). \tag{5.3}$$

这里应该注意到, 当 $\boldsymbol{\Sigma}=\boldsymbol{I}$ (单位矩阵) 时, 即为欧氏距离的情形.

二、距离判别的思想及方法

(一) 两个总体的距离判别问题

设有协方差矩阵 $\boldsymbol{\Sigma}$ 相等的两个总体 G_1 和 G_2, 其均值分别是 $\boldsymbol{\mu}_1$ 和 $\boldsymbol{\mu}_2$, 对于一个新的样品 $\boldsymbol{X}$, 要判断它来自哪个总体.

一般的想法是计算新样品 $\boldsymbol{X}$ 到两个总体的马氏距离 $D^2(\boldsymbol{X},G_1)$ 和 $D^2(\boldsymbol{X},G_2)$, 并按照如下的判别规则进行判断:

$$\begin{cases}\boldsymbol{X}\in G_1, & \text{如果 } D^2(\boldsymbol{X},G_1)\leqslant D^2(\boldsymbol{X},G_2),\\ \boldsymbol{X}\in G_2, & \text{如果 } D^2(\boldsymbol{X},G_1)> D^2(\boldsymbol{X},G_2).\end{cases} \tag{5.4}$$

这个判别规则的等价描述为: 求新样品 $\boldsymbol{X}$ 到 G_1 的距离与到 G_2 的距离之差, 如果其值为正, $\boldsymbol{X}$ 属于 G_2; 否则 $\boldsymbol{X}$ 属于 G_1. 我们考虑

$$\begin{aligned}
&D^2(\boldsymbol{X},G_1)-D^2(\boldsymbol{X},G_2)\\
=&(\boldsymbol{X}-\boldsymbol{\mu}_1)'\boldsymbol{\Sigma}^{-1}(\boldsymbol{X}-\boldsymbol{\mu}_1)-(\boldsymbol{X}-\boldsymbol{\mu}_2)'\boldsymbol{\Sigma}^{-1}(\boldsymbol{X}-\boldsymbol{\mu}_2)\\
=&\boldsymbol{X}'\boldsymbol{\Sigma}^{-1}\boldsymbol{X}-2\boldsymbol{X}'\boldsymbol{\Sigma}^{-1}\boldsymbol{\mu}_1+\boldsymbol{\mu}_1'\boldsymbol{\Sigma}^{-1}\boldsymbol{\mu}_1-(\boldsymbol{X}'\boldsymbol{\Sigma}^{-1}\boldsymbol{X}-2\boldsymbol{X}'\boldsymbol{\Sigma}^{-1}\boldsymbol{\mu}_2+\boldsymbol{\mu}_2'\boldsymbol{\Sigma}^{-1}\boldsymbol{\mu}_2)\\
=&2\boldsymbol{X}'\boldsymbol{\Sigma}^{-1}(\boldsymbol{\mu}_2-\boldsymbol{\mu}_1)+\boldsymbol{\mu}_1'\boldsymbol{\Sigma}^{-1}\boldsymbol{\mu}_1-\boldsymbol{\mu}_2'\boldsymbol{\Sigma}^{-1}\boldsymbol{\mu}_2\\
=&2\boldsymbol{X}'\boldsymbol{\Sigma}^{-1}(\boldsymbol{\mu}_2-\boldsymbol{\mu}_1)+(\boldsymbol{\mu}_1+\boldsymbol{\mu}_2)'\boldsymbol{\Sigma}^{-1}(\boldsymbol{\mu}_1-\boldsymbol{\mu}_2)\\
=&-2\left(\boldsymbol{X}-\frac{\boldsymbol{\mu}_1+\boldsymbol{\mu}_2}{2}\right)'\boldsymbol{\Sigma}^{-1}(\boldsymbol{\mu}_1-\boldsymbol{\mu}_2)\\
=&-2(\boldsymbol{X}-\overline{\boldsymbol{\mu}})'\boldsymbol{\alpha}=-2\boldsymbol{\alpha}'(\boldsymbol{X}-\overline{\boldsymbol{\mu}}),
\end{aligned}$$

其中 $\overline{\boldsymbol{\mu}}=\dfrac{1}{2}(\boldsymbol{\mu}_1+\boldsymbol{\mu}_2)$ 是两个总体均值的平均值, $\boldsymbol{\alpha}=\boldsymbol{\Sigma}^{-1}(\boldsymbol{\mu}_1-\boldsymbol{\mu}_2)$. 记

$$W(\boldsymbol{X})=\boldsymbol{\alpha}'(\boldsymbol{X}-\overline{\boldsymbol{\mu}}), \tag{5.5}$$

则判别规则 (5.4) 式可表示为

$$\begin{cases}\boldsymbol{X}\in G_1, & \text{如果 } W(\boldsymbol{X})\geqslant 0,\\ \boldsymbol{X}\in G_2, & \text{如果 } W(\boldsymbol{X})<0.\end{cases} \tag{5.6}$$

这里称 $W(\boldsymbol{X})$ 为**两总体距离判别的判别函数**, 由于它是 $\boldsymbol{X}$ 的线性函数, 故又称为**线性判别函数**, $\boldsymbol{\alpha}$ 称为**判别系数**.

在实际应用中, 总体的均值和协方差矩阵一般是未知的, 可由样本均值和样本协方差矩阵分别进行估计. 设 $\boldsymbol{X}_1^{(1)},\cdots,\boldsymbol{X}_{n_1}^{(1)}$ 是来自总体 G_1 的样本, $\boldsymbol{X}_1^{(2)},\cdots,\boldsymbol{X}_{n_2}^{(2)}$ 是来自总体 G_2 的样本, $\boldsymbol{\mu}_1$ 和 $\boldsymbol{\mu}_2$ 的一个无偏估计分别为

$$\overline{\boldsymbol{X}}^{(1)}=\frac{1}{n_1}\sum_{i=1}^{n_1}\boldsymbol{X}_i^{(1)},\quad \overline{\boldsymbol{X}}^{(2)}=\frac{1}{n_2}\sum_{i=1}^{n_2}\boldsymbol{X}_i^{(2)}.$$

$\boldsymbol{\Sigma}$ 的一个联合无偏估计为

$$\widehat{\boldsymbol{\Sigma}}=\frac{1}{n_1+n_2-2}(\boldsymbol{S}_1+\boldsymbol{S}_2),$$

这里

$$\boldsymbol{S}_\alpha=\sum_{i=1}^{n_\alpha}(\boldsymbol{X}_i^{(\alpha)}-\overline{\boldsymbol{X}}^{(\alpha)})(\boldsymbol{X}_i^{(\alpha)}-\overline{\boldsymbol{X}}^{(\alpha)})',\quad \alpha=1,2.$$

此时, 两总体距离判别的判别函数为

$$\widehat{W}(\boldsymbol{X})=\widehat{\boldsymbol{\alpha}}'(\boldsymbol{X}-\overline{\boldsymbol{X}}),$$

其中 $\overline{\boldsymbol{X}}=\frac{1}{2}(\overline{\boldsymbol{X}}^{(1)}+\overline{\boldsymbol{X}}^{(2)})$, $\widehat{\boldsymbol{\alpha}}=\widehat{\boldsymbol{\Sigma}}^{-1}(\overline{\boldsymbol{X}}^{(1)}-\overline{\boldsymbol{X}}^{(2)})$. 这样, 判别规则为

$$\begin{cases}\boldsymbol{X}\in G_1, & \text{如果 } \widehat{W}(\boldsymbol{X})\geqslant 0,\\ \boldsymbol{X}\in G_2, & \text{如果 } \widehat{W}(\boldsymbol{X})<0.\end{cases}\tag{5.7}$$

这里我们应该注意到:

(1) 当 $p=1$, G_1 和 G_2 的分布分别为 $N(\mu_1,\sigma^2)$ 和 $N(\mu_2,\sigma^2)$ 时, μ_1,μ_2,σ^2 均为已知, 且 $\mu_1<\mu_2$, 则判别系数为 $\alpha=\frac{\mu_1-\mu_2}{\sigma^2}<0$, 判别函数为

$$W(x)=\alpha(x-\overline{\mu}),$$

判别规则为

$$\begin{cases}x\in G_1, & \text{如果 } x\leqslant\overline{\mu},\\ x\in G_2, & \text{如果 } x>\overline{\mu}.\end{cases}$$

(2) 当 $\boldsymbol{\mu}_1\neq\boldsymbol{\mu}_2$, $\boldsymbol{\Sigma}_1\neq\boldsymbol{\Sigma}_2$ 时, 我们采用 (5.4) 式作为判别规则的形式. 选择判别函数为

$$\begin{aligned}W^*(\boldsymbol{X})&=D^2(\boldsymbol{X},G_1)-D^2(\boldsymbol{X},G_2)\\&=(\boldsymbol{X}-\boldsymbol{\mu}_1)'\boldsymbol{\Sigma}_1^{-1}(\boldsymbol{X}-\boldsymbol{\mu}_1)-(\boldsymbol{X}-\boldsymbol{\mu}_2)'\boldsymbol{\Sigma}_2^{-1}(\boldsymbol{X}-\boldsymbol{\mu}_2).\end{aligned}$$

它是 $\boldsymbol{X}$ 的二次函数, 相应的判别规则为

$$\begin{cases}\boldsymbol{X}\in G_1, & \text{如果 } W^*(\boldsymbol{X})\leqslant 0,\\ \boldsymbol{X}\in G_2, & \text{如果 } W^*(\boldsymbol{X})>0.\end{cases}$$

(二) 多个总体的距离判别问题

设有 k 个总体 $G_1,G_2,\cdots,G_k$, 其均值和协方差矩阵分别是 $\boldsymbol{\mu}_1,\boldsymbol{\mu}_2,\cdots,\boldsymbol{\mu}_k$ 和 $\boldsymbol{\Sigma}_1,\boldsymbol{\Sigma}_2,\cdots,\boldsymbol{\Sigma}_k$, 而且 $\boldsymbol{\Sigma}_1=\boldsymbol{\Sigma}_2=\cdots=\boldsymbol{\Sigma}_k=\boldsymbol{\Sigma}$. 对于一个新的样品 $\boldsymbol{X}$, 要判断它来自哪个总体.

该问题与两个总体的距离判别问题的解决思想一样. 计算新样品 $\boldsymbol{X}$ 到每一个总体的距离, 即

$$\begin{aligned}D^2(\boldsymbol{X},G_\alpha)&=(\boldsymbol{X}-\boldsymbol{\mu}_\alpha)'\boldsymbol{\Sigma}^{-1}(\boldsymbol{X}-\boldsymbol{\mu}_\alpha)\\&=\boldsymbol{X}'\boldsymbol{\Sigma}^{-1}\boldsymbol{X}-2\boldsymbol{\mu}_\alpha'\boldsymbol{\Sigma}^{-1}\boldsymbol{X}+\boldsymbol{\mu}_\alpha'\boldsymbol{\Sigma}^{-1}\boldsymbol{\mu}_\alpha\\&=\boldsymbol{X}'\boldsymbol{\Sigma}^{-1}\boldsymbol{X}-2(\boldsymbol{I}_\alpha'\boldsymbol{X}+C_\alpha),\end{aligned}\tag{5.8}$$

这里 $\boldsymbol{I}_\alpha=\boldsymbol{\Sigma}^{-1}\boldsymbol{\mu}_\alpha$, $C_\alpha=-\frac{1}{2}\boldsymbol{\mu}_\alpha'\boldsymbol{\Sigma}^{-1}\boldsymbol{\mu}_\alpha$, $\alpha=1,2,\cdots,k$. 由 (5.8) 式, 可以取线性判别函数为

$$W_\alpha(\boldsymbol{X})=\boldsymbol{I}_\alpha'\boldsymbol{X}+C_\alpha,\quad \alpha=1,2,\cdots,k.$$

相应的判别规则为

$$\boldsymbol{X} \in G_i, \quad \text{如果 } W_i(\boldsymbol{X}) = \max_{1 \leqslant \alpha \leqslant k} \{\boldsymbol{I}_\alpha' \boldsymbol{X} + C_\alpha\}. \tag{5.9}$$

针对实际问题，当 $\boldsymbol{\mu}_1, \boldsymbol{\mu}_2, \cdots, \boldsymbol{\mu}_k$ 和 $\boldsymbol{\Sigma}$ 均未知时，可以通过相应的样本值来替代. 设 $\boldsymbol{X}_1^{(\alpha)}, \cdots, \boldsymbol{X}_{n_\alpha}^{(\alpha)}$ 是来自总体 G_α 中的样本 $(\alpha = 1, 2, \cdots, k)$，则 $\boldsymbol{\mu}_\alpha$ $(\alpha = 1, 2, \cdots, k)$ 和 $\boldsymbol{\Sigma}$ 可估计为

$$\overline{\boldsymbol{X}}^{(\alpha)} = \frac{1}{n_\alpha} \sum_{i=1}^{n_\alpha} \boldsymbol{X}_i^{(\alpha)}, \quad \alpha = 1, 2, \cdots, k,$$

$$\widehat{\boldsymbol{\Sigma}} = \frac{1}{n-k} \sum_{\alpha=1}^{k} \boldsymbol{S}_\alpha$$

其中

$$n = n_1 + n_2 + \cdots + n_k,$$

$$\boldsymbol{S}_\alpha = \sum_{i=1}^{n_\alpha} (\boldsymbol{X}_i^{(\alpha)} - \overline{\boldsymbol{X}}^{(\alpha)})(\boldsymbol{X}_i^{(\alpha)} - \overline{\boldsymbol{X}}^{(\alpha)})', \quad \alpha = 1, 2, \cdots, k,$$

同样，我们注意到，如果总体 $G_1, G_2, \cdots, G_k$ 的协方差矩阵分别是 $\boldsymbol{\Sigma}_1, \boldsymbol{\Sigma}_2, \cdots, \boldsymbol{\Sigma}_k$，而且它们不全相等，则计算 $\boldsymbol{X}$ 到各总体的马氏距离，即

$$D^2(\boldsymbol{X}, G_\alpha) = (\boldsymbol{X} - \boldsymbol{\mu}_\alpha)' \boldsymbol{\Sigma}_\alpha^{-1} (\boldsymbol{X} - \boldsymbol{\mu}_\alpha), \quad \alpha = 1, 2, \cdots, k,$$

则判别规则为

$$\boldsymbol{X} \in G_i, \quad \text{如果 } D^2(\boldsymbol{X}, G_i) = \min_{1 \leqslant \alpha \leqslant k} \{D^2(\boldsymbol{X}, G_\alpha)\}. \tag{5.10}$$

当 $\boldsymbol{\mu}_1, \boldsymbol{\mu}_2, \cdots, \boldsymbol{\mu}_k$ 和 $\boldsymbol{\Sigma}_1, \boldsymbol{\Sigma}_2, \cdots, \boldsymbol{\Sigma}_k$ 均未知时，$\boldsymbol{\mu}_\alpha (\alpha = 1, 2, \cdots, k)$ 的估计同前，$\boldsymbol{\Sigma}_\alpha (\alpha = 1, 2, \cdots, k)$ 的估计为

$$\widehat{\boldsymbol{\Sigma}}_\alpha = \frac{1}{n_\alpha - 1} \boldsymbol{S}_\alpha, \quad \alpha = 1, 2, \cdots, k.$$

三、判别分析的实质

我们知道，判别分析就是希望利用已经测得的变量数据，找出一种判别函数，使得这一函数具有某种最优性质，能把属于不同类别的样本点尽可能地区别开来. 为了更清楚地认识判别分析的实质，以便能灵活地应用判别分析方法解决实际问题，我们有必要了解“划分”的概念.

设 $R_1, R_2, \cdots, R_k$ 是 p 维空间 $\mathbf{R}^p$ 的 k 个子集，如果它们互不相交，且它们的和集为 $\mathbf{R}^p$，则称 $R_1, R_2, \cdots, R_k$ 为 $\mathbf{R}^p$ 的一个**划分**.

在两个总体的距离判别问题中, 利用 $W(\boldsymbol{X})=\boldsymbol{\alpha}'(\boldsymbol{X}-\overline{\boldsymbol{\mu}})$ 可以得到空间 $\mathbf{R}^p$ 的一个划分:

$$\begin{cases} R_1=\{\boldsymbol{X}:W(\boldsymbol{X})\geqslant 0\}, \\ R_2=\{\boldsymbol{X}:W(\boldsymbol{X})<0\}. \end{cases} \tag{5.11}$$

新的样品 $\boldsymbol{X}$ 落入 R_1 推断 $\boldsymbol{X}\in G_1$, 落入 R_2 推断 $\boldsymbol{X}\in G_2$.

这样我们将会发现, 判别分析问题实质上就是在某种意义上, 以最优的性质对 p 维空间 $\mathbf{R}^p$ 构造一个 "划分", 这个 "划分" 就构成了一个判别规则. 这一思想将在后面的各节中体现得更加清楚.

第三节 贝叶斯判别法

从第二节看距离判别法虽然简单, 便于使用, 但是该方法也有它明显的不足之处: 第一, 判别方法与总体各自出现的概率的大小无关; 第二, 判别方法与错判之后所造成的损失无关. 贝叶斯 (Bayes) 判别法就是为了解决这些问题而提出的一种判别方法.

一、贝叶斯判别的基本思想

设有 k 个总体 $G_1,G_2,\cdots,G_k$, 其各自的分布密度函数 $f_1(\boldsymbol{x}),f_2(\boldsymbol{x}),\cdots,f_k(\boldsymbol{x})$ 互不相同. 假设 k 个总体各自出现的概率分别为 $q_1,q_2,\cdots,q_k$ (先验概率), $q_i\geqslant 0$, $\sum\limits_{i=1}^{k}q_i=1$. 并假设已知若将本来属于 G_i 总体的样品错判到总体 G_j 时造成的损失为 $C(j|i),i,j=1,2,\cdots,k$. 在这样的情形下, 对于新的样品 $\boldsymbol{X}$ 判断其来自哪个总体.

下面我们对这一问题进行分析. 首先应该清楚, 对于任意的 $i,j=1,2,\cdots,k$, 成立

$$C(i|i)=0,\quad C(j|i)\geqslant 0,\quad j\neq i.$$

设 k 个总体 $G_1,G_2,\cdots,G_k$ 相应的 p 维样本空间为 $R_1,R_2,\cdots,R_k$, 即为一个划分, 故我们可以简记一个判别规则为 $R=(R_1,R_2,\cdots,R_k)$. 从描述平均损失的角度出发, 如果原来属于总体 G_i 且分布密度函数为 $f_i(\boldsymbol{x})$ 的样品, 正好取值落入了 R_j, 我们就将会错判为属于 G_j. 故在规则 R 下, 将属于 G_i 的样品错判为 G_j 的概率为

$$P\{j|i,R\}=\int_{R_j}f_i(\boldsymbol{x})\mathrm{d}\boldsymbol{x},\quad i,j=1,2,\cdots,k,i\neq j.$$

如果实属 G_i 的样品, 错判到其他总体 $G_1,\cdots,G_{i-1},G_{i+1}\cdots,G_k$ 所造成的损失为 $C(1|i),\cdots,C(i-1|i),C(i+1|i)\cdots,C(k|i)$, 则这种判别规则 R 对总体 G_i 而言, 样品错判后所造成的平

均损失为

$$r(i,R)=\sum_{j=1}^{k}\left[C(j|i)P\{j|i,R\}\right],\quad i=1,2,\cdots,k,$$

其中 $C(i|i)=0$.

由于 k 个总体 $G_1,G_2,\cdots,G_k$ 出现的先验概率分别为 $q_1,q_2,\cdots,q_k$, 则用规则 R 来进行判别所造成的总平均损失为

$$\begin{aligned}g(R)&=\sum_{i=1}^{k}q_i r(i,R)\\&=\sum_{i=1}^{k}q_i\sum_{j=1}^{k}C(j|i)P\{j|i,R\}.\end{aligned}\tag{5.12}$$

所谓贝叶斯判别法则, 就是要选择 $R_1,R_2,\cdots,R_k$, 使得 (5.12) 式表示的总平均损失 $g(R)$ 达到极小.

二、贝叶斯判别的基本方法

设每一个总体 G_i 的分布密度函数函数为 $f_i(\boldsymbol{x}),i=1,2,\cdots,k$, 来自总体 G_i 的样品 $\boldsymbol{X}$ 被错判为来自总体 G_j $(i,j=1,2,\cdots,k)$ 时所造成的损失记为 $C(j|i)$, 并且 $C(i|i)=0$. 那么, 对于判别规则 $R=(R_1,R_2,\cdots,R_k)$ 产生的误判概率记为 $P\{j|i,R\}$, 有

$$P\{j|i,R\}=\int_{R_j}f_i(\boldsymbol{x})\mathrm{d}\boldsymbol{x}.$$

如果已知样品 $\boldsymbol{X}$ 来自总体 G_i 的先验概率为 $q_i,i=1,2,\cdots,k$, 则在规则 R 下, 由 (5.12) 式知, 误判的总平均损失为

$$\begin{aligned}g(R)&=\sum_{i=1}^{k}q_i\sum_{j=1}^{k}C(j|i)P\{j|i,R\}\\&=\sum_{i=1}^{k}q_i\sum_{j=1}^{k}C(j|i)\int_{R_j}f_i(\boldsymbol{x})\mathrm{d}\boldsymbol{x}\\&=\sum_{j=1}^{k}\int_{R_j}\left(\sum_{i=1}^{k}q_iC(j|i)f_i(\boldsymbol{x})\right)\mathrm{d}\boldsymbol{x}.\end{aligned}\tag{5.13}$$

令 $\sum_{i=1}^{k}q_iC(j|i)f_i(\boldsymbol{x})=h_j(\boldsymbol{x})$, 那么, (5.13) 式为

$$g(R)=\sum_{j=1}^{k}\int_{R_j}h_j(\boldsymbol{x})\mathrm{d}\boldsymbol{x}.$$

如果空间 $\mathbf{R}^p$ 有另一种划分 $R^* = (R_1^*, R_2^*, \cdots, R_k^*)$, 则它的总平均损失为

$$g(R^*) = \sum_{j=1}^{k} \int_{R_j^*} h_j(\boldsymbol{x}) \mathrm{d}\boldsymbol{x}.$$

那么, 在两种划分下的总平均损失之差为

$$g(R) - g(R^*) = \sum_{i=1}^{k} \sum_{j=1}^{k} \int_{R_i \cap R_j^*} \left[h_i(\boldsymbol{x}) - h_j(\boldsymbol{x})\right] \mathrm{d}\boldsymbol{x}. \tag{5.14}$$

由 R_i 的定义, 在 R_i 上 $h_i(\boldsymbol{x}) \leqslant h_j(\boldsymbol{x})$ 对一切 j 成立, 故 (5.14) 式小于或等于零, 这说明 $R_1, R_2, \cdots, R_k$ 确能使总平均损失达到极小, 它是贝叶斯判别的解.

这样, 我们以贝叶斯判别的思想得到的划分 $R = (R_1, R_2, \cdots, R_k)$ 为

$$R_i = \left\{\boldsymbol{x} \middle| h_i(\boldsymbol{x}) = \min_{1 \leqslant j \leqslant k} h_j(\boldsymbol{x})\right\}, \quad i = 1, 2, \cdots, k. \tag{5.15}$$

具体说来, 当抽取了一个未知总体的样本值 $\boldsymbol{X}$, 要判断它属于哪个总体, 只要先计算出 k 个按先验分布加权的误判平均损失

$$h_j(\boldsymbol{x}) = \sum_{i=1}^{k} q_i C(j|i) f_i(\boldsymbol{x}), \quad j = 1, 2, \cdots, k; \tag{5.16}$$

然后再比较这 k 个误判平均损失 $h_1(\boldsymbol{x}), h_2(\boldsymbol{x}), \cdots, h_k(\boldsymbol{x})$ 的大小, 选取其中最小的, 则判定样品 $\boldsymbol{X}$ 来自该总体.

这里我们看一个特殊情形, 当 $k = 2$ 时, 由 (5.16) 式得

$$h_1(\boldsymbol{x}) = q_2 C(1|2) f_2(\boldsymbol{x}),$$
$$h_2(\boldsymbol{x}) = q_1 C(2|1) f_1(\boldsymbol{x}).$$

从而

$$R_1 = \left\{\boldsymbol{x} \middle| q_2 C(1|2) f_2(\boldsymbol{x}) \leqslant q_1 C(2|1) f_1(\boldsymbol{x})\right\},$$
$$R_2 = \left\{\boldsymbol{x} \middle| q_2 C(1|2) f_2(\boldsymbol{x}) > q_1 C(2|1) f_1(\boldsymbol{x})\right\}.$$

若令

$$V(\boldsymbol{x}) = \frac{f_1(\boldsymbol{x})}{f_2(\boldsymbol{x})}, \quad d = \frac{q_2 C(1|2)}{q_1 C(2|1)},$$

则判别规则可表示为

$$\begin{cases} \boldsymbol{x} \in G_1, & \text{当 } V(\boldsymbol{x}) \geqslant d, \\ \boldsymbol{x} \in G_2, & \text{当 } V(\boldsymbol{x}) < d. \end{cases} \tag{5.17}$$

如果在此, $f_1(\boldsymbol{x})$ 与 $f_2(\boldsymbol{x})$ 分别为 $N(\boldsymbol{\mu}_1,\boldsymbol{\Sigma})$ 和 $N(\boldsymbol{\mu}_2,\boldsymbol{\Sigma})$ 的分布密度函数, 那么

$$\begin{aligned}
V(\boldsymbol{x}) &= \frac{f_1(\boldsymbol{x})}{f_2(\boldsymbol{x})}\\
&= \exp\left\{-\frac{1}{2}(\boldsymbol{x}-\boldsymbol{\mu}_1)'\boldsymbol{\Sigma}^{-1}(\boldsymbol{x}-\boldsymbol{\mu}_1)+\frac{1}{2}(\boldsymbol{x}-\boldsymbol{\mu}_2)'\boldsymbol{\Sigma}^{-1}(\boldsymbol{x}-\boldsymbol{\mu}_2)\right\}\\
&= \exp\left\{\left[\boldsymbol{x}-(\boldsymbol{\mu}_1+\boldsymbol{\mu}_2)/2\right]'\boldsymbol{\Sigma}^{-1}(\boldsymbol{\mu}_1-\boldsymbol{\mu}_2)\right\}\\
&= \exp\left\{W(\boldsymbol{x})\right\},
\end{aligned}$$

其中 $W(\boldsymbol{x})$ 由 (5.5) 式所定义. 于是, 判定样品 $\boldsymbol{X}$ 来自该总体时, 判别规则 (5.17) 成为

$$\begin{cases}\boldsymbol{X}\in G_1, & \text{如果 } W(\boldsymbol{X})\geqslant \ln d,\\ \boldsymbol{X}\in G_2, & \text{如果 } W(\boldsymbol{X})<\ln d.\end{cases}\tag{5.18}$$

对比判别规则 (5.6), 唯一的差别仅在于阈值点, (5.6) 用 0 作为阈值点, 而这里用 $\ln d$. 当 $q_1=q_2$, $C(1|2)=C(2|1)$ 时, $d=1$, $\ln d=0$, 则 (5.6) 与 (5.18) 完全一致.

第四节　费希尔判别法

费希尔 (Fisher) 判别法是 1936 年提出来的, 该方法的主要思想是通过将多维数据投影到某个方向上, 投影的原则是将总体与总体之间尽可能地放开, 然后再选择合适的判别规则, 将新的样品进行分类判别.

一、费希尔判别的基本思想

从 k 个总体中抽取具有 p 个指标的样品观测数据, 借助方差分析的思想构造一个线性判别函数

$$U(\boldsymbol{X})=u_1X_1+u_2X_2+\cdots+u_pX_p=\boldsymbol{u}'\boldsymbol{X},\tag{5.19}$$

其中系数 $\boldsymbol{u}=(u_1,u_2,\cdots,u_p)'$ 确定的原则是使得总体之间区别最大, 而使每个总体内部的离差最小. 有了线性判别函数后, 对于一个新的样品, 将它的 p 个指标值代入线性判别函数 (5.19) 式中求出 $U(\boldsymbol{X})$ 值, 然后根据判别规则, 就可以判别新的样品属于哪个总体.

二、费希尔判别函数的构造

(一) 针对两个总体的情形

假设有两个总体 G_1,G_2, 其均值分别为 $\boldsymbol{\mu}_1$ 和 $\boldsymbol{\mu}_2$, 协方差矩阵为 $\boldsymbol{\Sigma}_1$ 和 $\boldsymbol{\Sigma}_2$. 当 $\boldsymbol{X}\in G_i$ 时, 我们可以求出 $\boldsymbol{u}'\boldsymbol{X}$ 的均值和方差, 即

$$\begin{aligned}
\mathrm{E}(\boldsymbol{u}'\boldsymbol{X})&=\mathrm{E}(\boldsymbol{u}'\boldsymbol{X}|G_i)=\boldsymbol{u}'\mathrm{E}(\boldsymbol{X}|G_i)=\boldsymbol{u}'\boldsymbol{\mu}_i\triangleq\overline{\mu}_i,\quad i=1,2;\\
\mathrm{Var}(\boldsymbol{u}'\boldsymbol{X})&=\mathrm{D}(\boldsymbol{u}'\boldsymbol{X}|G_i)=\boldsymbol{u}'\mathrm{D}(\boldsymbol{X}|G_i)\boldsymbol{u}=\boldsymbol{u}'\boldsymbol{\Sigma}_i\boldsymbol{u}\triangleq\sigma_i^2,\quad i=1,2.
\end{aligned}$$

在求线性判别函数时, 尽量使得总体之间差异大, 也就是要求 $\boldsymbol{u}'\boldsymbol{\mu}_1 - \boldsymbol{u}'\boldsymbol{\mu}_2$ 尽可能地大, 即 $\overline{\mu}_1 - \overline{\mu}_2$ 变大; 同时要求每一个总体内的离差平方和最小, 即 $\sigma_1^2 + \sigma_2^2$, 则我们可以建立一个目标函数

$$\Phi(\boldsymbol{u}) = \frac{\overline{\mu}_1 - \overline{\mu}_2}{\sigma_1^2 + \sigma_2^2}. \tag{5.20}$$

这样, 我们就将问题转化为, 寻找 $\boldsymbol{u}$ 使得目标函数 $\Phi(\boldsymbol{u})$ 达到最大. 从而可以构造出所要求的线性判别函数.

(二) 针对多个总体的情形

假设有 k 个总体 $G_1, G_2, \cdots, G_k$, 其均值和协方差矩阵分别为 $\boldsymbol{\mu}_i$ 和 $\boldsymbol{\Sigma}_i$ (正定阵), $i = 1, 2, \cdots, k$. 同样, 我们考虑线性判别函数 $\boldsymbol{u}'\boldsymbol{X}$, 在 $\boldsymbol{X} \in G_i$ 的条件下, 有

$$\begin{aligned}
\mathrm{E}(\boldsymbol{u}'\boldsymbol{X}) &= \mathrm{E}(\boldsymbol{u}'\boldsymbol{X}|G_i) = \boldsymbol{u}'\mathrm{E}(\boldsymbol{X}|G_i) = \boldsymbol{u}'\boldsymbol{\mu}_i, \quad i = 1, 2, \cdots, k, \\
\mathrm{Var}(\boldsymbol{u}'\boldsymbol{X}) &= \mathrm{D}(\boldsymbol{u}'\boldsymbol{X}|G_i) = \boldsymbol{u}'\mathrm{D}(\boldsymbol{X}|G_i)\boldsymbol{u} = \boldsymbol{u}'\boldsymbol{\Sigma}_i\boldsymbol{u}, \quad i = 1, 2, \cdots, k.
\end{aligned}$$

令

$$b = \sum_{i=1}^{k} (\boldsymbol{u}'\boldsymbol{\mu}_i - \boldsymbol{u}'\overline{\boldsymbol{\mu}})^2,$$

$$e = \sum_{i=1}^{k} \boldsymbol{u}'\boldsymbol{\Sigma}_i\boldsymbol{u} = \boldsymbol{u}'\left(\sum_{i=1}^{k} \boldsymbol{\Sigma}_i\right)\boldsymbol{u} = \boldsymbol{u}'\boldsymbol{E}\boldsymbol{u},$$

其中 $\overline{\boldsymbol{\mu}} = \dfrac{1}{k}\sum_{i=1}^{k} \boldsymbol{\mu}_i$, $\boldsymbol{E} = \sum_{i=1}^{k} \boldsymbol{\Sigma}_i$. 这里 b 相当于一元方差分析中的组间差, e 相当于组内差, 应用方差分析的思想, 选择 $\boldsymbol{u}$ 使得目标函数

$$\Phi(\boldsymbol{u}) = \frac{b}{e} \tag{5.21}$$

达到极大.

这里我们应该说明的是, 如果我们得到线性判别函数 $\boldsymbol{u}'\boldsymbol{X}$, 对于一个新的样品 $\boldsymbol{X}$ 可以这样构造一个判别规则, 如果

$$|\boldsymbol{u}'\boldsymbol{X} - \boldsymbol{u}'\boldsymbol{\mu}_j| = \min_{1 \leqslant i \leqslant k} \{|\boldsymbol{u}'\boldsymbol{X} - \boldsymbol{u}'\boldsymbol{\mu}_i|\}, \tag{5.22}$$

则判定 $\boldsymbol{X}$ 来自总体 G_j.

三、线性判别函数的求法

针对多个总体的情形, 我们讨论使目标函数 (5.21) 式达到极大的求法. 设 $\boldsymbol{X}$ 为 p 维空间的样品, 那么

$$\overline{\boldsymbol{\mu}}=\frac{1}{k}\sum_{i=1}^{k}\boldsymbol{\mu}_i=\frac{1}{k}\boldsymbol{M}'\boldsymbol{1},$$

其中

$$\boldsymbol{M}=\begin{bmatrix}\mu_{11} & \mu_{21} & \cdots & \mu_{p1}\\ \mu_{12} & \mu_{22} & \cdots & \mu_{p1}\\ \vdots & \vdots & & \vdots\\ \mu_{1k} & \mu_{1k} & \cdots & \mu_{pk}\end{bmatrix}=\begin{bmatrix}\boldsymbol{\mu}_1'\\ \boldsymbol{\mu}_2'\\ \vdots\\ \boldsymbol{\mu}_k'\end{bmatrix},\quad \boldsymbol{1}=\begin{bmatrix}1\\1\\ \vdots\\1\end{bmatrix}.$$

注意到,

$$\boldsymbol{M}'\boldsymbol{M}=\begin{pmatrix}\boldsymbol{\mu}_1 & \boldsymbol{\mu}_2 & \cdots & \boldsymbol{\mu}_k\end{pmatrix}\begin{bmatrix}\boldsymbol{\mu}_1'\\ \boldsymbol{\mu}_2'\\ \vdots\\ \boldsymbol{\mu}_k'\end{bmatrix}=\sum_{i=1}^{k}\boldsymbol{\mu}_i\boldsymbol{\mu}_i'.$$

从而

$$\begin{aligned}b&=\sum_{i=1}^{k}(\boldsymbol{u}'\boldsymbol{\mu}_i-\boldsymbol{u}'\overline{\boldsymbol{\mu}})^2=\boldsymbol{u}'\sum_{i=1}^{k}(\boldsymbol{\mu}_i-\overline{\boldsymbol{\mu}})(\boldsymbol{\mu}_i-\overline{\boldsymbol{\mu}})'\boldsymbol{u}\\&=\boldsymbol{u}'\left(\sum_{i=1}^{k}\boldsymbol{\mu}_i\boldsymbol{\mu}_i'-k\overline{\boldsymbol{\mu}}\,\overline{\boldsymbol{\mu}}'\right)\boldsymbol{u}=\boldsymbol{u}'\left(\boldsymbol{M}'\boldsymbol{M}-\frac{1}{k}\boldsymbol{M}'\boldsymbol{1}\boldsymbol{1}'\boldsymbol{M}\right)\boldsymbol{u}\\&=\boldsymbol{u}'\boldsymbol{M}'(\boldsymbol{I}-\frac{1}{k}\boldsymbol{J})\boldsymbol{M}\boldsymbol{u}=\boldsymbol{u}'\boldsymbol{B}\boldsymbol{u},\end{aligned}$$

其中, $\boldsymbol{B}=\boldsymbol{M}'\left(\boldsymbol{I}-\frac{1}{k}\boldsymbol{J}\right)\boldsymbol{M}$, $\boldsymbol{I}_{p\times p}$ 为单位阵, $\boldsymbol{J}_{p\times p}=\begin{bmatrix}1 & \cdots & 1\\ & \ddots & \\ 1 & \cdots & 1\end{bmatrix}$. 即有

$$\Phi(\boldsymbol{u})=\frac{\boldsymbol{u}'\boldsymbol{B}\boldsymbol{u}}{\boldsymbol{u}'\boldsymbol{E}\boldsymbol{u}},\tag{5.23}$$

求使得 (5.23) 式达到极大的 $\boldsymbol{u}$.

为了确保解的唯一性, 不妨设 $\boldsymbol{u}'\boldsymbol{E}\boldsymbol{u}=1$, 这样问题转化为, 在 $\boldsymbol{u}'\boldsymbol{E}\boldsymbol{u}=1$ 的条件下, 求 $\boldsymbol{u}$ 使得 $\boldsymbol{u}'\boldsymbol{B}\boldsymbol{u}$ 式达到极大.

考虑目标函数

$$\varphi(\boldsymbol{u})=\boldsymbol{u}'\boldsymbol{B}\boldsymbol{u}-\lambda(\boldsymbol{u}'\boldsymbol{E}\boldsymbol{u}-1).\tag{5.24}$$

对 (5.24) 式求导并取零值, 有

$$\begin{cases} \dfrac{\partial \varphi}{\partial \boldsymbol{u}} = 2(\boldsymbol{B} - \lambda \boldsymbol{E})\boldsymbol{u} = 0, & (5.25) \\ \dfrac{\partial \varphi}{\partial \lambda} = \boldsymbol{u}'\boldsymbol{E}\boldsymbol{u} - 1 = 0. & (5.26) \end{cases}$$

对 (5.25) 式两边同乘 $\boldsymbol{u}'$, 有

$$\boldsymbol{u}'\boldsymbol{B}\boldsymbol{u} = \lambda \boldsymbol{u}'\boldsymbol{E}\boldsymbol{u} = \lambda.$$

从而, $\boldsymbol{u}'\boldsymbol{B}\boldsymbol{u}$ 的极大值为 λ. 再用 $\boldsymbol{E}^{-1}$ 左乘 (5.25) 式, 有

$$(\boldsymbol{E}^{-1}\boldsymbol{B} - \lambda \boldsymbol{I})\boldsymbol{u} = \boldsymbol{0}. \tag{5.27}$$

由 (5.27) 式说明, λ 为 $\boldsymbol{E}^{-1}\boldsymbol{B}$ 特征值, $\boldsymbol{u}$ 为 $\boldsymbol{E}^{-1}\boldsymbol{B}$ 的特征向量. 在此, 最大特征值所对应的特征向量 $\boldsymbol{u} = (u_1, u_2, \cdots, u_p)'$ 为我们所求的结果.

这里值得注意的是, 本书有几处利用极值原理求极值时, 只给出了必要条件的数学推导, 而有关充分条件的论证省略了. 因为在实际问题中, 往往根据问题本身的性质就能确定有最大值 (或最小值), 如果所求的驻点只有一个, 这时就不需要根据极值存在的充分条件判定它是极大还是极小, 而就能确定这唯一的驻点就是所求的最大值 (或最小值). 为了避免用较多的数学知识或数学上的推导, 这里不追求数学上的完整性.

在解决实际问题时, 当总体参数未知, 需要通过样本来估计, 我们仅对 $k = 2$ 的情形加以说明. 设样本分别为 $\boldsymbol{X}_1^{(1)}, \boldsymbol{X}_2^{(1)}, \cdots, \boldsymbol{X}_{n_1}^{(1)}$ 和 $\boldsymbol{X}_1^{(2)}, \boldsymbol{X}_2^{(2)}, \cdots, \boldsymbol{X}_{n_2}^{(2)}$, 则

$$\begin{aligned} \overline{\boldsymbol{X}} &= \frac{n_1 \overline{\boldsymbol{X}}^{(1)} + n_2 \overline{\boldsymbol{X}}^{(2)}}{n_1 + n_2}, \\ \overline{\boldsymbol{X}}^{(1)} - \overline{\boldsymbol{X}} &= \frac{n_2}{n_1 + n_2}(\overline{\boldsymbol{X}}^{(1)} - \overline{\boldsymbol{X}}^{(2)}), \\ \overline{\boldsymbol{X}}^{(2)} - \overline{\boldsymbol{X}} &= \frac{n_1}{n_1 + n_2}(\overline{\boldsymbol{X}}^{(2)} - \overline{\boldsymbol{X}}^{(1)}). \end{aligned}$$

那么,

$$\begin{aligned} \widehat{\boldsymbol{B}} &= n_1(\overline{\boldsymbol{X}}^{(1)} - \overline{\boldsymbol{X}})(\overline{\boldsymbol{X}}^{(1)} - \overline{\boldsymbol{X}})' + n_2(\overline{\boldsymbol{X}}^{(2)} - \overline{\boldsymbol{X}})(\overline{\boldsymbol{X}}^{(2)} - \overline{\boldsymbol{X}})' \\ &= \frac{n_1 n_2}{n_1 + n_2}(\overline{\boldsymbol{X}}^{(1)} - \overline{\boldsymbol{X}}^{(2)})(\overline{\boldsymbol{X}}^{(1)} - \overline{\boldsymbol{X}}^{(2)})'. \end{aligned}$$

当 $\boldsymbol{\mu}_1, \boldsymbol{\mu}_2, \cdots, \boldsymbol{\mu}_k$ 和 $\boldsymbol{\Sigma}_1, \boldsymbol{\Sigma}_2, \cdots, \boldsymbol{\Sigma}_k$ 均未知时, $\boldsymbol{\mu}_\alpha (\alpha = 1, 2, \cdots, k)$ 的估计同前, $\boldsymbol{\Sigma}_\alpha (\alpha = 1, 2, \cdots, k)$ 的估计为

$$\widehat{\boldsymbol{\Sigma}}_\alpha = \frac{1}{n_\alpha - 1}\boldsymbol{S}_\alpha, \quad \alpha = 1, 2, \cdots, k.$$

第五节 实例分析

中国是钾盐资源严重缺乏的国家. 在发现罗布泊钾盐矿床以前, 我国钾盐资源保有储量 4.57 亿吨, 仅占世界储量的 2.6%. 全国共有可经济利用的矿床 13 个, 保有储量仅 1.64 亿吨 (KCL) . 钾资源的匮乏, 导致产业发展滞后, 且长期依靠进口, 对外依存度高. 通过对以下云南某地区盐矿进行判别分析, 根据该地区盐矿种类的历史数据建立判别函数, 由此只需测出矿石的各种成分含量, 即可判别属于钠盐还是钾盐, 从而对我国勘探钾盐资源提供有价值的线索. X_1, X_2, X_3, X_4 四个指标分别代表矿石的各种成分, 原始数据如表 5.1 所示.

表 5.1 矿石的四种成分 (单位: %)

序号	X_1	X_2	X_3	X_4	判别
1	13.58	2.79	7.8	49.6	1
2	22.31	4.67	12.31	47.8	1
3	28.82	4.63	16.18	62.15	1
4	15.29	3.54	7.58	43.2	1
5	28.29	4.9	16.12	58.7	1
6	2.18	1.06	1.22	20.6	2
7	3.85	0.8	4.06	47.1	2
8	11.4	0	3.5	0	2
9	3.66	2.42	2.14	15.1	2
10	12.1	0	5.68	0	2
11	8.85	3.38	5.17	26.1	待判
12	28.6	2.4	1.2	127	待判
13	20.7	6.7	7.6	30.8	待判
14	7.9	2.4	4.3	33.2	待判
15	3.19	3.2	1.43	9.9	待判
16	12.4	5.1	4.48	24.6	待判

(一) 操作步骤

(1) 点击 Analyze→Classify→Discriminant, 进入 Discriminant 主对话框 (图 5.1).

① Grouping Variable 为表明已知的样品所属类别的变量列表框. 这里, 将 "类别" 变量放置于此. Define Range 用于确定分类变量的数值范围, 本例 "类别" 变量的最小值为 1, 最大值为 2.

② Independents 为表明观测量特征的变量列表框. 本例将 X_1, X_2, X_3 和 X_4 四个变量放置于此.

③ Enter independents together 表示所有自变量都能对观测量的特性提供丰富的信息, 且彼此独立时选择该项, 此时使用所有自变量进行判别分析, 建立全模型. Use stepwise method 表示按照判别变量贡献的大小使用逐步方法选择自变量. 选择此项时, Method 按钮被激活, 可以进一步选择判别分析方法.

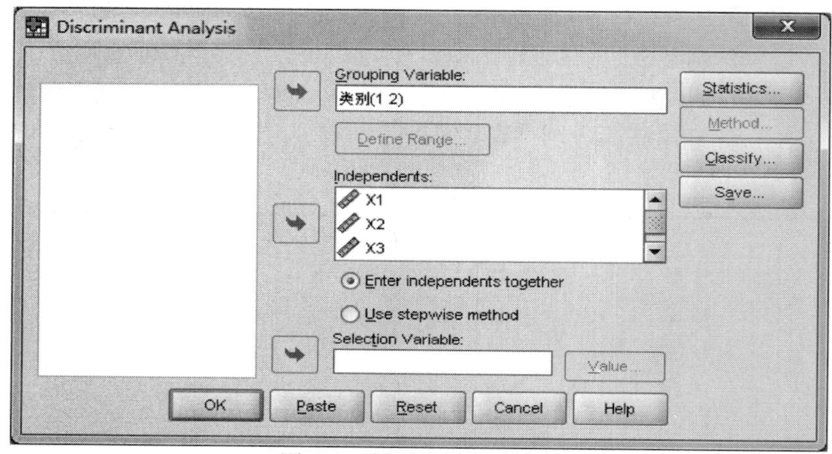

图 5.1 判别分析主对话框

(2) 点击主对话框 Statistics 选项, 用于选择要输出的描述统计量、函数系数及矩阵 (图 5.2).

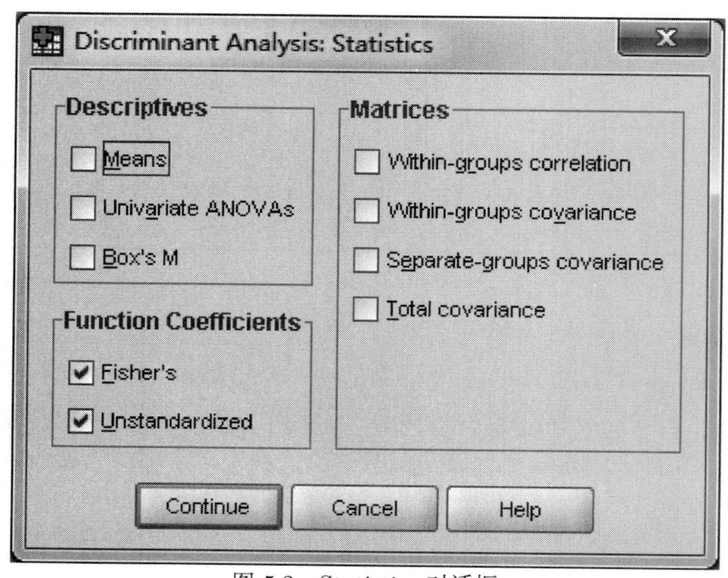

图 5.2 Statistics 对话框

① Descriptives 子选项用于设定要输出的描述统计量. 其中, Means 表示输出各类各自变量均值、标准差, 各自变量总样本的均值和标准差; Univariate ANVOAs 表示对各类中同一变量均值都相等的假设进行检验, 输出单变量的方差分析结果; Box's M 表示对各类的协方差矩阵相等的假设进行检验.

② Function Coefficients 子选项用于设定判别函数系数的输出形式. 其中, Fisher's 表示输出可以直接用于对新样本进行判别分类的 Fisher's 系数 (即为贝叶斯判别函数, 并不是费希尔判别方法的判别函数, 只因该判别思想是由费希尔提出, 请读者注意辨别), 对每一类给出一组系数, 并给出该组中判别分数最大的观测量. Unstandardized (SPSS 默认标准化) 输出未标准化的费希尔判别方法的判别函数.

③ Matrices 子选项用于设定要输出的自变量的系数矩阵. 其中, Within-groups correlation 表示输出类内相关矩阵; Within-groups covariance 表示计算并显示合并类内协方差矩阵; Separate-groups covariance 表示输出显示一个协方差矩阵; Total covariance 表示计算并显示总样本的协方差矩阵.

如图 5.2 所示, 选中所需选项后, 点击 Continue 回到主对话框.

(3) 点击主对话框 Classify 选项 (图 5.1), 用于设置分类参数和判别结果 (图 5.3).

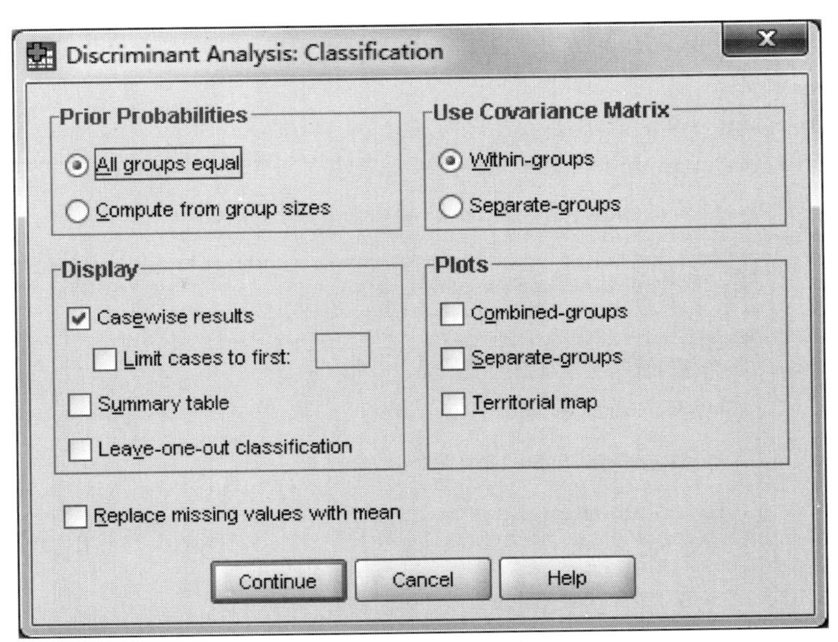

图 5.3 Classify 对话框

① Prior Probabilities 子选项用于设定两种先验概率, 其中, All groups equal 表示各类先验概率相等; Compute from group sizes 表示各类的先验概率与各类的样本量成正比.

② Use Covariance Matrix 子选项用于设定分类使用的协方差矩阵. 其中, Within-groups 表示指定使用合并组内协方差矩阵进行分类; Separate-groups 表示使用各组协方差矩阵进行分析.

③ Display 子选项用于设定生成到输出窗口的分类结果. 其中, Casewise results 表示对每个观测量输出判别分数、实际类、预测类、后验概率等; Summary table 表示输出分类小结, 给出正确分类样品数、错分样品数和错分率; Leave-one-out classification 表示输出每个样品进行分类的结果, 也称为交互校验结果.

④ Plots 子选项用于设定输出的统计图. 其中, Combined-groups 表示生成包括各类的散点图, 该散点图是根据前两个判别函数值作的散点图; Separate-groups 表示根据前两个判别函数数值对每一类生成一张散点图, 共分为几类就生成几张散点图; Territorial map 表示根据函数值生成把样品分到各类中去的区域图.

⑤ Replace missing values with mean 表示对缺失值的处理方式, 即用该变量的均值代替缺失值.

如图 5.3 所示, 选中所需选项后, 点击 Continue 回到主对话框.

(4) 点击主对话框 Save 选项 (图 5.1), 用于指定生成并保存在数据文件中的新变量 (图 5.4).

① Predicted group membership 表示要求建立新变量, 根据判别分数, 按照后验概率最大指派所属的类别.

② Discriminant scores 表示建立表明判别分数的新变量;

③ Probabilities of group membership 表示要求建立新变量, 表明样品属于某一类的概率.

如图 5.4 所示, 选中所需选项后, 点击 Continue 回到主对话框.

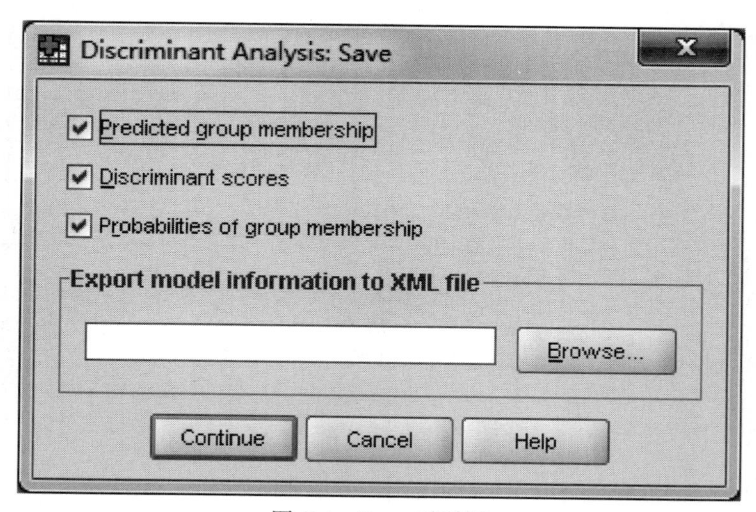

图 5.4 Save 对话框

(5) 点击主对话框 OK 按钮 (图 5.1), 运行判别分析程序.

(二) 输出结果

(1) 表 5.2 为未标准化的典型判别函数系数 (canonical discriminant fuction coefficients), 即费希尔判别函数系数. 可以将样品观测值直接代入该函数以求出判别得分. 本例费希尔判别函数为

$$Y_1 = -5.929 + 0.749X_1 + 0.678X_2 - 1.350X_3 + 0.116.$$

表 5.2 费希尔判别函数系数

	函数
	1
X_1	.749
X_2	.678
X_3	–1.350
X_4	.116
(常数)	–5.929

Unstandardized coefficients

(2) 表 5.3 为类重心处的费希尔判别函数值 (functions at group centroids).

表 5.3 类重心的费希尔判别函数值

类别	函数
	1
1	2.940
2	–2.940

Unstandardized canonical discriminant functions evaluated at group means

(3) 表 5.4 为贝叶斯判别函数系数 (classification function coefficients). 这里是将各样本的变量值代入贝叶斯各类别判别函数中, 按判别函数值最大的一组进行归类.

表 5.4 贝叶斯判别函数系数

	类别	
	1	2
X_1	7.246	2.843
X_2	5.259	1.272
X_3	–13.139	–5.205
X_4	1.126	.446
(常数)	–40.579	–5.720

Fisher's Linear discriminant functions

由表 5.4 可知, 两类贝叶斯判别函数分别为

$$F_1 = -40.579 + 7.246X_1 + 5.259X_2 - 13.139X_3 + 1.126X_4,$$
$$F_2 = -5.720 + 2.843X_1 + 1.272X_2 - 5.205X_3 + 0.445X_4.$$

(4) 表 5.5 为按照案例顺序的统计 (casewise statistics) 表, 给出了样品判别结果. 该表各列的内容分别为: 实际所属类别 (actual group), 预测所属类别 (predicted group), 贝叶斯判别第一大后验概率, 与预测所属类别的重心的马氏距离, 以及费希尔判别得分 (function 1). 从表 5.5 可以得出: 6 个待测样本分别属于第 2 类、第 1 类、第 1 类、第 2 类、第 2 类、第 1 类.

表 5.5　按照案例顺序的统计表

Gase Number	Actual Group	Highest Group					Second Highest Group			Discriminant Scores
		Pradicted Group	$P\{D>d\mid G=g\}$		$P\{G=q\mid D=d\}$	Squared Mahalanobis Distance to Centroid	Group	$P\{G=q\mid D=d\}$	Squared Mahalanobis Distance to Centroid	Function 1
			p	df						
Original 1	1	1	.112	1	1.000	2.521	2	.000	18.419	1.352
2	1	1	.944	1	1.000	.005	2	.000	33.743	2.869
3	1	1	.224	1	1.000	1.481	2	.000	50.360	4.157
4	1	1	.808	1	1.000	.059	2	.000	31.767	2.697
5	1	1	.494	1	1.000	.469	2	.000	43.086	3.624
6	2	2	.919	1	1.000	.010	1	.000	33.378	–2.838
7	2	2	.679	1	1.000	.171	1	.000	29.873	–2.526
8	2	2	.410	1	1.000	.679	1	.000	25.558	–2.116
9	2	2	.800	1	1.000	.064	1	.000	31.648	–2.686
10	2	2	.111	1	1.000	2.540	1	.000	55.850	–4.534
11	ungrouped	2	.048	1	.997	3.907	1	.003	15.233	–.963
12	ungrouped	1	.000	1	1.000	743.619	2	.000	1098.847	30.209
13	ungrouped	1	.000	1	1.000	20.134	2	.000	107.467	7.427
14	ungrouped	2	.009	1	.882	6.746	1	.118	10.773	–.342
15	ungrouped	2	432	1	1.000	.619	1	.000	25.938	–2.153
16	ungrouped	1	.497	1	1.000	.461	2	.000	43.016	3.619

(5) 最后, 由于在 Save 选项中选择了生成表示判别结果的新变量, 所以在 SPSS 的数据编辑窗口可以观察到产生的新变量, 其中变量 dis-1 存放判别样品所属组别的数值, dis-1-1 表示样品各变量值代入判别函数所得的判别得分, dis-1-2 和 dis-2-2 分别表示样品属于第一组、第二组的贝叶斯后验概率.

思考与练习

5.1 简述距离判别法的基本思想和方法.

5.2 试述判别分析的实质.

5.3 简述欧氏距离与马氏距离的区别和联系.

5.4 简述贝叶斯判别法的基本思想和方法.

5.5 简述费希尔判别法的基本思想和方法.

5.6 试分析距离判别法、贝叶斯判别法和费希尔判别法的异同.

5.7 设有两个二元总体 G_1 和 G_2, 从中分别抽取样本计算得到

$$\overline{\boldsymbol{x}}^{(1)}=\begin{bmatrix}5\\1\end{bmatrix},\quad \overline{\boldsymbol{x}}^{(2)}=\begin{bmatrix}3\\-2\end{bmatrix},\quad \boldsymbol{S}_p=\begin{bmatrix}5.8&2.1\\2.1&7.6\end{bmatrix}.$$

假设 $\boldsymbol{\Sigma}_1=\boldsymbol{\Sigma}_2$, 试用距离判别法建立判别函数和判别规则, 样品 $\boldsymbol{x}=(6,0)'$ 应属于哪个总体?

5.8 设有两个正态总体 G_1 和 G_2, 已知 $(m=2)$

$$\boldsymbol{\mu}^{(1)}=\begin{bmatrix}10\\15\end{bmatrix},\quad \boldsymbol{\mu}^{(2)}=\begin{bmatrix}20\\25\end{bmatrix},$$

$$\boldsymbol{\Sigma}_1=\begin{bmatrix}18&12\\12&32\end{bmatrix},\quad \boldsymbol{\Sigma}_2=\begin{bmatrix}20&12\\-7&5\end{bmatrix},$$

先验概率 $q_1=q_2$, 而 $L(2|1)=10, L(1|2)=75$. 试问样品

$$\boldsymbol{X}_{(1)}=\begin{bmatrix}20\\20\end{bmatrix}\quad 及\quad \boldsymbol{X}_{(2)}=\begin{bmatrix}15\\20\end{bmatrix}$$

各应判归哪一类?

(1) 按费希尔判别准则;

(2) 按贝叶斯判别准则 $\left(假定\ \boldsymbol{\Sigma}=\boldsymbol{\Sigma}_1=\begin{bmatrix}18&12\\12&32\end{bmatrix}\right)$;

(3) 已知样品假定 $\boldsymbol{x}=(20,20)'$, 试计算后验概率假定 $P\{G_i|x\}, i=1,2$.

5.9 某超市经销 10 种品牌的饮料, 其中有 4 种畅销, 3 种滞销, 3 种平销. 下表是这 10 种品牌饮料的销售价格 (元) 和顾客对各种饮料的口味评分、信任度评分的平均数.

销售情况	产品序号	销售价格	口味评分	信任度评分
畅销	1	2.2	5	8
	2	2.5	6	7
	3	3.0	3	9
	4	3.2	8	6
平销	5	2.8	7	6
	6	3.5	8	7
	7	4.8	9	8
滞销	8	1.7	3	4
	9	2.2	4	2
	10	2.7	4	3

(1) 根据数据建立贝叶斯判别函数, 并根据此判别函数对原样本进行回判.

(2) 现有一新品牌的饮料在该超市试销, 其销售价格为 3.0 元, 顾客对其口味的评分平均为 8, 信任评分平均为 5, 试预测该饮料的销售情况.

5.10 银行的贷款部门需要判别每个客户的信用好坏 (是否未履行还贷责任), 以决定是否给予贷款. 银行可以根据贷款申请人的年龄 (X_1)、受教育程度 (X_2)、现在所从事工作的年数 (X_3)、未变更住址的年数 (X_4)、收入 (X_5)、负债收入比例 (X_6)、信用卡债务 (X_7)、其他债务 (X_8) 等来判断其信用情况. 下表是从某银行的客户资料中抽取的部分数据, 试回答:

(1) 根据样本资料分别用距离判别法、贝叶斯判别法和费希尔判别法建立判别函数和判别规则.

(2) 某客户的如上情况资料为 (53, 1, 9, 18, 50, 11.20, 2.02, 3.58), 对其进行信用好坏的判别.

目前信用好坏	客户序号	X_1	X_2	X_3	X_4	X_5	X_6	X_7	X_8
已履行还贷责任	1	23	1	7	2	31	6.60	0.34	1.71
	2	34	1	17	3	59	8.00	1.81	2.91
	3	42	2	7	23	41	4.60	0.94	.94
	4	39	1	19	5	48	13.10	1.93	4.36
	5	35	1	9	1	34	5.00	0.40	1.30
未履行还贷责任	6	37	1	1	3	24	15.10	1.80	1.82
	7	29	1	13	1	42	7.40	1.46	1.65
	8	32	2	11	6	75	23.30	7.76	9.72
	9	28	2	2	3	23	6.40	0.19	1.29
	10	26	1	4	3	27	10.50	2.47	.36

5.11 从胃癌患者、萎缩性胃炎患者和非胃炎患者中分别抽取 5 个病人进行 4 项生化指标的化验: 血清铜蛋白 (X_1)、蓝色反应 (X_2)、尿吲哚乙酸 (X_3) 和中性硫化物 (X_4), 数据见下表. 试用距离判别法建立判别函数, 并根据此判别函数对原样本进行回判.

类别	病人序号	X_1	X_2	X_3	X_4
胃癌患者	1	228	134	20	11
	2	245	134	10	40
	3	200	167	12	27
	4	170	150	7	8
	5	100	167	20	14
胃炎患者萎缩性	6	225	125	7	14
	7	130	100	6	12
	8	150	117	7	6
	9	120	133	10	26
	10	160	100	5	10
非胃炎患者	11	185	115	5	19
	12	170	125	6	4
	13	165	142	5	3
	14	135	108	2	12
	15	100	117	7	2

5.12 某气象站预报某地区有无春旱的观测资料中, X_1 与 X_2 是与气象有关的综合预报因子. 数据包括发生春旱的 6 个年份的 X_1, X_2 观测值和无春旱的 8 个年份的相应观测值, 如下表. 试建立距离判别函数并估计误判率.

G_1: 春旱			G_2: 无春旱		
序号	X_1	X_2	序号	X_1	X_2
1	24.8	-2.0	1	22.1	-0.7
2	24.1	–2.4	2	21.6	–1.4
3	26.6	–3.0	3	22.0	–0.8
4	23.5	–1.9	4	22.8	–1.6
5	25.5	–2.1	5	22.7	–1.5
6	27.4	–3.1	6	21.5	–1.0
			7	22.1	–1.2
			8	21.4	–1.3

5.13 各地区历年电力消费量 (亿千瓦小时) 见下表, 分为 3 类, 总体分别用 "1" "2" "3" 表示, 变量的含义是:

X_1—2000 年电力消费量, X_2—2000 年电力消费量,

X_3—2000 年电力消费量, X_4—2000 年电力消费量,

X_5—2000 年电力消费量, X_6—2000 年电力消费量.

序号	地区	类型	X_1	X_2	X_3	X_4	X_5	X_6
1	北京	2	384.43	439.96	467.61	513.18	570.54	611.57
2	天津	2	234.05	274.39	305.64	340.04	384.84	433.65
3	河北	3	809.34	965.83	1099.0	1291.40	1501.92	1734.83
4	山西	3	501.99	628.82	725.20	833.01	946.33	1097.68
5	内蒙古	2	320.43	416.44	530.43	667.72	884.91	884.91
6	辽宁	3	748.89	809.45	907.91	1019.78	1110.56	1228.27
7	吉林	2	291.37	306.29	338.70	371.79	378.23	412.46
8	黑龙江	2	468.45	493.37	525.47	555.85	597.05	597.05
9	上海	3	559.45	645.71	745.97	821.44	921.97	990.15
10	江苏	1	971.34	1245.14	1505.1	1820.09	2193.45	2569.75
11	浙江	3	738.05	1010.72	1232.5	1383.69	1642.31	1909.23
12	安徽	2	338.93	389.94	445.42	515.69	582.16	662.18
13	福建	2	401.51	496.83	585.74	664.36	756.59	866.84
14	江西	2	208.15	246.57	299.53	335.54	391.98	446.20
15	山东	1	1000.71	1241.74	1395.7	1639.92	1911.61	2272.07
16	河南	3	718.52	916.25	1041.8	1191.03	1352.74	1523.50
17	湖北	2	503.02	561.96	629.20	700.21	788.91	876.76
18	湖南	2	406.12	477.49	545.83	616.80	674.43	768.77
19	广东	1	1334.58	1687.83	2031.2	2387.14	2673.56	3004.03
20	广西	2	314.44	356.95	415.83	456.86	510.15	579.46
21	海南	2	38.37	49.00	56.62	67.01	81.61	97.68
22	重庆	2	307.61	248.01	269.26	302.58	347.68	405.20
23	四川	3	521.23	660.51	759.80	857.02	942.59	1059.44
24	贵州	2	287.78	366.63	399.57	458.69	486.97	581.98
25	云南	2	273.58	353.20	370.31	454.51	557.25	645.61
26	陕西	2	292.76	355.97	404.11	477.03	516.43	580.73
27	甘肃	2	295.33	339.66	398.34	451.74	489.48	536.33
28	青海	待定	109.10	125.51	150.16	189.76	206.58	244.41
29	宁夏	待定	136.17	178.76	212.12	270.01	302.88	377.85
30	新疆	待定	182.98	214.80	236.10	266.41	310.14	356.20

5.14 某商学院在招收研究生时, 以学生在大学期间的平均学分 (GPA) X_1 与管理能力考试 (GMAT) 成绩 X_2 来帮助录取研究生. 对申请者划归 3 类:

$$G_1: \text{录取}; \quad G_2: \text{未录取}; \quad G_3: \text{待定}.$$

下表记录了近期报考者 X_1, X_2 值和录取情况:

G_1: 录取			G_2: 未录取			G_3: 待定		
序号	X_1	X_2	序号	X_1	X_2	序号	X_1	X_2
1	2.96	596	30	3.76	646	59	2.90	384
2	3.14	473	31	3.24	467	60	2.86	494
3	3.22	482	32	2.54	446	61	2.85	498
4	3.29	527	33	2.43	425	62	3.14	419
5	3.69	525	34	2.20	474	63	3.28	371
6	3.46	693	35	2.36	531	64	2.89	447
7	3.03	626	36	2.57	542	65	3.15	313
8	3.19	663	37	2.35	406	66	3.50	402
9	3.63	447	38	2.51	412	67	2.89	485
10	3.59	588	39	2.52	458	68	2.80	444
11	3.30	563	40	2.36	399	69	3.13	416
12	3.40	553	41	2.36	482	70	3.01	471
13	3.50	572	42	2.66	420	71	2.79	490
14	3.78	591	43	2.68	414	72	2.89	431
15	3.44	692	44	2.48	533	73	2.91	466
16	3.48	528	45	2.46	509	74	2.75	546
17	3.47	552	46	2.63	504	75	2.73	467
18	3.35	520	47	2.44	366	76	3.12	463
19	3.39	543	48	2.13	408	77	3.08	440
20	3.28	523	49	2.41	469	78	3.03	419
21	3.21	530	50	2.55	538	79	3.00	509
22	3.58	564	51	2.31	505	80	3.03	438
23	3.33	565	52	2.41	469	81	3.05	399
24	3.40	431	53	2.19	411	82	2.85	283
25	3.38	605	54	2.35	321	83	3.01	453
26	3.26	664	55	2.60	394	84	3.03	414
27	3.60	609	56	2.55	528	85	3.04	446
28	3.37	559	57	2.72	399			
29	3.80	521	58	2.85	381			

(1) 在先验概率相等的假定下, 进行贝叶斯判别, 并用回代法与交叉确认法检验判别结果.

(2) 在先验概率按比例分配的假定下, 进行贝叶斯判别, 并用回代法与交叉确认法检验判别结果.

(3) 设另有一名申请者的 $X_1 = 3.21$, $X_2 = 497$, 利用所建立的判别准则判别该申请者应归哪一类.

第六章　主成分分析

第一节　引　　言

前面已看到, 现实中, 多指标 (变量) 的问题是经常遇到的, 由于变量之间可能存在一定的相关性, 如果逐个变量分析, 就会失去变量之间的关系, 以至不能更好地解决问题. 为此, 霍特林 (Hotelling, 1933) 给出了主成分分析.

主成分分析也称主分量分析, 它的基本思想是将有一定相关性的多个原变量重新组合成少数几个无关的综合变量来代替原变量, 并反映出原变量的大部分信息. 这实际上是 "降维" 的想法, 具体方法是, 将原来的变量线性组合成新变量 Y_1, 使 Y_1 尽可能多地提取原来变量的信息, 关于信息的描述, 新变量的方差越大, 提供的信息就越多, 故这里的信息用方差表示. 当第一个新变量 Y_1 不能提取足够多的信息时, 再用第二个线性组合的新变量 Y_2, 为了 Y_2 与 Y_1 提取的信息不重复, 取 Y_2 与 Y_1 不相关, 并使 Y_2 尽可能多地提取原来变量的信息 $\cdots\cdots$ 直到所提取的信息与原来变量的信息相等时为止, 这里将新变量 $Y_1, Y_2, \cdots$ 称为主成分, 即主成分分析就是将有一定相关性的原变量, 线性组合为少数几个无关的, 能反映出原变量大部分信息的综合变量, 来代替多个原变量的一种统计方法. 在主成分分析适用的场合, 用较少的主成分就可以得到原来变量较多的信息量, 且信息多的主成分能反映几个变量之间的相关关系.

第二节　主成分分析模型

设 $\boldsymbol{X} = (X_1, X_2, \cdots, X_p)'$ 为一个 p 维随机向量, 其协方差矩阵记为 $\boldsymbol{\Sigma} = \mathrm{Var}(\boldsymbol{X}) = (\sigma_{ij})_{p\times p}$, 依据主成分分析的思想, 对 $X_1, X_2, \cdots, X_p$ 作线性组合

$$Y_1 = t_{11}X_1 + t_{12}X_2 + \cdots + t_{1p}X_p.$$

求 Y_1 使得方差 $\mathrm{Var}(Y_1)$ 达到最大, 为了避免 $\mathrm{Var}(Y_1)$ 成为无穷而无解 (如 $\mathrm{Var}(Y_1) \neq 0$ 时, $k \to \infty$, $\mathrm{Var}(kY_1) = k^2\mathrm{Var}(Y_1) \to \infty$), 需要约束 $t_{11}^2 + t_{12}^2 + \cdots + t_{1p}^2 = 1$.

当 Y_1 不能提取足够多的信息时, 作线性组合

$$Y_2 = t_{21}X_1 + t_{22}X_2 + \ldots + t_{2p}X_p.$$

与 Y_1 同理, 需要约束 $t_{21}^2+t_{22}^2+\ldots+t_{2p}^2=1$. 为了避免 Y_1 与 Y_2 的信息重复, 需要取 Y_2 与 Y_1 不相关, 即 $\mathrm{Cov}(Y_1,Y_2)=0$. 求 Y_2, 使得 $\mathrm{Var}(Y_2)$ 达到最大.

....

当 $Y_1,Y_2,\cdots,Y_{p-1}$ 不能提取足够多的信息时, 作线性组合

$$Y_p=t_{p1}X_1+t_{p2}X_2+\cdots+t_{pp}X_p.$$

与 $Y_1,Y_2,\cdots,Y_{p-1}$ 同理, 需要约束 $t_{p1}^2+t_{p2}^2+\cdots+t_{pp}^2=1$, 同时满足$\mathrm{Cov}(Y_i,Y_p)=0,i=1,2,\cdots,p-1$. 求 Y_p, 使得 $\mathrm{Var}(Y_p)$ 达到最大.

综上可知, 主成分分析模型为: 设 $\boldsymbol{X}=(X_1,X_2,\cdots,X_p)'$, 作

$$\boldsymbol{Y}=\boldsymbol{TX},\quad 其中\quad \boldsymbol{Y}=(Y_1,Y_2,\cdots,Y_p)',\quad \boldsymbol{T}=(t_{ij})_{p\times p}. \tag{6.1}$$

约束条件为

$$t_{i1}^2+t_{i2}^2+\cdots+t_{ip}^2=1,\quad i=1,2,\cdots,p, \tag{6.2}$$

$$\mathrm{Cov}(Y_i,Y_j)=0,\quad i=1,2,\cdots,j-1;j=2,\cdots,p. \tag{6.3}$$

求 Y_i, 使得方差 $\mathrm{Var}(Y_i)$ 达到最大, $i=1,2,\cdots,p$. (6.4)

主成分分析模型的解: 设 $\boldsymbol{\Sigma}$ 的特征根为 $\lambda_1\geqslant\lambda_2\geqslant\cdots\geqslant\lambda_p\geqslant0$, 相应的单位正交特征向量为 $\boldsymbol{u}_1,\boldsymbol{u}_2,\cdots,\boldsymbol{u}_p$, 则主成分

$$Y_i=\boldsymbol{u}_i'\boldsymbol{X},\quad \mathrm{Var}(Y_i)=\lambda_i,\quad i=1,2,\cdots,p.$$

(证明见张尧庭、方开泰, 1982) 即主成分分析的解是使原变量达到方差降序排列最大化的正交旋转.

记 $\boldsymbol{U}=(\boldsymbol{u}_1,\boldsymbol{u}_2,\cdots,\boldsymbol{u}_p),\boldsymbol{u}_i=(u_{i1},u_{i2},\cdots,u_{ip})',i=1,2,\cdots,p$, 有

$$\boldsymbol{Y}=\boldsymbol{U}'\boldsymbol{X},\quad \boldsymbol{\Sigma}\boldsymbol{u}_i=\lambda_i\boldsymbol{u}_i,\quad i=1,2,\cdots,p,$$

$$\boldsymbol{U}'\boldsymbol{\Sigma}\boldsymbol{U}=\mathrm{diag}(\lambda_1,\lambda_2,\cdots,\lambda_p)=\boldsymbol{\Lambda},\quad \boldsymbol{UU}'=\boldsymbol{U}'\boldsymbol{U}=\boldsymbol{I}_p.$$

这里应该注意, 在实际应用中一般不是取 p 个主成分. 关于主成分个数 m 的确定, 我们将在第四节介绍.

第三节 主成分的性质

一、主成分的一般性质

性质 1 主成分的协方差矩阵是对角阵 $\boldsymbol{\Lambda}$.

证明 $\mathrm{Var}(\boldsymbol{Y})=\mathrm{Var}(\boldsymbol{U}'\boldsymbol{X})=\boldsymbol{U}'\mathrm{Var}(\boldsymbol{X})\boldsymbol{U}=\boldsymbol{U}'\boldsymbol{\Sigma}\boldsymbol{U}=\boldsymbol{\Lambda}.$ (6.5)

推论 主成分旋转后不是主成分.

证明 设对主成分 $\boldsymbol{Y}$ 旋转的矩阵为 $\boldsymbol{P}\neq\boldsymbol{I}_p$, 主成分 $\boldsymbol{Y}$ 旋转后为 $\boldsymbol{PY}$, 因为

$$\mathrm{Var}(\boldsymbol{PY})=\boldsymbol{P}\mathrm{Var}(\boldsymbol{Y})\boldsymbol{P}'=\boldsymbol{P\Lambda P}'\neq\boldsymbol{\Lambda}.$$

由性质 1 得 $\boldsymbol{PY}$ 不是主成分.

性质 2 主成分的总方差等于原始变量的总方差.

证明 由矩阵“迹”的性质知

$$\mathrm{tr}(\boldsymbol{\Lambda})=\mathrm{tr}(\boldsymbol{U}'\boldsymbol{\Sigma}\boldsymbol{U})=\mathrm{tr}(\boldsymbol{\Sigma}\boldsymbol{U}\boldsymbol{U}')=\mathrm{tr}(\boldsymbol{\Sigma}),$$

所以

$$\sum_{i=1}^{p}\lambda_i=\sum_{i=1}^{p}\sigma_{ii}. \tag{6.6}$$

性质 3 主成分 Y_k 与原始变量 X_i 的相关系数为

$$\rho(Y_k,X_i)=\frac{\sqrt{\lambda_k}}{\sqrt{\sigma_{ii}}}u_{ki}. \tag{6.7}$$

证明 事实上,

$$\rho(Y_k,X_i)=\frac{\mathrm{Cov}(Y_k,X_i)}{\sqrt{\mathrm{Var}(Y_k)\mathrm{Var}(X_i)}}=\frac{\mathrm{Cov}(\boldsymbol{u}_k'\boldsymbol{X},\boldsymbol{e}_i'\boldsymbol{X})}{\sqrt{\mathrm{Var}(Y_k)\mathrm{Var}(X_i)}}.$$

其中 $\boldsymbol{e}_i=(0,\cdots,0,1,0,\cdots,0)'$, 它是除第 i 个元素为 1 外其他元素均为 0 的单位向量. 而

$$\mathrm{Cov}(\boldsymbol{u}_k'\boldsymbol{X},\boldsymbol{e}_i'\boldsymbol{X})=\boldsymbol{u}_k'\boldsymbol{\Sigma}\boldsymbol{e}_i=\boldsymbol{e}_i'\boldsymbol{\Sigma}\boldsymbol{u}_k=\boldsymbol{e}_i'\lambda_k\boldsymbol{u}_k=\lambda_k\boldsymbol{e}_i'\boldsymbol{u}_k=\lambda_k u_{ki},$$

所以

$$\rho(Y_k,X_i)=\frac{\sqrt{\lambda_k}}{\sqrt{\sigma_{ii}}}u_{ki}.$$

性质 4 $\displaystyle\sum_{i=1}^{p}\rho^2(Y_k,X_i)\cdot\sigma_{ii}=\lambda_k,\quad k=1,2,\cdots,p.$

证明 只需将 (6.7) 式代入左边式子整理化简即可.

由性质 3, 变量 $\boldsymbol{X}$ 与主成分 $\boldsymbol{Y}$ 的相关阵为

$$\begin{bmatrix} \frac{\sqrt{\lambda_1}u_{11}}{\sqrt{\sigma_{11}}} & \frac{\sqrt{\lambda_2}u_{21}}{\sqrt{\sigma_{11}}} & \cdots & \frac{\sqrt{\lambda_p}u_{p1}}{\sqrt{\sigma_{11}}} \\ \frac{\sqrt{\lambda_1}u_{12}}{\sqrt{\sigma_{22}}} & \frac{\sqrt{\lambda_2}u_{22}}{\sqrt{\sigma_{22}}} & \cdots & \frac{\sqrt{\lambda_p}u_{p2}}{\sqrt{\sigma_{22}}} \\ \vdots & \vdots & & \vdots \\ \frac{\sqrt{\lambda_1}u_{1p}}{\sqrt{\sigma_{pp}}} & \frac{\sqrt{\lambda_2}u_{2p}}{\sqrt{\sigma_{pp}}} & \cdots & \frac{\sqrt{\lambda_p}u_{pp}}{\sqrt{\sigma_{pp}}} \end{bmatrix}.$$

变量 $\boldsymbol{X}$ 标准化时, $\sigma_{11} = \sigma_{22} = \cdots = \sigma_{pp} = 1$, 此时与主成分 $\boldsymbol{Y}$ 的相关阵为

$$\begin{aligned} \begin{bmatrix} \sqrt{\lambda_1}u_{11} & \sqrt{\lambda_2}u_{21} & \cdots & \sqrt{\lambda_p}u_{p1} \\ \sqrt{\lambda_1}u_{12} & \sqrt{\lambda_2}u_{22} & \cdots & \sqrt{\lambda_p}u_{p2} \\ \vdots & \vdots & & \vdots \\ \sqrt{\lambda_1}u_{1p} & \sqrt{\lambda_2}u_{2p} & \cdots & \sqrt{\lambda_p}u_{pp} \end{bmatrix} &= (\sqrt{\lambda_1}\boldsymbol{u}_1, \sqrt{\lambda_2}\boldsymbol{u}_2, \cdots, \sqrt{\lambda_p}\boldsymbol{u}_p) \\ &= \boldsymbol{B}_p^0 = (b_{ij}^0)_{p\times p}. \end{aligned}$$

变量 $\boldsymbol{X}$ 与主成分 $\boldsymbol{Y}$ 的相关阵 $\boldsymbol{B}_p^0$, 在下面一章因子分析中称为初始因子载荷阵, 这是主成分与因子的唯一直接关系. $\boldsymbol{B}_p^0$ 的第 k 列反映了主成分 Y_k 与变量 $X_1, X_2, \cdots, X_p$ 的相关程度, 与主成分 Y_k 相关程度高的变量之间有较高的相关关系. 下一节中主成分 Y_k 的命名与方向, 主成分个数 m, 主成分对变量 $\boldsymbol{X}$ 的替代性, 可由 $\boldsymbol{B}_p^0$ 确定, 故 $\boldsymbol{B}_p^0$ 在主成分解释变量 $\boldsymbol{X}$ 中起着重要的作用.

二、主成分的贡献率

我们称

$$w_k = \frac{\lambda_k}{\sum\limits_{i=1}^{p} \lambda_i} \tag{6.8}$$

为第 k 个主成分 Y_k 的**贡献率**. 第一个主成分的贡献率最大, 这表明 $Y_1 = \boldsymbol{u}_1'\boldsymbol{X}$ 综合原始变量 $X_1, X_2, \cdots, X_p$ 的能力最强, 而 $Y_2, Y_3, \cdots, Y_p$ 的综合能力依次递减. 若取 $m(< p)$ 个主成分, 则称

$$\psi_m = \frac{\sum\limits_{k=1}^{m} \lambda_k}{\sum\limits_{k=1}^{p} \lambda_k} \tag{6.9}$$

为主成分 $Y_1, Y_2, \cdots, Y_m$ 的**累计贡献率**. 累计贡献率表明 $Y_1, Y_2, \cdots, Y_m$ 综合 $X_1, X_2, \cdots, X_p$ 的信息量.

变量 $\boldsymbol{X}$ 标准化时, $\sigma_{11}=\sigma_{22}=\cdots=\sigma_{pp}=1, \sum_{i=1}^{p}\lambda_i=\sum_{i=1}^{p}\sigma_{ii}=p$, 第 k 个主成分 Y_k 的贡献率为 $w_k=\lambda_k/p$, 主成分 $Y_1, Y_2, \cdots, Y_m$ 的累计贡献率为 $\psi_m=\sum_{i=1}^{m}\lambda_i/p$.

第四节 主成分方法应用中应注意的问题

一、实际应用中主成分分析的出发点

主成分的数学推导是完善的, 但其结果能用于实际的条件是: 该结果能解释数据. 故还需要主成分能解释数据的条件.

条件 1 变量是正向化、标准化的, 仍记为 $\boldsymbol{X}=(X_1, X_2, \cdots, X_p)'$.

事实上, 变量是有方向的, 变量方向一致时, 能得出变量之间的正相关关系、样品的好与差等特征, 这便于对样品提出发挥优势、改进不足的建议. 故多变量中一些变量方向不一致时, 需要对这些变量进行正向化处理. 一般情况下, p 维变量中会有 4 种类型的变量:

(1) 正向变量, 如合格率等;

(2) 负向变量, 如基尼系数等;

(3) 逆向变量, 如恩格尔系数等;

(4) 适度变量, 如产品销售率等.

故需要将负向变量、逆向变量、适度变量进行正向化变换, 使之连同本来正向的变量一起全部成为正向的变量.

负向变量 x_i 的正向化变换 (原观测矩阵中对第 i 列的值施行): $a-x_i$, 这里 a 为一个合适的常数. 如基尼系数 x_i, 是不平等率, 越大越不好, 正向化后的 $1-x_i$ 是平等率, 越大越好.

逆向变量 x_j 的正向化变换 (原观测矩阵中对第 j 列的值施行): $\dfrac{b}{x_j}$, 这里 b 为一个合适的常数. 如恩格尔系数 x_j, 是食品支出/总支出, 越小越好, 正向化后的 $1/x_j$ 是总支出/食品支出, 越大越好.

适度变量 x_k 的正向化变换 (原观测矩阵中对第 k 列的值施行): $\dfrac{1}{[|(x_k/c)-1|+1]}$, 这里 c 为适度值. 如产品销售率 x_k, 适度值是 1(100%), $x_k<1$ 时, 越大 (靠近 1) 越好; $x_k>1$ 时, 越小 (靠近 1) 越好. 正向化后的 $1/(|x_k-1|+1)$ 是越大越好.

负向变量、逆向变量、适度变量正向化的好处是:

(1) 都具有实际意义,

(2) 使得 p 个变量的方向一致,

(3) 便于识别变量之间方向一致下的特征.

关于变量的标准化, 我们前面讨论的主成分计算是从协方差矩阵 $\boldsymbol{\Sigma}$ 出发的, 其结果受变量单位的影响. 不同的变量往往有不同的单位, 对同一变量单位的改变会产生不同的主成分, 主成分倾向于多归纳方差大的变量的信息, 对于方差小的变量就可能体现得不够, 也存在 “大数吃小数” 的问题. 为使主成分分析能够均等地对待每一个原始变量, 消除由于单位的不同可能带来的影响, 我们常常将各原始变量作标准化处理, 即令

$$X_i^* = \frac{X_i - \mathrm{E}(X_i)}{\sqrt{\mathrm{Var}(X_i)}}, \quad i = 1, \cdots, p. \tag{6.10}$$

显然, 标准化处理后的协方差矩阵就是 $\boldsymbol{X}$ 的相关系数矩阵 $\boldsymbol{R}$. 实际应用中, $\boldsymbol{X}$ 的相关系数矩阵 $\boldsymbol{R}$ 用样本相关系数矩阵来估计.

这里我们需要进一步强调的是, 从相关阵求得的主成分与协差阵求得的主成分, 一般情况下是不相同的. 实际表明, 这种差异有时很大. 我们认为, 如果各指标之间的数量级相差悬殊, 特别是各指标有不同的物理量纲的话, 较为合理的作法是对变量进行标准化, 即用 $\boldsymbol{R}$ 代替 $\boldsymbol{\Sigma}$. 对于研究经济问题所涉及的变量单位大都不统一, 用标准化的数据作分析, 这样使得主成分有实际意义, 不仅便于剖析实际问题, 还可以避免突出数值大的变量.

主成分能解释原变量的判定. 如果忽略此内容, 主成分解释变量将没有合理性.

主成分分析的目的是用少数几个主成分去代替原来的多个变量, 即降维. 降维的方法还有下一章的因子分析, 故存在用主成分代替原变量好, 还是用因子代替原变量好的问题, 这需要比较. 设变量与前 s 个主成分的相关阵为 $\boldsymbol{B}_s^0, s$ 是 $\boldsymbol{B}_p^0$ 每行元素有最大绝对值的矩阵的最小列数 (如表 6.2 中的 $\boldsymbol{B}_2^0$), 也称**初始因子载荷阵** $\boldsymbol{B}_s^0$; 不同列数旋转后因子载荷阵为 $\boldsymbol{B}_s^\Gamma, \cdots, \boldsymbol{B}_p^\Gamma$ (见下一章, 由计算机程序算), 设因子载荷阵 $\boldsymbol{B}_s^0, \boldsymbol{B}_s^\Gamma, \cdots, \boldsymbol{B}_p^\Gamma$ 每行元素最大绝对值的平均值分别为 $b_s^0, b_s^\Gamma, \cdots, b_p^\Gamma$ (见表 6.3), b_s^0 反映了变量与主成分的平均相关性, $b_t^\Gamma, t = s, \cdots, p$ 反映了变量与旋转后因子的平均相关性. 由此有如下结论:

条件 2 (林海明和杜子芳, 2013) 如果 b_s^0 较大, 或 b_s^0 与 $\max\limits_{s \leqslant k \leqslant p}\{b_k^\Gamma\}$ 差异不大, 即主成分解释变量的相关性较高或较合理, 此时, 用主成分代替原变量更好或较合理.

条件 3 (林海明和杜子芳, 2013) 主成分个数 m 的确定. 由 $\boldsymbol{B}_p^0$, 设与变量显著相关的全部主成分是 $Y_1, \cdots, Y_m$, 则主成分个数为 m.

事实上, 取出的主成分 $Y_1, \cdots, Y_m$ 应该不会漏掉原变量的解释, 设显著相关的临界值为 $r_\alpha(n-2)$ (正态分布时有结果), 由变量与主成分的相关阵 $\boldsymbol{B}_p^0$, 如果与变量显著相关的全部主成分是 $Y_1, \cdots, Y_m$, 则主成分 $Y_1, \cdots, Y_m$ 解释了原变量 $\boldsymbol{X}$ 的主要信息, 即主成分个数取为 m. 这样确定主成分个数 m 的好处是不会漏掉原变量的解释, 也不会多余.

条件 4 (林海明和杜子芳, 2013) 主成分的命名与正向化, 通过 $\boldsymbol{B}_m^0$($\boldsymbol{B}_p^0$ 前 m 列), 由与主成分 Y_j 显著相关的变量及其与 Y_j 的相关系数进行.

事实上, 主成分 $Y_1,\cdots,Y_m$ 能代替原变量, 意味着 $Y_1,\cdots,Y_m$ 能解释原变量及其方向, 故主成分有其意义和方向. 由 $\boldsymbol{B}_m^0(\boldsymbol{B}_p^0$ 前 m 列), 确定与主成分 Y_j 显著相关的原变量, 用这些变量及其与 Y_j 的相关系数, 对主成分 Y_j 进行命名和正向化. 具体作法:

(1) 若与主成分 Y_j 显著相关的变量为显著正相关, 此时这些变量是相互促进的变量, 可从这些变量的意义中提炼出 Y_j 的命名, 因其综合影响是越大越好, 故方向是正的.

(2) 若与主成分 Y_j 显著相关的变量有一些是显著正相关 (前)、一些是显著负相关 (后), 此时前部分变量与后部分变量是相互制约的, 则 Y_j 是前部分变量与后部分变量对比影响成分. 如果这些变量的综合影响是越大越好, 则 Y_j 方向是正的; 如果这些变量的综合影响不是越大越好, 则第 j 个主成分取 $-Y_j$ 得到正向的主成分. 正向化后的主成分仍然记为 $Y_1,\cdots,Y_m$.

符合上述 4 个条件时, 主成分 $Y_1,\cdots,Y_m$ 代替原来变量 $X_1,\cdots,X_p$ 是更好的. 因此, 实际应用中, 主成分分析的具体步骤可以归纳为

(1) 数据的预处理: 将原始数据正向化、标准化, 记为 $\boldsymbol{X}=(X_1,X_2,\cdots,X_p)'$;

(2) 判断变量是否可降维: 由相关阵 $\boldsymbol{R}$, 如果变量之间高度相关, 则变量可降维;

(3) 主成分代替 $\boldsymbol{X}$ 更好的判别: 设 $\boldsymbol{B}_s^0$ 是 $\boldsymbol{B}_p^0$ 每行有最大绝对值的最小列数矩阵, 不同列数的旋转后因子载荷阵 $\boldsymbol{B}_s^\Gamma,\cdots,\boldsymbol{B}_p^\Gamma$ (调用因子分析程序计算), 用 $\boldsymbol{B}_s^0,\boldsymbol{B}_s^\Gamma,\cdots,\boldsymbol{B}_p^\Gamma$ 分别计算因子载荷阵每行元素最大绝对值的平均值 $b_s^0,b_s^\Gamma,\cdots,b_p^\Gamma$. 如果 b_s^0 较大, 或 b_s^0 与 $\max\limits_{s\leqslant k\leqslant p}\{b_k^\Gamma\}$ 差异不大, 则用主成分代替原变量 $\boldsymbol{X}$ 更好或较合理;

(4) 确定主成分的个数 m: 由 $\boldsymbol{B}_p^0$ 与变量显著临界值, 与变量显著相关的全部主成分个数即为 m;

(5) 给出主成分: 求相关阵 $\boldsymbol{R}$ 的特征根为 $\lambda_1\geqslant\lambda_2\geqslant\cdots\geqslant\lambda_m$, 相应的单位正交特征向量记为 $\boldsymbol{u}_1,\boldsymbol{u}_2,\cdots,\boldsymbol{u}_m$, 变量与主成分的相关阵 $\boldsymbol{B}_p^0$, 主成分为

$$Y_i=\boldsymbol{u}_i'\boldsymbol{X},\quad i=1,2,\cdots,m;$$

(6) 主成分命名与正向化: 由 $\boldsymbol{B}_m^0$, 用与主成分显著相关的变量及其相关系数进行. 命名与正向化后的主成分仍然记为 $Y_1,\cdots,Y_m$;

(7) 给出样品的 m 个主成分值矩阵: 此矩阵便代替了 (正向化、标准化的) 原始数据, 成为样品的主成分观测数据阵;

(8) 根据样品的主成分值矩阵, 可作主成分分析的综合评价、主成分回归、主成分聚类等.

二、如何利用主成分分析进行综合评价

人们在对某个单位或某个系统进行综合评价时都会遇到如何选择评价指标体系和如何对这些指标进行综合的困难. 一般情况下, 选择评价指标体系后通过对各指标加权的办法来

进行综合. 但是, 如何对指标加权是一项具有挑战性的工作. 指标加权的依据是指标的重要性, 指标在评价中的重要性判断难免带有一定的主观性, 这影响了综合评价的客观性和准确性. 由于主成分分析能从选定的指标体系中归纳出大部分信息, 根据主成分提供的信息进行综合评价, 不失为一个可行的选择. 这个方法是根据指标间的相对重要性进行客观加权, 可以避免综合评价者的主观影响, 在实际应用中越来越受到人们的重视.

对主成分进行加权综合. 我们利用主成分进行综合评价时, 主要是将原有的信息进行综合, 因此, 要充分地利用原始变量提供的信息. 将主成分的权数根据它们的贡献率来确定, 因为贡献率反映了各个主成分的信息含量.

设 $Y_1, Y_2, \cdots, Y_m$ 是符合上述 4 个条件的 m 个主成分, 它们的方差分别是 $\lambda_1, \lambda_2, \cdots, \lambda_m$, 主成分 Y_k 的贡献率为

$$w_i = \lambda_i / p, \quad i = 1, 2, \cdots, m.$$

例如, 参照中小学校中, 同级学生的数学、语文、外语三门课的成绩能综合的条件:

(1) 正向;

(2) 量纲相同;

(3) 不相关;

(4) 权重合理.

构造主成分综合评价函数为

$$Y_{综} = w_1 Y_1 + w_2 Y_2 + \cdots + w_m Y_m, \tag{6.11}$$

即综合评价函数是对原始指标的线性综合, 从计算主成分到对之加权, 经过两次线性组合后得到综合评价函数, 包含变量的信息多. 如果 $Y_{m+1}, \cdots, Y_p$ 包含变量的信息多, m 可取至 p.

第五节 实例分析

一、主成分分析综合评价实例

以安徽省各地市 2004 年经济发展综合评价为例. 指标为

X_1 — 城镇单位在岗职工平均工资 (元), X_2 — 各市固定资产投资 (万元),

X_3 — 各市进口总额 (万美元), X_4 — 社会消费品零售总额 (万元),

X_5 — 各市工业增加值 (亿元), X_6 — 财政收入 (亿元).

样品为安徽省的 17 个城市, 原始数据见表 6.1.

(1) 数据的预处理: 指标都是正向的, 只对数据进行标准化.

(2) 判断变量是否可降维: 由相关阵 $\boldsymbol{R}$ (SPSS 计算见后, 下同), X_2 与 X_6 的相关系数为 0.964, 即变量之间有高度相关性, 故可降维.

表 6.1 安徽省各地市 2004 年社会经济数据

编号	城市	X_1	X_2	X_3	X_4	X_5	X_6
1	合肥市	16369	3504887	66047	2397739	198.46	1043955
2	淮北市	13379	566257	4744	456100	76.96	202637
3	亳州市	9707	397183	1303	887034	18.88	105948
4	宿州市	10572	414932	1753	751984	27.67	128261
5	蚌埠市	12284	876667	18269	1015669	60.09	332700
6	阜阳市	9738	604935	5822	1307908	30.54	222799
7	淮南市	16970	778830	2438	630014	76.64	272203
8	滁州市	10006	617436	13543	866013	58.59	222794
9	六安市	10217	636760	9967	996912	34.55	161025
10	马鞍山	20946	1380781	16406	526527	150.15	426937
11	巢湖市	11469	720416	7141	853778	43.41	157274
12	芜湖市	14165	1504005	29413	1025363	149.17	568899
13	宣城市	12795	966188	11580	723278	45.13	165319
14	铜陵市	12762	584696	13583	343107	65.31	166454
15	池州市	12008	501780	4986	278310	15.04	86575
16	安庆市	11208	981367	13364	1295189	79.8	337947
17	黄山市	12719	716491	4448	408796	15.68	99949

(3) 主成分代替 $\boldsymbol{X}$ 更好的判别: 6 列初始因子载荷阵 $\boldsymbol{B}_6^0$ 每行有最大绝对值的最小列数矩阵为 $\boldsymbol{B}_2^0$ (见表 6.2), 旋转后因子载荷阵 $\boldsymbol{B}_2^\Gamma,\cdots,\boldsymbol{B}_6^\Gamma$, 计算因子载荷阵每行元素最大绝对值的平均值 (见表 6.3), 如从表 6.2 有 $\boldsymbol{B}_2^0$ 每行元素最大绝对值的平均值

$$b_2^0=(0.795+0.980+0.956+0.762+0.929+0.993)/6=0.903.$$

由表 6.3, b_2^0 最大, 则用主成分代替原变量 $\boldsymbol{X}$ 更好.

表 6.2 初始因子载荷阵

	1	2
X_1	0.580	0.795
X_2	0.980	–0.049
X_3	0.956	–0.168
X_4	0.762	–0.600
X_5	0.929	0.273
X_6	0.993	–0.049

表 6.3 因子载荷阵每行元素最大绝对值的平均值

b_2^0	b_2^Γ	b_3^Γ	b_4^Γ	b_5^Γ	b_6^Γ
0.903	0.883	0.792	0.777	0.775	0.775

(4) 确定主成分的个数 m: 设 $X_1 \sim X_6$ 联合服从正态分布 (检验的需要), 取显著性水平 $\alpha = 0.05$, 显著相关临界值 $r_{0.05}(15) = 0.482$, 从 $\boldsymbol{B}_6^0$, 与变量显著相关的全部主成分是 Y_1, Y_2, 所以主成分个数 $m = 2$, 主成分贡献率 $w_1 = 0.774, w_2 = 0.183$, 前两个主成分的累计方差贡献率 $\psi_2 = 95.698\%$.

(5) 给出主成分 (x_i 为 X_i 的标准化变量):

$$Y_1 = 0.269x_1 + 0.455x_2 + 0.444x_3 + 0.354x_4 + 0.431x_5 + 0.461x_6,$$

$$Y_2 = 0.758x_1 - 0.047x_2 - 0.16x_3 - 0.572x_4 + 0.26x_5 - 0.047x_6.$$

(6) 主成分命名与正向化: 由表 6.2, 第一个主成分 Y_1 与 $X_1, \cdots, X_6$ 显著正相关, 故称 Y_1 为社会经济水平成分, $X_1, \cdots, X_6$ 对 Y_1 的影响是越大越好, 故 Y_1 为正向; 第二个主成分 Y_2 与 X_1 (城镇单位在岗职工平均工资) 显著正相关, 与 X_4 (社会消费品零售总额) 显著负相关, 故称 Y_2 为工资与消费对比影响成分, X_1 是社会生产发展的动因之一, 社会消费总体上为量入为出, X_1 与X_4 的对比综合影响是越大越好, 故 Y_2 为正号.

(7) 构造主成分综合评价函数:

$$\begin{aligned} Y_{\text{综}} &= 0.774Y_1 + 0.183Y_2 \\ &= 0.347x_1 + 0.344x_2 + 0.314x_3 + 0.169x_4 + 0.381x_5 + 0.348x_6. \end{aligned}$$

(8) 主成分、综合主成分样品值及排序见表 6.4.

(9) 推断样品特征, 给出建议: 根据主成分、综合主成分样品值和排序表 6.4, 原始数据表 6.1, 样品优势、不足作出.

表 6.4 主成分值、综合主成分值及排序

城市	Y_1	序	Y_2	序	$Y_{\text{综}}$	序
合肥市	7.113	1	–1.058	16	5.307	1
马鞍山	1.844	3	2.785	1	1.937	2
芜湖市	2.306	2	0.314	7	1.842	3
淮南市	–0.126	6	1.507	2	0.179	4
安庆市	0.420	4	–0.845	13	0.170	5
蚌埠市	0.223	5	–0.392	10	0.101	6
宣城市	–0.526	7	0.095	8	–0.389	7
淮北市	–0.773	9	0.797	3	–0.452	8

续表

城市	Y_1	序	Y_2	序	$Y_{综}$	序
铜陵市	−0.809	11	0.626	4	−0.511	9
滁州市	−0.614	8	−0.720	12	−0.607	10
巢湖市	−0.864	12	−0.336	9	−0.730	11
阜阳市	−0.786	10	−1.352	17	−0.856	12
六安市	−0.912	13	−0.887	15	−0.868	13
黄山市	−1.486	14	0.393	5	−1.077	14
宿州市	−1.548	15	−0.444	11	−1.279	15
池州市	−1.792	17	0.370	6	−1.319	16
亳州市	−1.671	16	−0.852	14	−1.449	17

以合肥市为例, 综合主成分 $Y_{综}$值排第 1 (5.307), 远高于平均水平. 其中社会经济水平成分 Y_1 得分值排第 1 (7.113), 远高于平均水平, 优势明显, 而工资与消费对比影响成分 Y_2 排在倒数第 2 (−1.058). 优势: 社会经济水平成分 Y_1 中 X_2 第 1, X_3 第 1, X_4 第 1, X_5 第 1, X_6 第 1 ; 不足: X_1 列第 3. 综上可知, 合肥市特征为社会经济水平高、消费高, 但平均工资不是太高.

建议: (1) $X_1, \cdots, X_6$ 与 Y_1 显著正相关, $X_1, \cdots, X_6$ 是互相促进的影响, 故合肥市在保持社会经济水平成分 Y_1 中 X_2 第 1, X_3 第 1, X_4 第 1, X_5 第 1, X_6 第 1 的同时, 相关地促进 X_1 的合理提高.

(2) X_1 与 Y_2 显著正相关, X_4 与 Y_2 显著负相关, 即 X_1 与 X_4 是互相制约的关系, 故工资与消费的关系需要协调好. 上述工作做好的情况下, 将能更好地促进合肥市的社会经济发展.

其他城市特征的推断与建议方法同合肥市, 此略.

二、主成分分析结果的计算

SPSS 软件中没有主成分分析的模块, 有因子分析的模块. 这里先用因子分析模块计算出初始因子的结果, 再通过初始因子与主成分的关系式, 计算出主成分的结果.

(一) 初始因子结果的操作步骤

(1) 将表 6.1 的数据粘贴入数据窗口, 点击 Analyze→Data Reduction→Factor, 进入 Factor 主对话框 (图 6.1) . 其中, 主对话框中 Variables 为设定变量列表框. 这里将 $X_1, X_2, X_3, X_4, X_5, X_6$ 放置于 Variables 列表框中, 界面如图 6.1 所示.

(2) 点击主对话框 Descriptives 选项, 用于对输出的描述统计量进行设置 (图 6.2).

① Statistics 子选项中, Univariate descriptives 表示输出参与分析的原始变量的均值、标

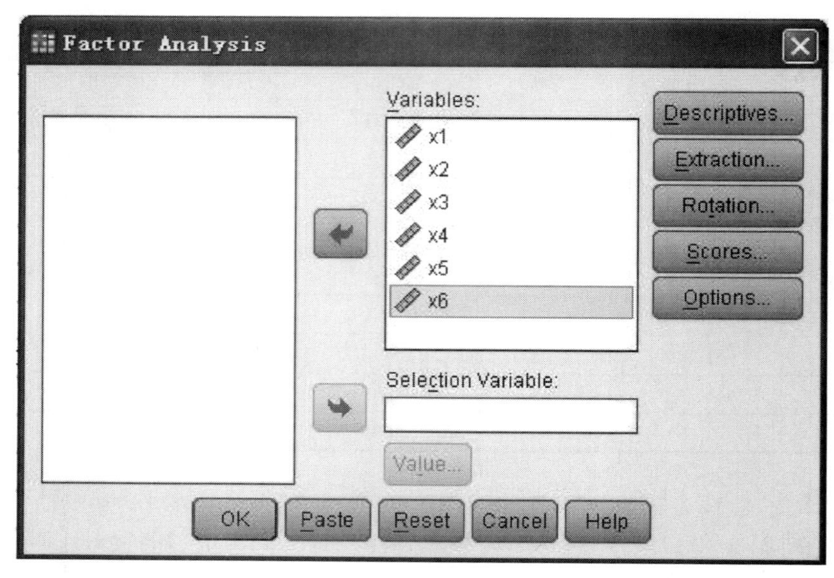

图 6.1 因子分析主对话框

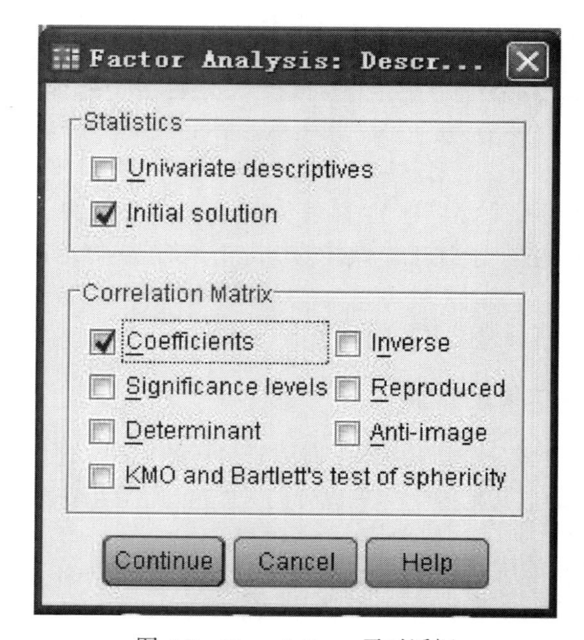

图 6.2 Descriptives 子对话框

准差等单变量描述统计量; Initial solution 表示给出因子提取前, 分析变量的公因子方差.

② Correlation Matrix 子选项表示相关矩阵栏. 其中 Coefficients 表示输出原始变量的相

关矩阵; Significance levels 表示每个相关系数对于零的单尾假设检验的显著性水平.

如图 6.2 所示, 选中所需选项后, 点击 Continue 返回主对话框.

(3) 点击主对话框 Extration 选项 (图 6.1), 用于对变量提取进行设置 (图 6.3).

① Method 子选项表示进行变量提取的方法, 这里选择主成分方法 (Principal components).

② Analyze 子选项表示输出相关矩阵 (Correlation matrix) 或者协方差矩阵 (Covariance matrix), 这里选择相关矩阵 (Correlation matrix).

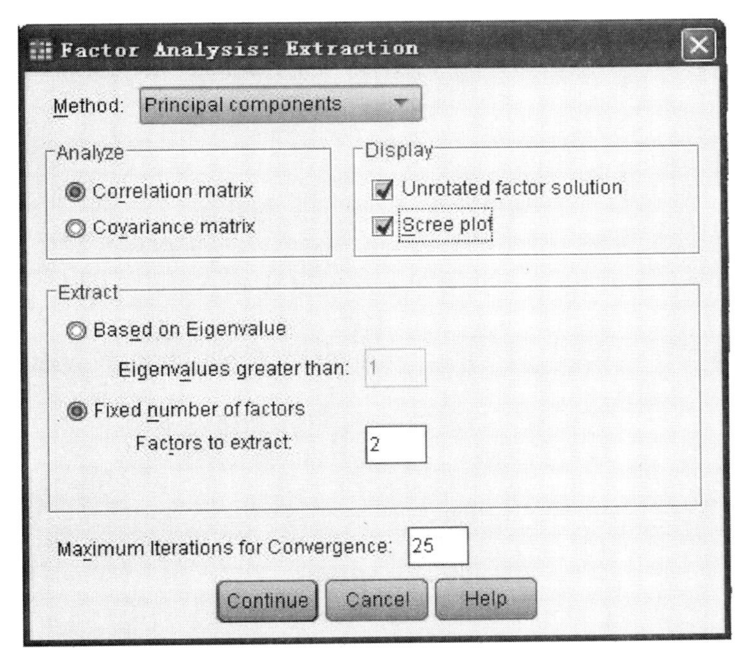

图 6.3 Extraction 子对话框

③ Display 子选项中, Unrotated factor solution 表示输出未旋转的因子结果, Screen plot 表示输出碎石图.

④ Extract 子选项中, Fixed number of factors 表示直接确定主成分个数.

⑤ Maximum Iteration for Convergence 用于指定因子分析停止的最大迭代次数, 默认值为 25.

如图 6.3 所示, 选中所需选项后, 点击 Continue 返回主对话框.

(4) 点击主对话框 Rotation 选项 (图 6.1), 对旋转方法进行设置 (图 6.4) . 主成分分析中不需要对因子载荷阵进行旋转, 因此选中 None 选项表示不进行旋转. 如图 6.4 所示, 设置完成后, 点击 Continue 返回主对话框.

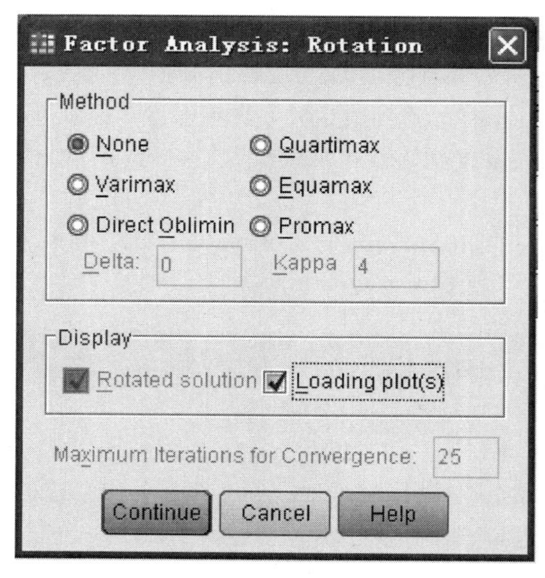

图 6.4 Rotation 子对话框

(5) 点击主对话框 Scores 选项 (图 6.1), 对因子得分进行设置 (图 6.5).

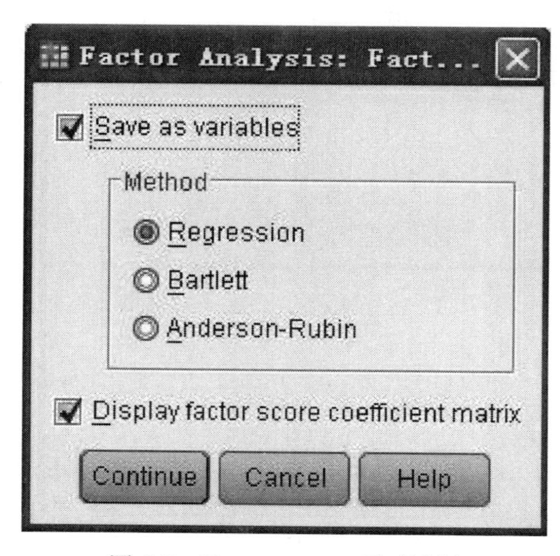

图 6.5 Factor scores 子对话框

① Method 子选项用于选择计算因子得分的方法. 其中, Regression 为回归法, 其因子得分的均值为 0, 方差等于 1.

② Display factor score coefficient matrix 为输出因子得分系数矩阵, 是标准化后的得分

系数, 并可显示协方差阵.

③ Save as variables 为输出样品的因子值, 结果在数据窗口 FAC1-1、FAC2-1 栏中.

如图 6.5 所示, 选中所需选项后, 点击 Continue 返回主对话框.

(6) 点击主对话框 OK 按钮 (图 6.1), 运行初始因子分析程序.

(二) 输出初始因子结果

(1) 表 6.5 为相关阵 $\boldsymbol{R}$ (correlation matrix), 给出了 6 个变量之间的相关系数. 可以看出, 变量之间有高度相关性 (相关系数有大于 0.8 的).

表 6.5　相关阵 $\boldsymbol{R}$

	X_1	X_2	X_3	X_4	X_5	X_6
X_1	1.000	.539	.397	–.001	.727	.532
X_2	.539	1.000	.961	.766	.859	.964
X_3	.397	.961	1.000	.776	.833	.951
X_4	–.001	.766	.776	1.000	.538	.787
X_5	.727	.859	.833	.538	1.000	.920
X_6	.532	.964	.951	.787	.920	1.000

表 6.6 为变量共同度表 (communalities), 给出了该次分析中从每个原始变量中提取的信息. 从表中可以看出, 2个因子几乎包含了其余各个变量至少 93.8% 的信息.

表 6.6　变量共同度表

	Initial	Extraction
X_1	1.000	.969
X_2	1.000	.963
X_3	1.000	.942
X_4	1.000	.941
X_5	1.000	.938
X_6	1.000	.989

(2) 表 6.7 为相关阵 $\boldsymbol{R}$ 的特征值与初始因子方差贡献率表 (total variance explained), 同时给出了各初始因子解释原始变量总方差的情况.

表 6.7　特征根与方差贡献率表

	特征值	贡献率 (%)	累计贡献率 (%)
1	4.641	77.354	77.354
2	1.101	18.344	95.698
3	.131	2.188	97.886
⋮	⋮	⋮	⋮

从表中可以看出, $\boldsymbol{R}$ 的特征值为 $\lambda_1 = 4.641, \lambda_2 = 1.101$; 主成分贡献率 $w_1 = 0.774, w_2 = 0.183$; 前两个主成分的累计方差贡献率 $\psi_2 = 95.698\%$.

图 6.6 为碎石图 (Scree plot) . 分析碎石图可以看出, 主成分 Y_1 与主成分 Y_2, 以及主成分 Y_2 与主成分 Y_3 之间的方差差值比较大, 而其他方差差值比较小, 可以初步得出保留两个主成分将能概括绝大部分信息.

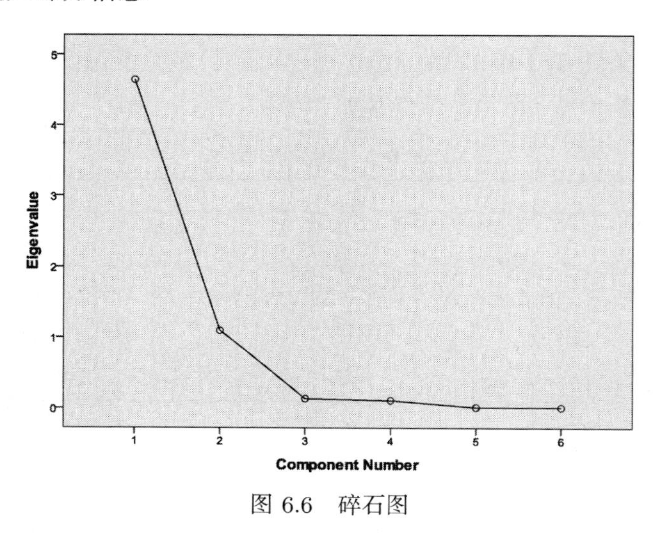

图 6.6 碎石图

表 6.8 为初始因子载荷阵 $\boldsymbol{B}_2^0$ (component matrix). 由 $\boldsymbol{B}_2^0$, 计算 $b_2^0, b_2^\Gamma, \cdots, b_6^\Gamma$.

表 6.8 初始因子载荷阵

	因子	
	1	2
X_1	.580	.795
X_2	.980	–.049
X_3	.956	–.168
X_4	.762	–.600
X_5	.929	.273
X_6	.993	–.049

① 初始因子载荷阵 $\boldsymbol{B}_2^0$ 每行元素最大绝对值的平均值 b_2^0 的计算:

Transform $\rightarrow$ ComputeVariable $\rightarrow$

$(0.795 + 0.980 + 0.956 + 0.762 + 0.929 + 0.993)/6$, 并令其为 $b_2^0 \rightarrow$

OK, 数据窗口 b_2^0 栏有 0.903.

表 6.9 为数据窗口中的初始因子样品值.

表 6.9 初始因子样品值

城市	FAC1-1	FAC2-1
合肥市	3.302	–1.008
淮北市	–0.359	0.760
亳州市	–0.775	–0.812
宿州市	–0.719	–0.424
蚌埠市	0.104	–0.374
阜阳市	–0.365	–1.289
淮南市	–0.059	1.435
滁州市	–0.285	–0.686
六安市	–0.423	–0.846
马鞍山	0.856	2.655
巢湖市	–0.401	–0.320
芜湖市	1.070	0.299
宣城市	–0.244	0.091
铜陵市	–0.376	0.597
池州市	–0.832	0.353
安庆市	0.195	–0.805
黄山市	–0.690	0.375

② 旋转后因子载荷阵每行元素最大绝对值的平均值 $b_2^\Gamma, \cdots, b_6^\Gamma$ 的计算:

在图 6.3 Extraction 子对话框 Extract 子选项中, Fixed number of factors 表示直接确定主成分个数 2, 在图 6.4 Rotation 子对话框选中 Varimax 选项, 点击主对话框 OK 按钮 (图 6.1), 运行因子分析程序, 选出 2 列旋转后因子载荷阵, 见表 6.10.

表 6.10 2 列旋转后因子载荷阵

	因子	
	1	2
X_1	.077	.981
X_2	.861	.472
X_3	.902	.358
X_4	.963	–.112
X_5	.648	.720
X_6	.872	.479

• 2 列旋转后因子载荷阵每行元素最大绝对值的平均值 b_2^Γ 的计算:

Transform → ComputeVariable →

(0.981 + 0.861 + 0.902 + 0.963 + 0.720 + 0.872)/6, 并令其为 b_2^Γ →

OK, 数据窗口 b_2^Γ 栏有 0.883.

在图 6.3 Extraction 子对话框 Extract 子选项中, Fixed number of factors 表示直接确定主成分个数 3; 在图 6.4 Rotation 子对话框选中 Varimax 选项, 点击主对话框 OK 按钮 (图 6.1), 运行因子分析程序, 选出 3 列旋转后因子载荷阵, 见表 6.11.

表 6.11 3 列旋转后因子载荷阵

	因子		
	1	2	3
X_1	.199	−.033	.973
X_2	.702	.549	.413
X_3	.834	.488	.246
X_4	.414	.908	−.056
X_5	.614	.354	.661
X_6	.673	.588	.435

• 3 列旋转后因子载荷阵每行元素最大绝对值的平均值 b_3^Γ 的计算:

Transform → ComputeVariable →

(0.973 + 0.702 + 0.834 + 0.908 + 0.661 + 0.673)/6, 并令其为 b_3^Γ →

OK, 数据窗口 b_3^Γ 栏有 0.792.

其他 $b_4^\Gamma, b_5^\Gamma, b_6^\Gamma$ 的计算类似. 结果列于表 6.3 中.

(三) 主成分分析结果的计算

初始因子与主成分的关系式: 设初始因子载荷阵 $\boldsymbol{B}_p^0$ 的第 i 列为 $\boldsymbol{b}_i^0$, 第 i 个初始因子 n 个样品值向量为 FACi-1, 主成分 Y_i 的方差为 λ_i (协差阵的特征值), 主成分 Y_i 的系数列为 $\boldsymbol{u}_i$, 主成分 Y_i 的 n 个样品值向量为 $\boldsymbol{H}_i$, 则有

$$\boldsymbol{u}_i = \boldsymbol{b}_i^0/(\lambda_i^{1/2}), \quad \boldsymbol{H}_i = \lambda_i^{1/2}\text{FAC}i\text{-1}.$$

(1) 主成分系数计算:

Transform → Compute Variable → 将初始因子载荷阵粘贴入数据窗口 → 选入初始因子载荷阵的第 i 列/sqat (λ_i), 并令为 $\boldsymbol{u}_i$ →OK,

主成分 Y_i 的系数列在数据窗口 $\boldsymbol{u}_i$ 栏.

(2) 主成分样品值计算:

Transform → Compute Variable → 选入 FACi-1_*sqat(λ_i), 并令为 $\boldsymbol{H}_i$ →OK,
主成分 Y_i 的 n 个样品值在数据窗口 H_i 栏.

(3) 主成分样品值排序:

Transform → Rank Cases → 选入主成分样品值向量 $\boldsymbol{H}_1, \cdots, \boldsymbol{H}_m$ →Largest value→OK,
它们的样品值排序在数据窗口 $RH_1, \cdots, RH_m$ 栏.

(4) 综合主成分系数计算:

Transform→Compute Variable→选入 $u_{1*}w_1 + \cdots + u_{m*}w_m$, 并令为 Y →OK,
综合主成分 Y 的系数在数据窗口 Y 栏.

(5) 综合主成分 n 个样品值计算:

Transform→Compute Variable→选入 $\boldsymbol{H}_{1*}w_1 + \cdots + \boldsymbol{H}_{m*}w_m$, 并令为 $\boldsymbol{H}$ →OK,
它们的样品值在数据窗口 H 栏.

(6) 综合主成分样品值排序:

Transform → Rank Cases → 选入综合主成分 n 个样品值 $\boldsymbol{H}$ → Largest value → OK,
它们的样品值排序在数据窗口 RH 栏.

(7) 原始数据排序:

Transform → Rank Cases → 选入变量 $X_1, \cdots, X_p$ → Largest value→OK,
它们的样品值排序在数据窗口 $RX_1, \cdots, RX_p$ 栏.

思考与练习

6.1 试述主成分分析的基本思想.

6.2 简述主成分分析中累积贡献率的具体含义.

6.3 主成分分析的作用体现在何处?

6.4 在主成分分析中“原变量方差之和等于新变量的方差之和”是否正确? 说明理由.

6.5 试述根据协差阵进行主成分分析和根据相关阵进行主成分分析的区别.

6.6 已知 $\boldsymbol{X} = (x_1, x_2, x_3)'$ 的协差阵为

$$\begin{bmatrix} 11 & \sqrt{3}/2 & 3/2 \\ \sqrt{3}/2 & 21/4 & 5\sqrt{3}/4 \\ 3/2 & 5\sqrt{3}/4 & 31/4 \end{bmatrix}.$$

试进行主成分分析.

6.7 设 $\boldsymbol{X}=(x_1,\cdots,x_p)'$ 的协差阵为

$$\boldsymbol{\Sigma}=\sigma^2\begin{bmatrix}1 & \rho & \cdots & \rho\\ \rho & 1 & \cdots & \rho\\ \vdots & \vdots & \ddots & \vdots\\ \rho & \rho & \cdots & 1\end{bmatrix}_{p\times p},\quad 0<\rho<1.$$

证明: $\lambda_1=\sigma^2[1-\rho(1-\rho)]$ 为最大特征根, 其对应的主成分为 $Y_1=\dfrac{1}{\sqrt{p}}\sum\limits_{i=1}^{p}x_i$.

6.8 设 $\boldsymbol{X}=(X_1,X_2)'$ 的协方差矩阵为

$$\boldsymbol{\Sigma}=\begin{bmatrix}1 & 4\\ 1 & 100\end{bmatrix},$$

相应的相关矩阵为

$$\boldsymbol{R}=\begin{bmatrix}1 & 0.4\\ 0.4 & 1\end{bmatrix}.$$

分别从 $\boldsymbol{\Sigma}$ 和 $\boldsymbol{R}$ 出发, 作主成分分析.

6.9 设 $\boldsymbol{X}=(X_1,X_2)'\sim N_2(\boldsymbol{0},\boldsymbol{\Sigma})$, 协方差矩阵 $\boldsymbol{\Sigma}=\begin{bmatrix}1 & \rho\\ \rho & 1\end{bmatrix}$, 其中 ρ 为 X_1 和 X_2 的相关系数 ($\rho>0$).

(1) 试从 $\boldsymbol{\Sigma}$ 出发, 求 $\boldsymbol{X}$ 的两个总体主成分.

(2) 求 $\boldsymbol{X}$ 的等概率密度椭圆的主轴方向.

(3) 试问当 ρ 取多大时, 才能使第一个主成分的贡献率达 95%以上.

6.10 对 10 名男中学生的身高 (X_1)、胸围 (X_2) 和体重 (X_3) 进行测量, 得数据如下表所示. 试对其作主成分分析.

序号	身高 X_1 (厘米)	胸围 X_2 (厘米)	体重 X_3 (千克)
1	149.5	69.5	38.5
2	162.5	77.0	55.5
3	162.7	78.5	50.8
4	162.2	87.5	65.5
5	156.5	74.5	49.0
6	156.1	74.5	45.5

续表

序号	身高 X_1 (厘米)	胸围 X_2 (厘米)	体重 X_3 (千克)
7	172.0	76.5	51.0
8	173.2	81.5	59.5
9	159.5	74.5	43.5
10	157.7	79.0	53.5

6.11 下表是某市工业部门 13 个行业的 8 项重要经济指标的数据, 这 8 项经济指标分别是:

X_1 — 年末固定资产净值, 单位: 万元,

X_2 — 职工人数据, 单位: 人,

X_3 — 工业总产值, 单位: 万元,

X_4 — 全员劳动生产率, 单位: 元/人年,

X_5 — 百元固定资产原值实现产值, 单位: 元,

X_6 — 资金利税率, 单位: %,

X_7 — 标准燃料消费量, 单位: 吨,

X_8 — 能源利用效果, 单位: 万元/吨.

	X_1	X_2	X_3	X_4	X_5	X_6	X_7	X_8
冶金	90342	52455	101091	19272	82	16.1	197435	0.172
电力	4903	1973	2035	10313	34.2	7.1	592077	0.003
煤炭	6735	21139	3767	1780	36.1	8.2	726396	0.003
化学	49454	36241	81557	22504	98.1	25.9	348226	0.985
机器	139190	203505	215898	10609	93.2	12.6	139572	0.628
建材	12215	16219	10351	6382	62.5	8.7	145818	0.066
森工	2372	6572	8103	12329	184.4	22.2	20921	0.152
食品	11062	23078	54935	23804	370.4	41	65486	0.263
纺织	17111	23907	52108	21796	221.5	21.5	63806	0.276
缝纫	1206	3930	6126	15586	330.4	29.5	1840	0.437
皮革	2150	5704	6200	10870	184.2	12	8913	0.274
造纸	5251	6155	10383	16875	146.4	27.5	78796	0.151
文教	14341	13203	19396	14691	94.6	17.8	6354	1.574

如何从这些经济指标出发, 对各工业部门进行综合评价与排序?

6.12 利用主成分分析法, 综合评价下表六个工业行业的经济效益.

(单位: 亿元)

行业名称	资产总计	固定资产净值平均余额	产品销售收入	利润总额
煤炭开采和选业	6917.2	3032.7	683.3	61.6
石油和天然气开采业	5675.9	3926.2	717.5	33877
黑色金属矿采选业	768.1	221.2	96.5	13.8
有色金属矿采选业	622.4	248	116.4	21.6
非金属矿采选业	699.9	291.5	84.9	6.2
其他采矿业	1.6	0.5	0.3	0

6.13 下表是我国 2003 年部分地区农村居民家庭平均每人主要食品消费量, 试用主成分分析法对各主要食品和地区进行分类.

(单位: 千克)

地区	粮食	蔬菜	食油	猪牛羊肉	家禽	蛋类及其制品	水产品	食糠	酒
北京	134.05	92.78	9.15	14.6	2.17	10.13	4.25	2.92	14.42
天津	150.2	69.99	10	11.07	0.84	10.8	8.35	0.72	10.14
河北	216.72	55.97	6.59	7.1	0.54	6.36	2.25	0.65	7.29
山西	218.91	80.87	5.72	5.36	0.24	6.15	0.47	1.15	2.59
内蒙	207.3	70.77	2.79	21.18	1.41	3.82	1.45	1.34	10.77
辽宁	194.39	178.59	5.9	16.45	2.51	9.59	4.49	0.73	10.8
吉林	255.99	115.2	6.27	11.42	3.23	8.64	3.6	0.75	13.64
黑龙江	195.08	111.7	7.62	7.85	2.61	6.26	3.35	0.9	15.09
上海	189.44	76.6	8.59	16.37	7.4	7.51	16.11	2.12	16.77
江苏	251.98	109.12	8.27	12.05	4.5	6.72	9.09	1.3	8.82
浙江	208.46	83.91	5.81	16.42	6.03	5.33	14.64	2.13	24.15
安徽	228.35	80.97	6.87	9.07	4.27	5.04	5.43	1.42	10.61
福建	198.27	99.92	5.19	16.51	5.14	3.55	13.3	2.35	16.84
江西	264.8	144.22	8.77	13.24	3.31	3.5	5.19	1.13	7.31
山东	229.06	118.19	6.96	8.09	2.7	11.61	4.01	1	10.81
河南	236.97	100.11	4.22	6.48	1.23	8.01	1.35	1.13	4.23
湖南	227.39	159.76	9.4	19.86	2.74	3.86	8.1	0.92	7.29
湖北	247.21	149.44	8.35	17.51	3.89	3.28	6.89	1.13	4.02
广东	233.75	130.22	6.73	22.27	10.4	2.83	13.3	2.16	3.33
广西	205.65	108.94	4.92	14.44	7.33	1.12	3.57	1.18	6.14
海南	236.31	86.61	5.7	15.4	9.77	1.31	14.75	1.24	3.88

6.14 根据习题 4.12 中 2003 年我国大部分城市的主要经济指标数据, 利用主成分分析法对这些地区进行分类.

第七章　因 子 分 析

第一节　引　　言

因子分析是 Charles Spearman 在 1904 年发表的文章《对智力测验得分进行统计分析》中首次提出, 他用这种方法来解决智力测验得分的问题. 目前, 因子分析在教育学、心理学、社会学、经济学、管理学等许多学科中都取得了成功的应用, 它是多元统计分析中的典型方法之一.

因子分析 (factor analysis) 也是一种数据降维技术. 它的基本思想是用少数几个新变量 (因子) 的线性组合来表示多个原变量之间的关系, 且能尽可能多地反映原变量的信息. 原变量是可观测的显在变量, 而因子一般是不可观测的潜在变量. 例如, 在学生统计学成绩评价中, 老师可以出 p 个题的变量构成评价的指标体系, 评价学生在记忆、理解、计算、分析、解释、推断等 m 个方面 (因子) 的能力, 这 m 个方面的能力是客观存在的、抽象的影响因素, 不能直接测量, 只能通过 p 个题的变量构成的指标体系进行间接反映. 因子分析就是通过显在变量测评少数几个潜在变量 (因子), 且尽可能多地反映显在变量信息的一种统计方法. 又如, 在研究区域社会经济发展中, 描述社会经济现象的指标较多, 以致分析过程复杂, 一个合适的做法就是从这些社会经济指标中提取少数几个因子, 用这些因子反映社会经济指标间的相互作用, 且帮助我们对社会经济发展问题进行深入分析、合理解释和正确评价.

第二节　因子分析模型

一、因子分析模型 L

Johnson & Wichern (2007) 认为, 传统因子分析模型的公因子不能降维. 张尧庭和方开泰 (1982) 认为, 传统因子分析模型的公因子有时会失去一些变量的解释. 林海明和王翊 (2007) 用改进的因子分析模型 L 求出了传统因子分析模型的解 (1975 年 Kendall 认为不可能求出其解), 证实了这些观点, 即传统因子分析模型不是更好的模型. 林海明 (2013) 在方开泰教授的帮助下, 证明了因子分析模型 L 的因子具有能降维、能较清晰解释所有变量、误差较小的优良性, 并用实例说明了最大似然法、主因子法误差较大, 有时会丢掉变量的解释. 故以下采用因子分析模型 L.

因子分析模型 L　设 p 维原变量 $\boldsymbol{X}=(X_1,X_2,\cdots,X_p)'$, $\mathrm{E}(\boldsymbol{X})=\boldsymbol{\mu}=(\mu_1,\mu_2,\cdots,\mu_p)'$, $m(\leqslant p)$ 维因子 $\boldsymbol{F}=(F_1,F_2,\cdots,F_m)'$, 由因子分析的基本思想, 将每个变量 X_i 表示成因子 $F_1,F_2,\cdots,F_m$ 的线性函数与误差 ε_i 之和, 即

$$X_i-\mu_i=a_{i1}F_1+a_{i2}F_2+\cdots+a_{im}F_m+\varepsilon_i,\quad i=1,2,\cdots,p.$$

用矩阵表示为

$$\boldsymbol{X}-\boldsymbol{\mu}=\boldsymbol{A}\boldsymbol{F}+\boldsymbol{\varepsilon}, \tag{7.1}$$

这里 $\boldsymbol{A}=(a_{ij})_{p\times m}$ 称为**因子载荷阵**, a_{ij} 称为**因子载荷**, $\boldsymbol{\varepsilon}=(\varepsilon_1,\varepsilon_2,\cdots,\varepsilon_p)'$ 称为**误差向量**, 求 $\boldsymbol{A},\boldsymbol{F}$, 且满足:

(1) $\mathrm{E}(\boldsymbol{F})=\boldsymbol{0},\quad \mathrm{E}(\boldsymbol{\varepsilon})=\boldsymbol{0},\quad \mathrm{Cov}(\boldsymbol{F},\boldsymbol{\varepsilon})=\boldsymbol{0}$, 即因子与误差不相关;　(7.2)

(2) $\mathrm{Var}(\boldsymbol{F})=\boldsymbol{I}_m=\begin{bmatrix}1&0&\cdots&0\\0&1&\cdots&0\\\vdots&\vdots&\ddots&\vdots\\0&0&\cdots&1\end{bmatrix}$, 即因子之间不相关且方差为 1;　(7.3)

(3) $\mathrm{tr}(\boldsymbol{A}\boldsymbol{A}')$ 达到最大化.　(7.4)

因子载荷 a_{ij} 是第 i 个变量 X_i 在第 j 个因子 F_j 上的负荷, 如果把变量 X_i 看成 m 维空间 $(F_1,F_2,\cdots,F_m)$ 中的一个点, 则 a_{ij} 表示它在坐标轴 F_j 上的投影.

二、因子分析模型 L 的性质

设变量 $\boldsymbol{X}$ 的协差阵 $\boldsymbol{\Sigma}=(\sigma_{ij})_{p\times p}$.

性质 1　$\boldsymbol{\Sigma}=\boldsymbol{A}\boldsymbol{A}'+\mathrm{Var}(\boldsymbol{\varepsilon})$.　(7.5)

证明　由式 (7.1) 和 (7.2) 得

$$\begin{aligned}\mathrm{Var}(\boldsymbol{X})=\mathrm{Var}(\boldsymbol{A}\boldsymbol{F}+\boldsymbol{\varepsilon})&=\mathrm{E}[(\boldsymbol{A}\boldsymbol{F}+\boldsymbol{\varepsilon})(\boldsymbol{A}\boldsymbol{F}+\boldsymbol{\varepsilon})']\\&=\boldsymbol{A}\mathrm{E}(\boldsymbol{F}\boldsymbol{F}')\boldsymbol{A}'+\boldsymbol{A}\mathrm{E}(\boldsymbol{F}\boldsymbol{\varepsilon}')+\mathrm{E}(\boldsymbol{\varepsilon}\boldsymbol{F}')\boldsymbol{A}'+\mathrm{E}(\boldsymbol{\varepsilon}\boldsymbol{\varepsilon}')\\&=\boldsymbol{A}\mathrm{Var}(\boldsymbol{F})\boldsymbol{A}'+\mathrm{Var}(\boldsymbol{\varepsilon}),\end{aligned}$$

再由式 (7.3) 可得性质 1.

如果 $\boldsymbol{X}$ 为标准化随机向量, 则 $\boldsymbol{\Sigma}$ 就是相关矩阵 $\boldsymbol{R}=(\rho_{ij})_{p\times p}$, 即

$$\boldsymbol{R}=\boldsymbol{A}\boldsymbol{A}'+\mathrm{Var}(\boldsymbol{\varepsilon}).$$

性质 2　因子可旋转, 因子不唯一.

证明 设 $\boldsymbol{T}$ 为 $m\times m$ 的正交矩阵, 令 $\boldsymbol{A}^*=\boldsymbol{AT},\boldsymbol{F}^*=\boldsymbol{T}'\boldsymbol{F}$, 则模型可以表示为

$$\boldsymbol{X}-\boldsymbol{\mu}=\boldsymbol{A}^*\boldsymbol{F}^*+\boldsymbol{\varepsilon}.$$

由于

$$\begin{aligned}
&\mathrm{E}(\boldsymbol{F}^*)=\mathrm{E}(\boldsymbol{T}'\boldsymbol{F})=\boldsymbol{T}'\mathrm{E}(\boldsymbol{F})=\boldsymbol{0},\quad \mathrm{E}(\boldsymbol{\varepsilon})=\boldsymbol{0},\\
&\mathrm{Cov}(\boldsymbol{F}^*,\boldsymbol{\varepsilon})=\mathrm{E}(\boldsymbol{F}^*\boldsymbol{\varepsilon}')=\boldsymbol{T}'\mathrm{E}(\boldsymbol{F}\boldsymbol{\varepsilon}')=\boldsymbol{0},\\
&\mathrm{Var}(\boldsymbol{F}^*)=\boldsymbol{T}'\mathrm{Var}(\boldsymbol{F})\boldsymbol{T}=\boldsymbol{T}'\boldsymbol{T}=\boldsymbol{I}_m,\\
&\mathrm{tr}(\boldsymbol{A}^*\boldsymbol{A}^{*'})=\mathrm{tr}[\boldsymbol{AT}(\boldsymbol{AT})']=\mathrm{tr}(\boldsymbol{ATT}'\boldsymbol{A}')=\mathrm{tr}(\boldsymbol{AA}').
\end{aligned}$$

所以仍然满足模型的条件. 因此, 因子可旋转, 因子不唯一.

在实际的应用中有时会利用这一点, 通过因子的旋转, 使得新的因子有更好的实际意义.

性质 3 $r_{X_i,F_j}=\dfrac{a_{ij}}{\sqrt{\sigma_{ii}}}.$ (7.6)

证明 从式 (7.1) 第 i 行, 式 (7.2) 得

$$\begin{aligned}
\mathrm{Cov}(X_i,F_j)&=\mathrm{Cov}\left(\sum_{k=1}^m a_{ik}F_k+\varepsilon_i,F_j\right)\\
&=\mathrm{Cov}\left(\sum_{k=1}^m a_{ik}F_k,F_j\right)+\mathrm{Cov}(\varepsilon_i,F_j)=a_{ij},\\
r_{X_i,F_j}&=\frac{a_{ij}}{\sqrt{\mathrm{Var}(X_i)\mathrm{Var}(F_j)}}=\frac{a_{ij}}{\sqrt{\sigma_{ii}}}.
\end{aligned}$$

如果对 X_i 作了标准化处理, 即 $\sigma_{ii}=1$, 则有 $r_{X_i,F_j}=a_{ij}$, 即此时因子载荷 a_{ij} 是 X_i 与 F_j 的相关系数. 它一方面表示 X_i 对 F_j 的依赖程度, 绝对值越大, 密切程度越高; 另一方面也反映了变量 X_i 对因子 F_j 的相对重要性. 了解这一点对我们理解抽象的因子含义很有帮助.

因子载荷矩阵 $\boldsymbol{A}$ 第 i 行元素的平方和

$$h_i^2=\sum_{j=1}^m a_{ij}^2,\quad i=1,2,\cdots,p \tag{7.7}$$

称为变量 X_i 的**共同度**.

性质 4 变量 X_i 的共同度 h_i^2 描述了全部因子解释变量 X_i 的方差 (信息), 反映了因子对变量 X_i 的影响程度, 具有正交旋转不变性.

证明 由因子模型, 可知

$$
\begin{aligned}
\operatorname{Var}(X_i) &= a_{i1}^2\operatorname{Var}(F_1) + a_{i2}^2\operatorname{Var}(F_2) + \cdots + a_{im}^2\operatorname{Var}(F_m) + \operatorname{Var}(\varepsilon_i) \\
&= a_{i1}^2 + a_{i2}^2 + \cdots + a_{im}^2 + \operatorname{Var}(\varepsilon_i) \\
&= h_i^2 + \operatorname{Var}(\varepsilon_i).
\end{aligned}
$$

此式说明变量 X_i 的方差由两部分组成: 第一部分为共同度 h_i^2, 它说明了全部因子解释变量 X_i 的方差 (信息), 反映了因子对变量 X_i 的影响程度; 第二部分为误差 ε_i 对变量 X_i 方差的解释, 通常称为误差方差.

如果对 X_i 作了标准化处理, 则有

$$1 = h_i^2 + \operatorname{Var}(\varepsilon_i).$$

因子载荷矩阵 $\boldsymbol{A}$ 第 j 列元素的平方和

$$g_j^2 = \sum_{i=1}^{p} a_{ij}^2, \quad j = 1, 2, \cdots, m \tag{7.8}$$

称为因子 F_j 对 $\boldsymbol{X}$ 的**方差贡献**.

性质 5 g_j^2 表示因子 F_j 解释所有变量 $\boldsymbol{X}$ 方差 (信息) 的和, 它是衡量因子 F_j 相对重要性的一个尺度, 正交旋转后会改变.

证明

$$
\begin{aligned}
\operatorname{Var}(X_1) &= a_{11}^2 + \cdots + a_{1j}^2 + \cdots + a_{1m}^2 + \operatorname{Var}(\varepsilon_1), \\
\operatorname{Var}(X_2) &= a_{21}^2 + \cdots + a_{2j}^2 + \cdots + a_{2m}^2 + \operatorname{Var}(\varepsilon_2), \\
&\cdots\cdots\cdots\cdots \\
\operatorname{Var}(X_p) &= a_{p1}^2 + \cdots + a_{pj}^2 + \cdots + a_{pm}^2 + \operatorname{Var}(\varepsilon_p),
\end{aligned}
$$

即 g_j^2 表示因子 F_j 解释所有变量 $\boldsymbol{X}$ 方差 (信息) 的和.

性质 6 式 (7.4) 表示全部因子 $\boldsymbol{F}$ 能尽可能多地反映 $\boldsymbol{X}$ 的信息.

证明 由性质 4, 共同度 h_i^2 描述了全部因子解释变量 X_i 的信息, 故 $\sum\limits_{i=1}^{p} h_i^2$ 描述了全部因子解释变量 $X_1, X_2, \cdots, X_p$ 的信息. 因为

$$\sum_{i=1}^{p} h_i^2 = \sum_{i=1}^{p}\sum_{j=1}^{m} a_{ij}^2 = \operatorname{tr}(\boldsymbol{A}\boldsymbol{A}'),$$

故 (7.4) 式表示全部因子 $\boldsymbol{F}$ 能尽可能多地反映 $\boldsymbol{X}$ 的信息.

三、因子分析模型 L 的解

将主成分标准化并用 Wely 的一个引理, 可得出因子分析模型 L 的解.

(一) 初始因子解

设 $\boldsymbol{\Sigma}$ 的特征值为 $\lambda_1 \geqslant \lambda_2 \geqslant \cdots \geqslant \lambda_p \geqslant 0$, 相应的单位正交特征向量为 $\boldsymbol{u}_1, \boldsymbol{u}_2, \cdots, \boldsymbol{u}_p, i = 1, 2, \cdots, p$, 则主成分 $Y_i = \boldsymbol{u}_i'\boldsymbol{X}, \mathrm{Var}(Y_i) = \lambda_i, i = 1, 2, \cdots, p$. 设

$$\boldsymbol{B}_m^0 = (\sqrt{\lambda_1}\boldsymbol{u}_1, \sqrt{\lambda_2}\boldsymbol{u}_2, \cdots, \sqrt{\lambda_m}\boldsymbol{u}_m) \cong (b_{ij}^0)_{p\times m} \cong (\boldsymbol{b}_1^0, \boldsymbol{b}_2^0, \cdots, \boldsymbol{b}_m^0), \tag{7.9}$$

将前 m 个主成分标准化得

$$\boldsymbol{F}_m^0 = \left(\frac{\boldsymbol{u}_1'(\boldsymbol{X}-\boldsymbol{\mu})}{\sqrt{\lambda_1}}, \frac{\boldsymbol{u}_2'(\boldsymbol{X}-\boldsymbol{\mu})}{\sqrt{\lambda_2}}, \cdots, \frac{\boldsymbol{u}_m'(\boldsymbol{X}-\boldsymbol{\mu})}{\sqrt{\lambda_m}}\right)' \cong (\boldsymbol{F}_1^0, \boldsymbol{F}_2^0, \cdots, \boldsymbol{F}_m^0)'.$$

定理 1 $\boldsymbol{A} = \boldsymbol{B}_m^0, \boldsymbol{F} = \boldsymbol{F}_m^0$ 是因子分析模型 L 的解, 且

$$\max\{\mathrm{tr}(\boldsymbol{A}\boldsymbol{A}')\} = \sum_{i=1}^m \lambda_i,$$

这里, $\boldsymbol{B}_m^0$ 称为初始因子载荷阵, $\boldsymbol{F}_m^0$ 称为初始因子.

(证明见林海明, 2009.)

为了用已有软件计算, 因子分析模型 L 的初始解 $\boldsymbol{B}_m^0, \boldsymbol{F}_m^0$ 是传统主成分分析法不旋转的因子载荷阵及其回归的因子得分.

(二) 旋转后因子解

因子分析的目标之一就是要对所提取的抽象因子的实际含义进行合理解释. 如果每个变量仅在一个因子上有最大绝对值的相关系数, 而在其余的因子上的相关系数绝对值至多达到中等, 则称此为**简单结构**. 比较而言, 如果每个变量仅在一个因子上有较大绝对值的相关系数, 则称此为**更好简单结构**. 这时对于每个因子 F_j 而言 (即因子载荷阵的第 j 列), 它在部分变量上的相关系数绝对值较大, 便可看出因子 F_j 的含义. 更好简单结构用因子载荷阵每行相关系数最大绝对值的平均值度量. 有时初始因子载荷阵 $\boldsymbol{B}_m^0$ 没有达到更好简单结构, 这时需要通过因子旋转的方法, 找出更好简单结构的因子载荷阵.

因子旋转方法有正交旋转和斜交旋转两类, 实践中, 我们常用的方法是最大方差正交旋转法, 这里介绍最大方差正交旋转. 对因子作方差最大化正交旋转就是对因子载荷阵 $\boldsymbol{A}$ 作方差最大化正交变换, 右乘正交矩阵 $\boldsymbol{\Gamma}$, 使得 $\boldsymbol{A}^{\Gamma} = \boldsymbol{A}\boldsymbol{\Gamma}$ 有更鲜明的实际意义, 旋转以后的因子为 $\boldsymbol{F}^{\Gamma} = \boldsymbol{\Gamma}'\boldsymbol{F}$.

令

$$\boldsymbol{A}^* = \boldsymbol{A}\boldsymbol{\Gamma} = (a_{ij}^*)_{p\times m},$$

$$d_{ij} = a_{ij}^*/h_i, \quad \overline{d}_j = \frac{1}{p}\sum_{i=1}^{p} d_{ij}^2, \quad i = 1, \cdots, p, \quad j = 1, \cdots, m,$$

则 $\boldsymbol{A}^*$ 的第 j 列元素平方的相对方差可定义为

$$V_j = \frac{1}{p}\sum_{i=1}^{p}(d_{ij}^2 - \overline{d}_j)^2. \tag{7.10}$$

用 a_{ij}^* 除以 h_i 是为了消除各个原始变量 X_i 对因子依赖程度不同的影响; h_i^2 是共同度, 取 d_{ij}^2 是为了消除 d_{ij} 符号不同的影响.

所谓最大方差正交旋转法就是选择正交矩阵 $\boldsymbol{\Gamma}$, 使得矩阵 $\boldsymbol{A}^*$ 所有 m 列元素平方的相对方差之和

$$V = V_1 + V_2 + \cdots + V_m \tag{7.11}$$

达到最大.

当 $m = 2$ 时, 设已求出的因子载荷矩阵为

$$\boldsymbol{A} = \begin{bmatrix} a_{11} & a_{12} \\ a_{21} & a_{22} \\ \vdots & \vdots \\ a_{p1} & a_{p2} \end{bmatrix}.$$

现选取正交变换矩阵 $\boldsymbol{\Gamma}$ 进行因子旋转, $\boldsymbol{\Gamma}$ 可以表示为

$$\boldsymbol{\Gamma} = \begin{bmatrix} \cos\theta & -\sin\theta \\ \sin\theta & \cos\theta \end{bmatrix},$$

这里 θ 是坐标平面上因子轴按顺时针方向旋转的角度, 只要求出 θ, 也就求出了 $\boldsymbol{\Gamma}$, 则有

$$\begin{aligned}\boldsymbol{A}^* = \boldsymbol{A}\boldsymbol{\Gamma} &= \begin{bmatrix} a_{11}\cos\theta + a_{12}\sin\theta & -a_{11}\sin\theta + a_{12}\cos\theta \\ a_{21}\cos\theta + a_{22}\sin\theta & -a_{21}\sin\theta + a_{22}\cos\theta \\ \vdots & \vdots \\ a_{p1}\cos\theta + a_{p2}\sin\theta & -a_{p1}\sin\theta + a_{p2}\cos\theta \end{bmatrix} \\ &= \begin{bmatrix} a_{11}^* & a_{12}^* \\ a_{21}^* & a_{22}^* \\ \vdots & \vdots \\ a_{p1}^* & a_{p2}^* \end{bmatrix},\end{aligned}$$

$$d_{ij} = a_{ij}^*/h_i, \quad \overline{d}_j = \frac{1}{p}\sum_{i=1}^{p} d_{ij}^2, \quad i = 1, 2, \cdots, p, \quad j = 1, 2.$$

这样, 根据 (7.10) 和 (7.11) 式即可求出 $\boldsymbol{A}^*$ 各列元素平方的相对方差之和 V. 显然, V 是旋转角度 θ 的函数, 按照最大方差正交旋转法的原则, 求 θ 使得 V 达到最大. 由微积分中求极值的方法, 将 V 对 θ 求导, 并令其为零, 可以推出 θ 满足

$$\mathrm{tg}4\theta = \frac{D - 2AB/p}{C - (A^2 - B^2)/p}, \tag{7.12}$$

其中

$$A = \sum_{i=1}^{p} u_i, \quad B = \sum_{i=1}^{p} v_i, \quad C = \sum_{i=1}^{p} (u_i^2 - v_i^2), \quad D = 2\sum_{i=1}^{p} u_i v_i,$$

而

$$u_i = \left(\frac{a_{i1}}{h_i}\right)^2 + \left(\frac{a_{i2}}{h_i}\right)^2, \quad v_i = 2\frac{a_{i1}a_{i2}}{h_i^2}.$$

当 $m > 2$ 时, 我们可以逐次对每两个因子进行上述旋转. 对因子 F_l 和 F_k 进行旋转, 就是对 $\boldsymbol{A}$ 的第 l 和 k 两列进行正交变换, 使这两列元素平方的相对方差之和达到最大, 而其余各列不变, 其正交变换矩阵为

$$\boldsymbol{\Gamma}_{lk} = \left[\begin{array}{cccccccccc} 1 &&&&&&&&& \\ & \ddots &&&&&&&& \\ && \cos\theta &&&& -\sin\theta &&& \\ &&& 1 &&&&&& \\ &&&& \ddots &&&&& \\ &&&&& 1 &&&& \\ && \sin\theta &&&& \cos\theta &&& \\ &&&&&&& 1 && \\ &&&&&&&& \ddots & \\ &&&&&&&&& 1 \end{array}\right) \begin{array}{c} \\ \\ l \\ \\ \\ \\ k \\ \\ \\ \\ \end{array},$$

其中 θ 是因子轴 F_l 和 F_k 的旋转角度, 矩阵中其余位置上的元素全为 0. m 个因子两两配对旋转共需要进行 $\mathrm{C}_m^2 = \dfrac{1}{2}m(m-1)$ 次, 称其为完成了第一次旋转, 并记第一轮旋转后的因子载荷矩阵为 $\boldsymbol{A}^{(1)}$. 然后再重新开始, 进行第二轮的 C_m^2 次配对旋转, 新的因子载荷矩阵记为 $\boldsymbol{A}^{(2)}$. 这样可以得到一系列的因子载荷矩阵为

$$\boldsymbol{A}^{(1)}, \ \boldsymbol{A}^{(2)}, \ \cdots, \ \boldsymbol{A}^{(s)}, \ \cdots.$$

记 $V^{(s)}$ 为 $\boldsymbol{A}^{(s)}$ 各列元素平方的相对方差之和, 则必然有

$$V^{(1)} \leqslant V^{(2)} \leqslant \cdots \leqslant V^{(s)} \leqslant \cdots.$$

这是一个有界的单调上升数列, 因此, 一定会收敛到某一个极限. 在实际应用中, 当 $V^{(s)}$ 的值变化不大时, 即可停止旋转.

设 $\boldsymbol{\Gamma}$ 是 $\boldsymbol{B}_m^0\boldsymbol{\Gamma}$ 达到最大方差正交旋转矩阵, 由定理 1 和性质 2, 则有

定理 2 $\boldsymbol{A}=\boldsymbol{B}_m^0\boldsymbol{\Gamma}, \boldsymbol{F}=\boldsymbol{\Gamma}'\boldsymbol{F}_m^0$ 是因子分析模型 L 的解, 且

$$\max\{\mathrm{tr}(\boldsymbol{A}\boldsymbol{A}')\}=\sum_{i=1}^{m}\lambda_i.$$

其中, $\boldsymbol{B}_m^0\boldsymbol{\Gamma}$ 称为**旋转后因子载荷阵**, $\boldsymbol{\Gamma}'\boldsymbol{F}_m^0$ 称为**旋转后因子**, $\max\{\mathrm{tr}(\boldsymbol{A}\boldsymbol{A}')\}/p=\sum\limits_{i=1}^{m}\lambda_i/p$ 称为**因子累计方差贡献率**.

为了用已有软件计算, 因子分析模型 L 的旋转后解 $\boldsymbol{B}_m^0\boldsymbol{\Gamma}, \boldsymbol{\Gamma}'\boldsymbol{F}_m^0$ 是传统主成分分析法的旋转后因子载荷阵及其回归的因子得分. 结合初始解, 有:

结论 因子分析模型 L 的解是主成分分析法的因子载荷阵及其回归的因子得分.

主成分与因子的主要区别是: 方差和旋转.

事实上, 由式 (7.3)、主成分分析模型的解、性质 2、上一章性质 1 的推论有: 通常前几个主成分的方差大于 1, 而因子的方差全部是 1; 主成分不能旋转, 因子能旋转.

因为随机变量方差大 (小), 取值分散 (集中), 故有

结论 主成分与因子的计量不同, 不能混淆.

因子与主成分的关系 因子是标准化主成分或其旋转.

主成分与因子的关系式

(1) 主成分系数向量 $\boldsymbol{u}_i=\boldsymbol{b}_i^0/\lambda_i^{1/2}, i=1,2,\cdots,p$, 这里 λ_i 是 $\boldsymbol{\Sigma}$ 相应的特征值, $\boldsymbol{b}_i^0$ 是初始因子载荷阵 $\boldsymbol{B}_p^0$ 的第 i 列.

(2) 主成分 $Y_i=\lambda_i^{1/2}F_i^0[\mathrm{E}(Y_i)=0], i=1,2,\cdots,p$, 这里 λ_i 是 $\boldsymbol{\Sigma}$ 相应的特征值, F_i^0 是第 i 个初始因子.

(3) $\boldsymbol{X}$ 标准化下, 初始因子载荷阵 $\boldsymbol{B}_m^0$ 是变量 $\boldsymbol{X}$ 与主成分 $\boldsymbol{Y}_m$ 的相关阵 (这是主成分与因子唯一相同的地方).

这些可由式 (7.9), 定理 1 和定理 2, 及上一章变量与主成分的相关阵便可得出.

第三节 因子分析应用中应注意的问题

一、实际应用中因子分析的出发点

因子的结果用于实际的条件是: 该结果能解释数据. 故还需要因子能解释数据的条件.

条件 1 变量是正向化、标准化的, 仍记为 $\boldsymbol{X}=(X_1,X_2,\cdots,X_p)'$.

条件 2 因子是否旋转的判定.

$\boldsymbol{X}$ 标准化下, 因子载荷是相关系数, 设初始因子载荷阵为 $\boldsymbol{B}_s^0$, s 是 $\boldsymbol{B}_p^0$ 每行元素有最大绝对值矩阵的最小列数 (如表 7.2 中的 $\boldsymbol{B}_2^0$); 不同列数旋转后因子载荷阵为 $\boldsymbol{B}_s^\Gamma,\cdots,\boldsymbol{B}_p^\Gamma$, 设因子载荷阵 $\boldsymbol{B}_s^0,\boldsymbol{B}_s^\Gamma,\cdots,\boldsymbol{B}_p^\Gamma$ 每行元素最大绝对值的平均值分别为 $b_s^0,b_s^\Gamma,\cdots,b_p^\Gamma$ (如表 7.3), b_s^0 反映了变量与初始因子的平均相关性, $b_t^\Gamma, s\leqslant t<p$ 反映了变量与旋转后因子的平均相关性. 由此有

结论 (1) 如果 $b_s^0\geqslant \max\limits_{s\leqslant k\leqslant p}\{b_k^\Gamma\}$, 或 b_s^0 与 $\max\limits_{s\leqslant k\leqslant p}\{b_k^\Gamma\}$ 差异不大, 即初始因子解释变量的相关性较高或较合理, 此时, 用 $\boldsymbol{B}_s^0$ 的初始因子代替原变量更好或较合理.

(2) 如果有 $b_l^\Gamma>b_s^0, b_l^\Gamma$ 与 $\max\limits_{s\leqslant k\leqslant p}\{b_k^\Gamma\}$ 差异不大, $\boldsymbol{B}_l^\Gamma$ 的列数较小, 即旋转后因子解释变量的相关性较高或较合理, 此时, 用 $\boldsymbol{B}_l^\Gamma$ 的旋转后因子代替原变量更好或较合理.

设上述结论中相应的因子载荷阵为 $\boldsymbol{B}_t$, 即如果用 $\boldsymbol{B}_s^0, \boldsymbol{B}_t=\boldsymbol{B}_s^0$; 如果用 $\boldsymbol{B}_t^\Gamma, \boldsymbol{B}_t=\boldsymbol{B}_t^\Gamma$.

条件 3 因子个数 m 的确定. 由 $\boldsymbol{B}_p=(\boldsymbol{B}_t,\lambda_{s+1}^{1/2}\boldsymbol{u}_{s+1},\cdots,\lambda_p^{1/2}\boldsymbol{u}_p)$, 设与变量显著相关的全部因子是 $F_1,\cdots,F_m$, 则因子个数为 m, 设相应的因子载荷阵为 $\boldsymbol{B}_m$.

事实上, 设显著相关的临界值为 $r_\alpha(n-2)$ (正态分布时有结果), 由变量与因子的相关阵 $\boldsymbol{B}_p$, 如果与变量显著相关的全部因子是 $F_1,\cdots,F_m$, 则因子 $F_1,\cdots,F_m$ 解释了原变量 $\boldsymbol{X}$ 的主要信息, 即因子个数取为 m. 这样确定因子个数 m 的好处是, 不会漏掉原变量的解释, 也不会多余.

条件 4 因子的命名与正向化. 通过 $\boldsymbol{B}_m$, 由与因子 F_j 显著相关的变量及其与 F_j 的相关系数进行.

事实上, 因子 $F_1,\cdots,F_m$ 能代替原变量, 意味着 $F_1,\cdots,F_m$ 能解释原变量及其方向, 故因子有其意义和方向. 由 $\boldsymbol{B}_m$, 确定与因子 F_j 显著相关的原变量, 用这些变量及其与 F_j 的相关系数, 对因子 F_j 进行命名和正向化. 具体作法:

(1) 若与因子 F_j 显著相关的变量为显著正相关, 此时这些变量是相互促进的变量, 可从这些变量的意义中提炼出 F_j 的命名, 因其综合影响是越大越好, 故方向是正的.

(2) 若与因子 F_j 显著相关的变量有一些是显著正相关 (前部分)、一些是显著负相关 (后部分), 此时前部分变量与后部分变量是相互制约的, 则 F_j 是前部分变量与后部分变量对比影响因子. 如果这些变量的综合影响是越大越好, 则 F_j 方向是正的; 如果这些变量的综合影响不是越大越好, 则第 j 个因子取 $-F_j$ 得到正向的因子. 正向化后的因子仍然记为 $F_1,\cdots,F_m$.

符合上述 4 个条件时, 因子 $F_1, \cdots, F_m$ 代替原来变量 $X_1, \cdots, X_p$ 是更好的. 因此, 实际应用中, 因子分析的具体步骤为:

(1) 数据预处理: 将原始数据正向化、标准化, 记为 $\boldsymbol{X} = (X_1, X_2, \cdots, X_p)'$.

(2) 判断变量是否可降维: 由相关阵 $\boldsymbol{R}$, 如果变量之间高度相关, 则变量可降维.

(3) 因子是否旋转的判别: 设 $\boldsymbol{B}_s^0$ 是初始因子载荷阵 $\boldsymbol{B}_p^0$ 每行有最大绝对值的最小列数矩阵, 不同列数的旋转后因子载荷阵 $\boldsymbol{B}_s^\Gamma, \cdots, \boldsymbol{B}_p^\Gamma$, 用 $\boldsymbol{B}_s^0, \boldsymbol{B}_s^\Gamma, \cdots, \boldsymbol{B}_p^\Gamma$ 分别计算因子载荷阵每行元素最大绝对值的平均值 $b_s^0, b_s^\Gamma, \cdots, b_p^\Gamma$. 如果 b_s^0 较大, 或 b_s^0 与 $\max\limits_{s \leqslant k \leqslant p}\{b_k^\Gamma\}$ 差异不大, 则用初始因子代替原变量 $\boldsymbol{X}$ 更好或较合理; 如果有 $b_l^\Gamma > b_s^0$, 或 b_l^Γ 与 $\max\limits_{s \leqslant k \leqslant p}\{b_k^\Gamma\}$ 差异不大, $\boldsymbol{B}_l^\Gamma$ 的列数较小, 即旋转后因子解释变量的相关性较高, 此时, 用 $\boldsymbol{B}_l^\Gamma$ 的旋转后因子代替原变量更好或较合理. 设相应的因子载荷阵为 $\boldsymbol{B}_t$.

(4) 确定因子个数 m: 由 $\boldsymbol{B}_p = (\boldsymbol{B}_t, \lambda_{t+1}^{1/2}\boldsymbol{u}_{t+1}, \cdots, \lambda_p^{1/2}\boldsymbol{u}_p)$ 和显著相关临界值 $r_\alpha(n-2)$, 变量显著相关的全部因子个数即为 m, 设相应的因子载荷阵为 $\boldsymbol{B}_m$.

(5) 因子命名与正向化: 由 $\boldsymbol{B}_m$ 用与因子显著相关的变量及其相关系数进行. 命名与正向化后的因子仍然记为 $F_1, \cdots, F_m$.

(6) 给出样品的因子值: 样品的 m 个因子值矩阵便代替了 (正向化、标准化的) 原始数据, 成为样品的因子观测数据阵.

(7) 根据样品的因子值矩阵, 可作因子分析的综合评价、因子回归、因子聚类等.

二、如何利用因子分析进行综合评价

设 $F_1, \cdots, F_m$ 是符合上述 4 个条件的 m 个因子, 它们的方差贡献分别是 $g_1^2, g_2^2, \cdots, g_m^2$, 因子 F_j 的贡献率为

$$v_j = g_j^2/p, \quad j = 1, 2, \cdots, m.$$

参照主成分能综合的条件:

(1) 正向;

(2) 量纲相同;

(3) 不相关;

(4) 权重合理.

构造因子综合评价函数为

$$F_{\text{综}} = v_1F_1 + v_2F_2 + \cdots + v_mF_m. \tag{7.13}$$

即因子综合评价函数也是两次线性组合后得到的综合评价函数.

第四节　实 例 分 析

一、地区社会经济的综合评价

Johnson 和 Wichern (2007) 给出美国威斯康辛麦迪逊地区 14 个区域 5 个社会经济变量，见表 7.1:

X_1 — 总人口 (千人)，　X_2 — 受教育年限中位数，　X_3 — 总就业数 (千人)，

X_4 — 保健服务业就业数 (千人)，　X_5 — 家庭收入中位数 (万美元).

数据及其排序见表 7.1.

(1) 数据的预处理: 指标是正向化的，仅对指标进行标准化，标准化后设为 x_1, x_2, x_3, x_4, x_5.

(2) 判断变量是否可降维: 相关阵 $\boldsymbol{R}$ (SPSS 计算见后，下同)，X_1, X_3 的相关系数为 0.971，变量之间有高度相关性，故可降维.

表 7.1　美国威斯康辛麦迪逊地区 14 个区域社会经济数据及排序

地区	X_1	序	X_2	序	X_3	序	X_4	序	X_5	序
1	5.935	6	14.2	6	2.265	6	2.27	4	2.91	4
2	1.523	10	13.1	14	0.597	14	0.75	6	2.62	6
3	2.599	13	12.7	12	1.237	10	1.11	14	1.72	14
4	4.009	3	15.2	8	1.649	13	0.81	3	3.02	3
5	4.687	5	14.7	5	2.312	4	2.50	8	2.22	8
6	8.044	2	15.6	1	3.641	2	4.51	7	2.36	7
7	2.766	9	13.3	11	1.244	11	1.03	10	1.97	10
8	6.538	1	17.0	4	2.618	5	2.39	11	1.85	11
9	6.451	12	12.9	2	3.147	1	5.52	9	2.01	9
10	3.314	14	12.2	9	1.606	7	2.18	12	1.82	12
11	3.777	11	13.0	7	2.119	3	2.83	13	1.80	13
12	1.530	7	13.8	13	0.798	12	0.84	1	4.25	1
13	2.768	8	13.6	10	1.336	9	1.75	5	2.64	5
14	6.585	4	14.9	3	2.763	8	1.91	2	3.17	2

(3) 确定因子是否旋转: 主成分分析法下，5 列初始因子载荷阵 $\boldsymbol{B}_5^0$ 每行有最大绝对值的最小列数的初始因子载荷阵 $\boldsymbol{B}_2^0$ (见表 7.2)、旋转后因子载荷阵 $\boldsymbol{B}_2^\Gamma, \boldsymbol{B}_3^\Gamma$ (见表 7.2)，$\boldsymbol{B}_4^\Gamma, \boldsymbol{B}_5^\Gamma$，因子载荷阵每行元素最大绝对值的平均值见表 7.3.

表 7.2 因子载荷阵

变量	B_2^0 (初始)		B_3^Γ (旋转后)		
	1	2	1	2	3
x_1	0.972	0.149	0.832*	0.517	–0.079
x_2	0.545	0.715	0.173	0.967*	0.127
x_3	0.989	0.005	0.909*	0.377	–0.130
x_4	0.847	–0.352	0.958*	–0.077	–0.187
x_5	–0.303	0.797	–0.174	0.095	0.980*

* 表示按显著性水平 5%, 通过了相关的显著性检验

表 7.3 因子载荷阵每行元素最大绝对值平均值

b_2^0	b_2^Γ	b_3^Γ	b_4^Γ	b_5^Γ
0.864	0.856	0.929	0.934	0.932

由表 7.3 得, $b_3^\Gamma > b_2^0, b_3^\Gamma$ 与 $\max\{b_k^\Gamma\} = b_4^\Gamma$ 差异不大, $\boldsymbol{B}_3^\Gamma$ 的列数较小, 用 $\boldsymbol{B}_3^\Gamma$ 的旋转后因子代替原变量更好或较合理, 故用旋转后因子. 此时, 因子方差贡献率分别为 $v_1 = 0.50, v_2 = 0.272, v_3 = 0.207$.

(4) 确定因子个数: 变量正态分布下, 取显著性水平为 5%, 由显著相关临界值 $r_{0.05}(12) = 0.532, \boldsymbol{B}_5 = (\boldsymbol{B}_3^\Gamma, \lambda_4^{1/2}\boldsymbol{u}_4, \lambda_5^{1/2}\boldsymbol{u}_5)$, 与变量显著相关的全部因子是前 3 个, 故因子个数 $m = 3$, 因子累计方差贡献率为 97.85%.

(5) 因子的正向化与命名: 根据表 7.2 中的 $\boldsymbol{B}_3^\Gamma$ 和临界值 $r_{0.05}(12)$ 判断, 因子 F_1 与 X_1 (总人口), X_3 (总就业数), X_4 (保健服务业就业数) 显著正相关, 故称 F_1 为人口和就业因子; F_2 与 X_2 (受教育年限中位数) 显著正相关, 故称 F_2 为人口素质因子; F_3 与 X_5 (家庭收入中位数) 显著正相关, 故称 F_3 为家庭收入因子. F_1, F_2, F_3 中含有的显著相关变量是越大越好, 故 F_1, F_2, F_3 全部是正向的. 正向化旋转后因子载荷阵见表 7.2 中的 $\boldsymbol{B}_3^\Gamma$, 正向化旋转后因子 F_1, F_2, F_3 结果如下 (x_i 是 X_i 标准化变量):

$$F_1 = 0.267x_1 - 0.257x_2 + 0.355x_3 + 0.559x_4 + 0.209x_5,$$

$$F_2 = 0.21x_1 + 0.885x_2 + 0.051x_3 + 0.422x_4 - 0.171x_5,$$

$$F_3 = 0.027x_1 - 0.125x_2 + 0.043x_3 + 0.153x_4 + 1.073x_5.$$

(6) 构造综合因子: 以旋转后因子方差贡献率为权数构造综合因子, 则有

$$\begin{aligned} F_{综} &= 0.5F_1 + 0.272F_2 + 0.207F_3 \\ &= 0.28x_5 + 0.2x_3 + 0.196x_1 + 0.196x_4 + 0.086x_2. \end{aligned}$$

$F_{综}$ 的评价意义: $F_{综}$ 依次注重的是 X_5 (家庭收入中位数), X_3 (总就业数), X_1 (总人口),

X_4 (保健服务业就业数) 的有效性, 拉动的是 X_2 (受教育年限中位数), 这是符合社会经济实际的.

(7) 给出因子样品值、综合因子样品值及其排序, 见表 7.4.

(8) 推断样品特征, 给出建议: 根据因子、综合因子样品值和排序表 7.4, 原始数据表 7.1, 样品优势、不足作出.

表 7.4 旋转后因子、综合因子样品值及排序

地区	F_1	序	F_2	序	F_3	序	$F_{综}$	序
6	1.746	2	0.848	3	0.093	6	1.122	1
14	0.548	3	0.771	4	1.038	2	0.699	2
9	2.167	1	–1.358	14	–0.117	8	0.689	3
1	0.469	4	0.165	6	0.718	3	0.428	4
8	–0.119	8	2.330	1	–1.109	13	0.344	5
5	0.119	6	0.472	5	–0.361	9	0.113	6
4	–0.766	10	1.013	2	0.577	4	0.012	7
12	–0.779	11	–0.525	9	2.498	1	–0.015	8
11	0.262	5	–0.761	12	–0.821	11	–0.246	9
13	–0.478	9	–0.387	8	0.224	5	-0.298	10
10	–0.099	7	–1.179	13	–0.817	10	–0.539	11
7	–0.940	13	–0.214	7	–0.843	12	–0.702	12
2	–1.239	14	–0.582	10	0.080	7	–0.761	13
3	–0.890	12	–0.594	11	–1.159	14	–0.846	14

以地区 6 为例: 综合评价函数 $F_{综}$ 排名为第 1 (1.122), 远高于平均水平, 优势明显, 其中:

人口和就业因子 F_1 得分值排名为第 2 (1.746), 远高于平均水平, 优势明显;

人口素质因子 F_2 得分值排名为第 3 (0.848), 高于平均水平, 优势明显;

家庭收入因子 F_3 得分值排名第 6 (0.09), 靠近平均水平.

故该地区是人口和就业、人口素质优势明显, 但家庭收入靠近平均水平的地区. 具体的原因及问题: 优势是 F_2 中 X_2 排名第 1, F_1 中 X_1, X_3 排名第 2; 不足是 F_1 中 X_4 排名第 7, F_3 中 X_5 排名第 7.

建议: (1) 因为 x_1, x_3, x_4 与 F_1 显著正相关, 故 F_1 中 x_1, x_3, x_4 是相互促进的变量, 因此, 地区 6 应继续保持人口和就业因子 F_1 中指标 X_1 (总人口), X_3 (总就业数) 排名都为第 2 的优势, 关联性地促进指标 X_4 (保健服务业就业数) 的提高;

(2) 因为 x_2 与 F_2 显著正相关, 因此, 地区 6 应继续保持指标 X_2 (受教育年限中位数)

排名第 1 的优势;

(3) 因为 x_5 与 F_3 显著正相关, 因此, 地区 6 应努力使指标 X_5(家庭收入中位数) 得到提高.

这三方面工作的共同发展和提高, 将能进一步提高该地区的社会经济水平.

其余地区特征的推断与建议作法类似地区 6, 此略.

二、利用 SPSS 计算因子分析有关结果

(一) 操作步骤

(1) 将表 7.1 的数据粘贴入数据窗口, 点击 Analyze→Data Reduction→Factor, 进入 Factor 主对话框 (图 7.1). 其中, 主对话框中 Variables 为设定变量列表框. 这里将 X_1, X_2, X_3, X_4, X_5 放置于 Variables.

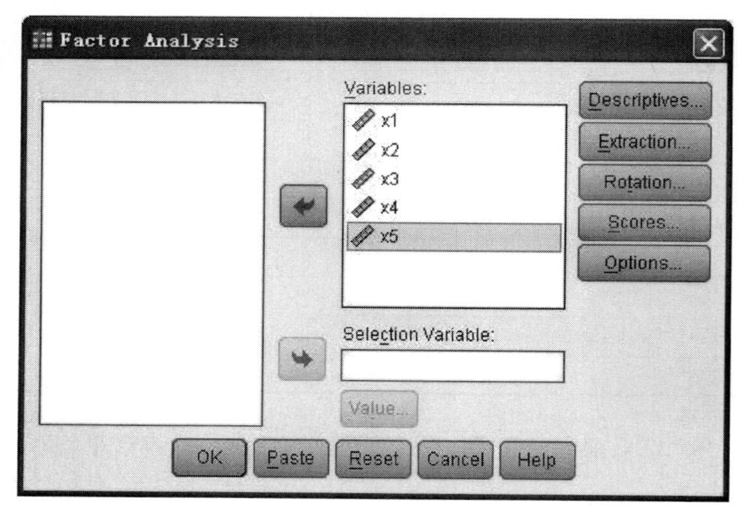

图 7.1 因子分析主对话框

(2) 点击主对话框 Descriptives 选项 (图 7.1), 用于对输出的描述统计量进行设置 (图 7.2).

① Statistics 子选项用于选择输出相关统计量. 其中, Univariate descriptives 表示输出参与分析的原始变量的均值、标准差等单变量描述统计量; Initial solution 表示给出因子提取后, 分析变量的公因子方差. 对于主成分分析来说, 这些值是要进行分析变量的相关或协方差矩阵的对角阵; 对因子分析来说, 是每个变量用其他变量作预测因子的载荷平方和.

② Correlation Matrix 子选项用于选择输出相关系数矩阵. 其中, Coefficients 表示输出原始变量的相关矩阵; Significance levels 表示每个相关系数对于 0 的单尾假设检验的 p 值; Determinant 输出相关系数矩阵的行列式; Inverse 输出相关系数矩阵的逆矩阵; Reproduced

生成再生相关矩阵; Anti-image 给出反映像相关矩阵.

如图 7.2 所示, 选中所需选项后, 点击 Continue 返回主对话框.

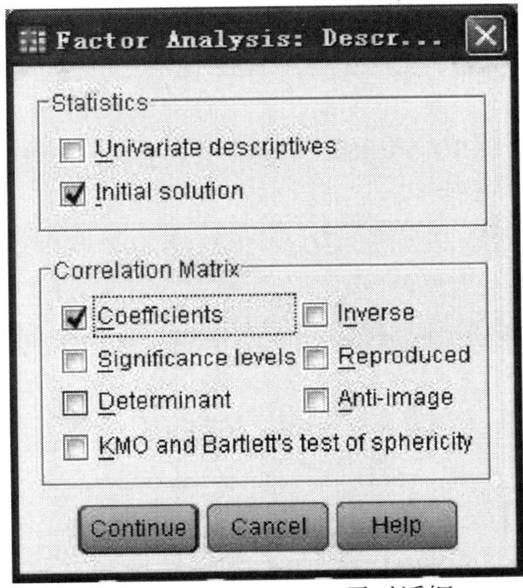

图 7.2 Descriptives 子对话框

(3) 点击主对话框 Extraction 选项 (图 7.1), 用于对变量提取进行设置 (图 7.3).

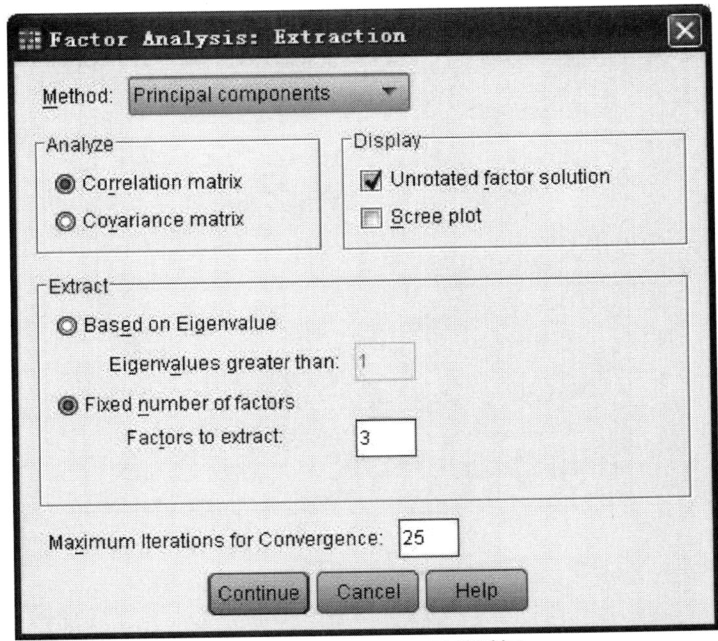

图 7.3 Extraction 子对话框

① Method 子选项用于指定变量提取的方法, 一般默认选择主成分分析方法.

② Analyze 子选项用于指定分析矩阵的方法. 其中, Correlation matrix 表示以分析变量的相关矩阵为提取因子的依据. 如果参与分析的变量没有标准化, 则应该选择此项; Covariance matrix 表示以分析变量的协方差矩阵为提取因子的依据.

③ Display 子选项用于选择输出与因子提取有关的输出项. 其中, Unrotated factor solution 表示显示未旋转的因子提取结果; Scree plot 为碎石图, 表示显示按特征值大小排列的因子序号以及特征值为两个坐标轴的碎石图 (典型的碎石图会有一个明显的拐点, 在该点之前是与大因子连接的陡峭的折线, 之后是与小因子相连的缓坡折线, 该选项有助于确定应该保留几个因子).

④ Extract 用于控制提取进程和提取结果. Fixed number of factors 用于直接确定因子个数, 这里取 3.

⑤ Maximum Iteration for Convergence 用于指定因子分析停止的最大迭代次数, 默认值为 25.

如图 7.3 所示, 选中所需选项后, 点击 Continue 返回主对话框.

(4) 点击主对话框 Rotation 选项 (图 7.1), 用于对旋转方法进行设置 (图 7.4).

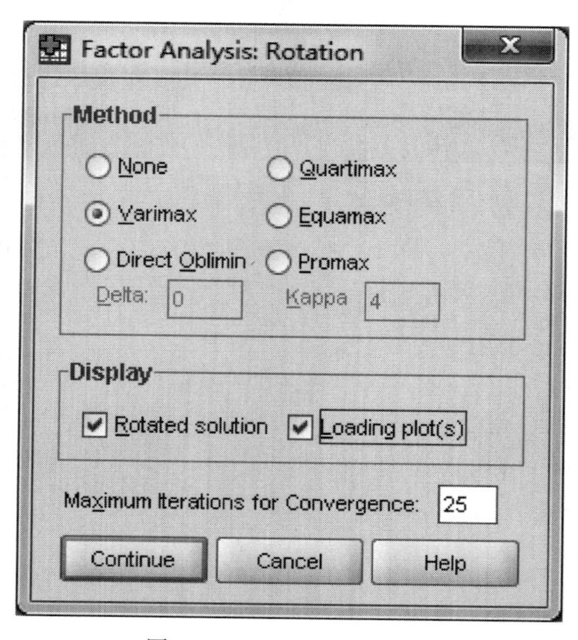

图 7.4 Rotation 子对话框

① Method 子选项用于选择旋转方法. 其中, None 表示不进行旋转; Varimax 表示方差最大正交旋转; Direct Oblimin 为直接最小斜交旋转; Quartimax 为最大四次方值旋转;

Equamax 为最大平衡值旋转; Promax 为最优斜交旋转, 允许因子彼此相关, 适用于大数据集的因子分析. 这里取 Varimax (方差最大正交旋转).

② Display 子选项用于选择有关输出的选项. 其中, Rotated solution 表示输出旋转结果; Loading plot 表示输出因子载荷散点图. 选择此项后将给出因子载荷散点图.

③ Maximum Iteration for Convergence 用于指定旋转收敛的最大迭代次数.

如图 7.4 所示, 选中所需选项后, 点击 Continue 返回主对话框.

(5) 点击主对话框 Scores 选项 (图 7.1), 对因子得分进行设置 (图 7.5).

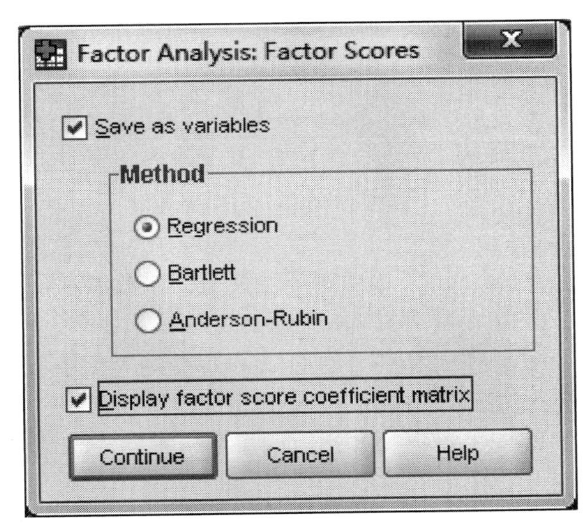

图 7.5 Factor Scores 子对话框

① Method 子选项用于选择计算因子得分的方法. 其中, Regression 为回归法, 其因子得分的均值为 0, 方差等于 1.

② Display factor score coefficient matrix 为输出因子得分系数矩阵, 是标准化后的得分系数, 并可显示协方差阵.

③ Save as variables 为输出样品的因子值, 结果在数据窗口 FAC1-1, FAC2-1, FAC3-1 栏中.

如图 7.5 所示, 选中所需选项后, 点击 Continue 返回主对话框.

(6) 点击主对话框 Options 选项 (图 7.1), 用于进一步选择输出项 (图 7.6).

① Missing Values 子选项用于选择缺失值处理方式. 其中, Exclude cases listwise 表示分析过程中剔除带有缺失值的观测量; Exclude cases pairwise 表示只有当一个观测量的全部聚类变量值均缺失时才剔除, 否则根据所有其他非缺失变量值分配到最近的一类中去; Replace with mean 表示用变量的均值代替该变量的所有缺失值.

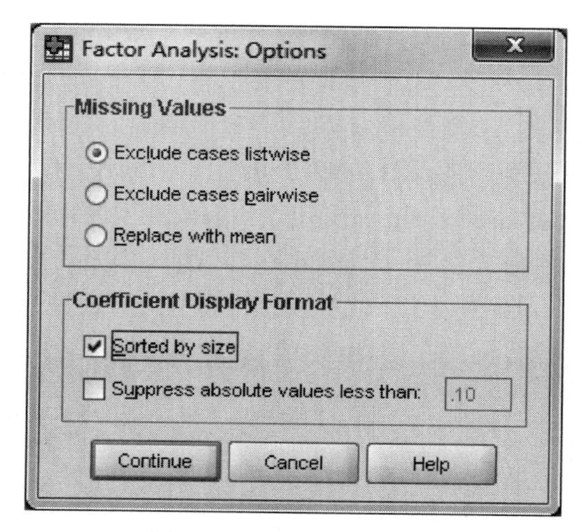

图 7.6 Options 子对话框

② Coefficient Display Format 子选项用于选择载荷系数展示格式. 其中, Sorted by size 表示载荷系数按照其数值的大小排列并构成矩阵, 使得同一因子上具有较高载荷的变量排在一起; Suppress absolute values less than 表示不显示那些绝对值小于指定值的载荷系数.

如图 7.6 所示, 选中所需选项后, 点击 Continue 返回主对话框.

(7) 点击主对话框 OK 按钮 (图 7.1), 运行因子分析程序.

(二) 输出结果

(1) 表 7.5 为相关系数矩阵 (correlation matrix).

该表给出了 5 个变量之间的相关系数. 可以看出, X_1, X_3 的相关系数为 0.971, 变量之间有高度相关性.

表 7.5 相关系数矩阵

	X_1	X_2	X_3	X_4	X_5
X_1	1.000	0.610	0.971	0.740	–0.172
X_2	0.610	1.000	0.494	0.095	0.186
X_3	0.971	0.494	1.000	0.848	–0.249
X_4	0.740	0.095	0.848	1.000	–0.358
X_5	–0.172	0.186	–0.249	–0.358	1.000

(2) 表 7.6 为变量共同度 (communalities) 表.

表 7.6 变量共同度

	Initial	Extraction
X_1	1.000	.967
X_2	1.000	.980
X_3	1.000	.986
X_4	1.000	.959
X_5	1.000	1.000

该表给出了本次分析中每个变量的共同度, 因子几乎包含了各个变量至少 95.9%的信息.

(3) 表 7.7 为旋转后方差贡献率 (total variance explained) 表.

在本例中, $v_1 = 0.5, v_2 = 0.272, v_3 = 0.207$, 前 3 个因子的方差贡献率为 97.85%.

(4) 表 7.8 为初始因子载荷阵 $\boldsymbol{B}_2^0$ (component matrix).

• 因子载荷阵 $\boldsymbol{B}_2^0$ 每行元素最大绝对值的平均值 b_2^0 计算:

Transform→Compute Variable→(0.972+0.715+0.989+0.847+0.797)/5, 并令为 b_2^0 →OK, 数据窗口 b_2^0 栏有 0.864.

表 7.7 旋转后方差贡献率

	Rotation Sums of Squared Loadings		
	Total	贡献率 (%)	累计贡献率 (%)
1	2.498	49.963	49.963
2	1.359	27.186	77.149
3	1.035	20.701	97.850
⋮	⋮	⋮	⋮

表 7.8 初始因子载荷阵

	因子	
	1	2
X_1	0.972	0.149
X_2	0.545	0.715
X_3	0.989	0.005
X_4	0.847	–0.352
X_5	–0.303	0.797

(5) 表 7.9 为旋转后因子载荷阵 $\boldsymbol{B}_3^\Gamma$ (rotate component matrix).

表 7.9 旋转后因子载荷阵

	因子		
	1	2	3
X_1	0.832	0.517	–0.079
X_2	0.173	0.967	0.127
X_3	0.909	0.377	–0.130
X_4	0.958	–0.077	–0.187
X_5	–0.174	0.095	0.980

• 因子载荷阵 $\boldsymbol{B}_3^\Gamma$ 每行元素最大绝对值的平均值 b_3^Γ 计算:

Transform→Compute Variable→0.832+0.967+0.909+0.958+0.98)/5, 并令为 b_3^Γ →OK, 数据窗口 b_3^Γ 栏有 0.929.

旋转后因子载荷阵每行元素最大绝对值的平均值 b_2^Γ, b_4^Γ, b_5^Γ 的计算:

图 7.3 Extraction 子对话框 Extract 子选项中, Fixed number of factors 表示直接确定因子个数 2, 图 7.4 Rotation 子对话框选中 Varimax 选项, 点击主对话框 OK 按钮, 运行因子分析程序, 选出 2 列旋转后因子载荷阵, 见表 7.10.

表 7.10 2 列旋转后因子载荷阵

	因子	
	1	2
X_1	0.979	0.085
X_2	0.591	0.677
X_3	0.987	–0.060
X_4	0.822	–0.406
X_5	–0.251	0.815

• 2 列旋转后因子载荷阵每行元素最大绝对值的平均值 b_2^Γ 计算:

Transform→Compute Variable→0.979+0.677+0.987+0.822+0.815)/5 并令为 b_2^Γ →OK, 数据窗口 b_2^Γ 栏有 0.856.

图 7.3 Extraction 子对话框 Extract 子选项中, Fixed number of factors 表示直接确定因子个数 4, 图 7.4 Rotation 子对话框选中 Varimax 选项, 点击主对话框 OK 按钮, 运行因子分析程序, 选出 4 列旋转后因子载荷阵, 见表 7.11.

表 7.11 旋转后因子载荷阵

	因子			
	1	2	3	4
X_1	0.843	0.464	–0.077	0.253
X_2	0.191	0.973	0.124	0.028
X_3	0.916	0.340	–0.131	0.143
X_4	0.955	–0.058	–0.195	-0.215
X_5	–0.169	0.099	0.981	0.000

• 4 列旋转后因子载荷阵每行元素最大绝对值的平均值 b_4^Γ 计算:

Transform→Compute Variable→(0.843+0.973+0.916+0.955+0.981)/5, 并令为 b_4^Γ → OK, 数据窗口 b_4^Γ 栏有 0.934.

b_5^Γ 的计算类似.

(6) 图 7.7 为旋转后因子载荷散点图 (Component plot in rotated space).

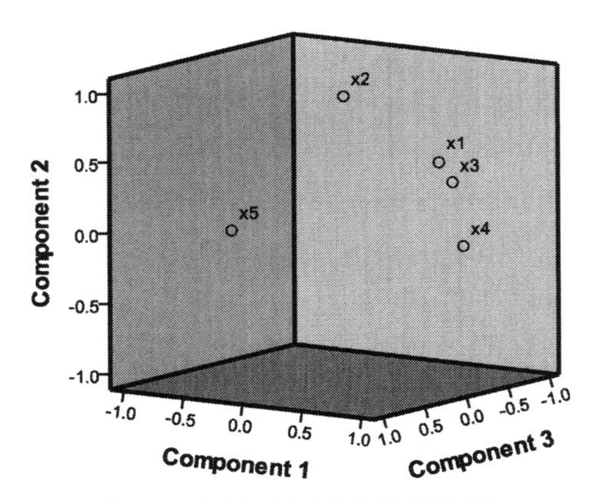

图 7.7 旋转后的因子载荷散点图

(7) 表 7.12 为因子得分系数阵 (component score coefficient matrix).

表 7.12 因子得分系数阵

	因子		
	1	2	3
X_1	0.267	0.210	0.027
X_2	–0.257	0.885	–0.125
X_3	0.355	0.051	0.043
X_4	0.559	–0.422	0.153
X_5	0.209	–0.171	1.073

(8) 表 7.13 为数据窗口中的因子样品值矩阵.

表 7.13 旋转后因子样品值

地区	FAC1-1	FAC2-1	FAC3-1
1	0.469	0.165	0.718
2	–1.239	–0.582	0.080
3	–0.890	–0.594	–1.159
4	–0.766	1.013	0.577
5	0.119	0.472	–0.361
6	1.746	0.848	0.093
7	–0.940	–0.214	–0.843
8	–0.119	2.330	–1.109
9	2.167	–1.358	–0.117
10	–0.099	–1.179	–0.817
11	0.262	-0.761	-0.821
12	–0.779	–0.525	2.498
13	–0.478	–0.387	0.224
14	0.548	0.771	1.038

(三) 因子分析一些其他结果的计算

(1) 综合因子系数计算: 将表 7.12 的因子得分系数阵粘贴入数据窗口, 令为 $c_1, \cdots, c_m$, 并计算:

Transform →Compute Variable→选入 $c_{1*}v_1 + \cdots + c_{m*}v_m$, 并令为 $\boldsymbol{C}$ →OK,

综合因子 $\boldsymbol{F}$ 的系数在数据窗口 C 栏.

(2) 综合因子 n 个样品值计算:

Transform→Compute Variable→选入 FAC1-1$_*v_1$ + FAC2-1$_*v_2$ + $\cdots$ + FACm-1$_*v_m$, 并令为 H →OK,

综合因子 $\boldsymbol{F}$ 的 n 个样品值在数据窗口 H 栏.

(3) 因子样品值排序:

Transform→Rank Cases→选入因子样品值向量 FAC1-1, FAC2-1, $\cdots$, FACm-1 → Largest value→OK,

它们的样品值排序在数据窗口 RFAC1-1, RFAC2-1, $\cdots$, RFACm-1 栏.

(4) 综合因子样品值排序:

Transform→Rank Cases→ 选入综合因子 n 个样品值 $\boldsymbol{F}$ →Largest value→OK,

综合因子 $\boldsymbol{F}$ 的 n 个样品值排序在数据窗口 $R\boldsymbol{F}$ 栏.

(5) 原始数据排序:

Transform→Rank Cases→ 选入变量 $X_1,\cdots,X_p$ →Largest value→OK,

它们的样品值排序在数据窗口 $RX_1,\cdots,RX_p$ 栏.

思考与练习

7.1 试述因子分析与主成分分析的区别与联系.

7.2 因子分析主要可应用于哪些方面?

7.3 试分析因子分析模型与线性回归模型的区别与联系.

7.4 在进行因子分析时, 为什么要进行因子旋转? 最大方差因子旋转的基本思路是什么?

7.5 简述因子模型 $\boldsymbol{X}=\boldsymbol{AY}+\varepsilon$ 中载荷矩阵 $\boldsymbol{A}$ 的统计意义.

7.6 设某客观现象可用 $\boldsymbol{X}=(x_1,x_2,x_3)'$ 来描述, 在因子分析时, 从相关阵出发计算出特征值为

$$\lambda_1=1.754,\quad \lambda_2=1,\quad \lambda_3=0.255.$$

由于 $(\lambda_1+\lambda_2)/(\lambda_1+\lambda_2+\lambda_3)\geqslant 85\%$, 所以找前两个特征值所对应的公共因子即可. 又知 λ_1,λ_2 对应的正则化特征向量分别为

$$(0.707,-0.316,0.632)',\quad (0,0.899,0.447)'.$$

求:

(1) 计算因子载荷矩阵 $\boldsymbol{A}$, 并建立因子模型.

(2) 计算共同度 $h_i^2, i=1,2,3$.

(3) 计算第一公共因子对 $\boldsymbol{X}$ 的 “贡献”.

7.7 设标准化变量 X_1,X_2,X_3 的协方差阵 (既相关阵) 为

$$\boldsymbol{R}=\begin{bmatrix}1.00 & 0.63 & 0.45\\ 0.63 & 1.00 & 0.35\\ 0.45 & 0.35 & 1.00\end{bmatrix}.$$

试求 $m=1$ 是正交因子模型.

7.8 已知上题中 $\boldsymbol{R}$ 的特征值和特征向量分别为

$$\lambda_1=1.9633,\quad \boldsymbol{l}_1=(0.6250,0.5932,0.5075)';$$

$$\lambda_2=0.6795,\quad \boldsymbol{l}_1=(-0.2186,-0.4911,0.8432)';$$

$$\lambda_1=0.3672,\quad \boldsymbol{l}_1=(0.7494,-0.6379,-0.1772)'.$$

(1) 取公共因子个数 $m=1$ 时, 求因子模型的主成分解, 并计算误差平方和 $Q(1)$;

(2) 取公共因子个数 $m=2$ 时, 求因子模型的主成分解, 并计算误差平方和 $Q(2)$;

(3) 试求误差平方和 $Q(m)<0.1$ 的主成分解.

7.9 验证下列矩阵关系式 ($\boldsymbol{A}$ 为 $p\times m$ 矩阵):

(1) $(\boldsymbol{I}+\boldsymbol{A}'\boldsymbol{D}^{-1}\boldsymbol{A})^{-1}\boldsymbol{A}'\boldsymbol{D}^{-1}\boldsymbol{A}=\boldsymbol{I}-(\boldsymbol{I}+\boldsymbol{A}'\boldsymbol{D}^{-1}\boldsymbol{A})^{-1}$;

(2) $(\boldsymbol{A}\boldsymbol{A}'+\boldsymbol{D})^{-1}=\boldsymbol{D}^{-1}-\boldsymbol{D}^{-1}\boldsymbol{A}(\boldsymbol{I}+\boldsymbol{A}'\boldsymbol{D}^{-1}\boldsymbol{A})^{-1}\boldsymbol{A}^{-1}\boldsymbol{D}^{-1}$;

(3) $\boldsymbol{A}'(\boldsymbol{A}\boldsymbol{A}'+\boldsymbol{D})^{-1}=(\boldsymbol{I}_m+\boldsymbol{A}'\boldsymbol{D}^{-1}\boldsymbol{A})^{-1}\boldsymbol{A}'\boldsymbol{D}^{-1}$.

$\left(\text{提示: 考虑分块矩阵 } \begin{bmatrix}\boldsymbol{D} & -\boldsymbol{A}\\ \boldsymbol{A}' & \boldsymbol{I}_m\end{bmatrix}\begin{matrix}p\\ m\end{matrix} \text{ 的逆.}\right)$

7.10 下表是某地区 1978—2006 能源生产总量及构成数据, 设原煤、原油、天然气及水电等所占比重 (%) 分别为 x_1,x_2,x_3,x_4, 能源生产总量记为 z.

(1) 对变量 x_1, x_2, x_3, x_4 作因子分析.

(2) 对因子载荷矩阵 $\boldsymbol{A}$ 作方差最大的正交旋转, 并由旋转后的因子载荷矩阵解释公共因子的含义.

年份	能源生产总量	占能源生产总量的比重 (%)			
	(万吨标准煤)	原煤	原油	天然气	水电、核电、风电
1978	62770	70.3	23.7	2.9	3.1
1980	63735	69.4	23.8	3.0	3.8
1985	85546	72.8	20.9	2.0	4.3
1990	103922	74.2	19.0	2.0	4.8
1991	104844	74.1	19.2	2.0	4.7
1992	107256	74.3	18.9	2.0	4.8
1993	111059	74.0	18.7	2.0	5.3
1994	118729	74.6	17.6	1.9	5.9
1995	129034	75.3	16.6	1.9	6.2
1996	132616	75.2	17.0	2.0	5.8
1997	132410	74.1	17.3	2.1	6.5
1998	124250	71.9	18.5	2.5	7.1
1999	125935	72.6	18.2	2.7	6.6
2000	128978	72.0	18.1	2.8	7.2
2001	137445	71.8	17.0	2.9	8.2
2002	143810	72.3	16.6	3.0	8.1
2003	163842	75.1	14.8	2.8	7.3
2004	187341	76.0	13.4	2.9	7.7
2005	205876	76.5	12.6	3.2	7.7
2006	221056	76.7	11.9	3.5	7.9

7.11 利用因子分析方法分析下表给出的数据的因子构成,并分析各个学生较适合学文科还是理科.

序号	数学	物理	化学	语文	历史	英语
1	6	61	72	84	81	79
2	77	77	76	64	70	55
3	67	63	49	65	67	57
4	80	69	75	74	74	63
5	74	70	80	84	81	74
6	78	84	75	62	71	64
7	66	71	67	52	65	57
8	77	71	57	72	86	71
9	83	100	79	41	67	50
10	86	94	97	51	63	55
11	74	80	88	64	73	66
12	67	84	53	58	66	56
13	81	62	69	56	66	52
14	71	64	94	52	61	52
15	78	96	81	80	89	76
16	69	56	67	75	94	80
17	77	90	80	68	66	60
18	84	67	75	60	70	63
19	62	67	83	71	85	77
20	74	65	75	72	90	73
21	91	74	97	62	71	66
22	72	87	72	79	83	76
23	82	70	83	68	77	85
24	63	70	60	91	85	82
25	74	79	95	59	74	59
26	66	61	77	62	73	64
27	90	82	98	47	71	60
28	77	90	85	68	73	76
29	91	82	84	54	62	60
30	78	84	100	51	60	60

7.12 某汽车组织欲根据一系列指标来预测汽车的销售情况,为了避免有些指标间的相

关关系影响预测结果, 需首先进行因子分析来简化指标系统. 下表是抽查欧洲某汽车市场 7 个品牌不同型号的汽车的各种指标数据, 试用因子分析法找出其简化的指标系统.

品牌	价格	发动机	功率	轴距	宽	长	轴距	燃料容量	燃料效率
A	21500	1.8	140	101.2	67.3	172.4	2.639	13.2	28
A	28400	3.2	225	108.1	70.3	192.9	3.517	17.2	25
A	42000	3.5	210	114.6	71.4	196.6	3.850	18.0	22
B	23990	1.8	150	102.6	68.2	178.0	2.998	16.4	27
B	33950	2.8	200	108.7	76.1	192.0	3.561	18.5	22
B	62000	4.2	310	113.0	74.0	198.2	3.902	23.7	21
C	26990	2.5	170	107.3	68.4	176.0	3.179	16.6	26
C	33400	2.8	193	107.3	68.5	176.0	3.197	16.6	24
C	38900	2.8	193	111.4	70.9	188.0	3.472	18.5	25
D	21975	3.1	175	109.0	72.7	194.6	3.368	17.5	25
D	25300	3.8	240	109.0	72.7	196.2	3.543	17.5	23
D	31965	3.8	205	113.8	74.7	206.8	3.778	18.5	24
D	27885	3.8	205	112.2	73.5	200.0	3.591	17.5	25
E	39895	4.6	275	115.3	74.5	207.2	3.978	18.5	22
E	39665	4.6	275	108.0	75.5	200.6	3.843	19.0	22
E	31010	3.0	200	107.4	70.3	194.8	3.770	18.0	22
E	46225	5.7	255	117.5	77.0	201.2	5.572	30.0	15
F	13260	2.2	115	104.1	67.9	180.9	2.676	14.3	27
F	16535	3.1	170	107.0	69.4	190.4	3.051	15.0	25
F	18890	3.1	175	107.5	72.5	200.9	3.330	16.6	25
F	19390	3.4	180	110.5	72.7	197.9	3.340	17.0	27
F	24340	3.8	200	101.1	74.1	193.2	3.500	16.8	25
F	45705	5.7	345	104.5	73.6	179.7	3.210	19.1	22
F	13960	1.8	120	97.1	66.7	174.3	2.398	13.2	33
F	9235	1.0	55	93.1	62.6	149.4	1.895	10.3	45
F	18890	3.4	180	y110.5	73.0	200.0	3.389	17.0	27
G	19840	2.5	163	103.7	69.7	190.9	2.967	15.9	24
G	24495	2.5	168	106.0	69.2	193.0	3.332	16.0	24
G	22245	2.7	200	113.0	74.4	209.1	3.452	17.0	26
G	16480	2.0	132	108.0	71.0	186.0	2.911	16.0	27
G	28340	3.5	253	113.0	74.4	207.7	3.564	17.0	23
G	29185	3.5	253	113.0	74.4	197.8	3.567	17.0	23

7.13 根据人均 GDP、第三产业从业人员占全部从业人员的比重、第三产业增加值占 GDP 的比重、人均铺装道路面积、万人拥有公共汽电车、万人拥有医生、百人拥有电话机数、万人拥有高等学校在校学生人数、人均居住面积、百人拥有公共图书馆藏书、人均绿地面积等 11 项指标对目前我国省会城市和计划单列市的城市化进行因子分析, 并利用因子得分对其进行排序和评价. (数据可从《中国统计年鉴》查得)

7.14 根据习题 4.12 中 2003 年我国大部分城市的主要经济指标数据, 利用因子分析法对其进行排序和分类, 并与聚类分析的结果进行比较.

第八章 相 应 分 析

第一节 引 言

在社会、经济以及其他领域中, 解决实际问题时我们不仅想了解变量之间的关系、样品之间的关系, 我们更想了解的是变量和样品之间的某种对应关系. 例如, 评价某一个行业所属企业的经济效益, 我们不仅要研究企业按照经济效益好坏的分类情况, 还要研究经济效益指标之间的关系, 更要研究哪些企业与哪些经济效益指标更密切一些. 此时, 就需要借助相应分析的方法, 将经济效益指标和企业状况放在一起进行分类、作图, 以便更好地描述两者之间的对应关系, 从经济意义上作出切合实际的解释.

相应分析也是一种利用降维思想简化数据结构的统计分析方法. 它是在因子分析的基础上发展起来的, 是 R 型和 Q 型因子分析的结合, 因此也可以称为 R-Q 型分析. 不过, 与因子分析不同的是, 它同时对数据表中的行与列进行处理, 寻求以低维图形表示数据表中行与列的关系.

相应分析的整个处理过程由两部分组成: 列联表和关联图. 从定性数据的角度来讲, 通过相应分析, 不仅能把列联表中行因素和列因素各自的构成分布特征反映出来, 更能够把行因素和列因素各水平间的对应关系反映到关联图中. 从定量数据的角度来讲, 相应分析能够把众多的样品和众多的变量同时反映到具有相同坐标轴 (因子轴) 的关联图上. 在该图中, 能够直观地观察样品间的结构、变量间的结构以及变量和样品之间的对应关系.

为了把握相应分析方法的实质, 本章将从列联资料入手, 介绍一些基本概念和相应分析的基本理论, 并让读者理解相应分析与独立性检验的关系, 进一步明确对实际问题进行相应分析研究的必要性.

第二节 列联表分析

一、列联表

在实际中经常要了解两组或多组因素 (或变量) 之间的关系. 设有两组因素 A 和 B, 其中因素 A 包含 r 个水平, 即 $A_1, A_2, \cdots, A_r$; 因素 B 包含 c 个水平, 即 $B_1, B_2, \cdots, B_c$. 又设有受制于这两个因素的载体 (或客体) 的集合总体 G. 我们希望通过对总体 G 关于这两组因素的有关资料 (或抽样资料), 来分析这两组因素的关系. 对这两组因素作随机抽样调查, 得

到一个 $r \times c$ 的二维列联表, 记为 $\boldsymbol{K} = (k_{ij})_{r\times c}$, 见表 8.1.

表 8.1 一般的二维列联表

		因素 B				
		B_1	B_2	$\cdots$	B_c	
因素 A	A_1	k_{11}	k_{12}	$\cdots$	k_{1c}	$k_{1.}$
	A_2	k_{21}	k_{22}	$\cdots$	k_{2c}	$k_{2.}$
	$\vdots$	$\vdots$	$\vdots$	$\cdots$	$\vdots$	$\vdots$
	A_r	k_{r1}	k_{r2}	$\cdots$	k_{rc}	$k_{r.}$
		$k_{.1}$	$k_{.2}$	$\cdots$	$k_{.c}$	$k = k_{..} = \sum k_{ij}$

在表 8.1 中,$k_{i.} = \sum\limits_{j=1}^{c} k_{ij}$ 表示因素 A 的第 i 个水平的样本个数; $k_{.j} = \sum\limits_{i=1}^{r} k_{ij}$ 表示因素 B 的第 j 个水平的样本个数; $k = k_{..} = \sum k_{ij}$ 表示总的样本个数. 这样我们便称 $\boldsymbol{K} = (k_{ij})_{r\times c}$ 为一个 $r \times c$ 的**二维列联表**.

二、有关记号

为了叙述方便, 先引进一些基本概念和记号. 设 $\boldsymbol{K} = (k_{ij})_{r\times c}$ 为一个 $r \times c$ 的列联表 (参见表 8.1), 称元素 k_{ij} 为原始频数. 将列联表 $\boldsymbol{K}$ 转化为频率矩阵, 记为 $\boldsymbol{F} = (f_{ij})_{r\times c}$, 见表 8.2.

表 8.2 一般的二维频率表

		因素 B				
		B_1	B_2	$\cdots$	B_c	
因素 A	A_1	f_{11}	f_{12}	$\cdots$	f_{1c}	$f_{1.}$
	A_2	f_{21}	f_{22}	$\cdots$	f_{2c}	$f_{2.}$
	$\vdots$	$\vdots$	$\vdots$	$\cdots$	$\vdots$	$\vdots$
	A_r	f_{r1}	f_{r2}	$\cdots$	f_{rc}	$f_{r.}$
		$f_{.1}$	$f_{.2}$	$\cdots$	$f_{.c}$	$f = f_{..} = \sum f_{ij}$

表 8.2 中, $f_{ij} = k_{ij}/k$ 是样本中属于因素 A 的第 i 个水平和因素 B 的第 j 个水平的百分比; $f_{i.} = \sum\limits_{j=1}^{c} f_{ij}, f_{.j} = \sum\limits_{i=1}^{r} f_{ij}, i = 1, 2, \cdots, r, j = 1, 2, \cdots, c$. 这里我们记

$$\boldsymbol{f}_r = (f_{1.}, f_{2.}, \cdots, f_{r.})', \quad \boldsymbol{f}_c = (f_{.1}, f_{.2}, \cdots, f_{.c})',$$

$$\boldsymbol{D}_r = \mathrm{diag}(f_{1.}, f_{2.}, \cdots, f_{r.}) = \mathrm{diag}(\boldsymbol{f}_r), \quad \boldsymbol{D}_c = \mathrm{diag}(f_{.1}, f_{.2}, \cdots, f_{.c}) = \mathrm{diag}(\boldsymbol{f}_c).$$

那么有,

$$\boldsymbol{f}_r = \boldsymbol{F}\mathbf{1}_c, \quad \boldsymbol{f}_c = \boldsymbol{F}'\mathbf{1}_r, \tag{8.1}$$

$$\mathbf{l}_r'\boldsymbol{f}_r = \mathbf{l}_c'\boldsymbol{f}_c = \mathbf{l}_r'\boldsymbol{F}\mathbf{l}_c = 1, \tag{8.2}$$

其中, $\mathbf{l}_r = (1, 1, \cdots, 1)'_{r\times 1}, \mathbf{l}_c = (1, 1, \cdots, 1)'_{c\times 1}$.

从数理统计的角度, $\boldsymbol{K}$ 可视为对两个随机变量 (记为 ξ 和 η) 调查得到的二维列联表, 频率矩阵 $\boldsymbol{F}$ 则表示它们相应的经验联合抽样分布, 为

$$P\{\xi = i, \eta = j\} = f_{ij}, \quad i = 1, 2, \cdots, r, \quad j = 1, 2, \cdots, c,$$

其中 ξ 与 η 分别表示因素 A 和因素 B 的随机变量. $(f_{1.}, f_{2.}, \cdots, f_{r.})$ 和 $(f_{.1}, f_{.2}, \cdots, f_{.c})$ 分别为二维随机变量 (ξ, η) 的抽样边际分布. 在此, 我们称 $\boldsymbol{D}_r$ 和 $\boldsymbol{D}_c$ 分别为 ξ 和 η 的边际阵. 那么, 有条件概率

$$P\{\eta = j|\xi = i\} = \frac{P\{\xi = i, \eta = j\}}{P\{\xi = i\}} = \frac{f_{ij}}{f_{i.}}, \quad j = 1, 2, \cdots, c.$$

在此称

$$\boldsymbol{f}_c^i = \left(\frac{f_{i1}}{f_{i.}}, \frac{f_{i2}}{f_{i.}}, \cdots, \frac{f_{ic}}{f_{i.}}\right)' \in \mathbf{R}^c \tag{8.3}$$

为**因素 A 的第 i 个水平分布轮廓**, 也可以称为**行剖面**, 即消除了因素 A 各个水平出现的概率的影响, 并称 $\boldsymbol{D}_r^{-1}\boldsymbol{F}$ 为因素 A 的**轮廓矩阵**. 这里应该注意到, $\boldsymbol{f}_c^i, i = 1, 2, \cdots, r$ 是超平面 $x_1 + x_2 + \cdots + x_c = 1$ 的一点集.

同理, 有

$$P\{\xi = i|\eta = j\} = \frac{P\{\xi = i, \eta = j\}}{P\{\eta = j\}} = \frac{f_{ij}}{f_{.j}}, \quad i = 1, 2, \cdots, r.$$

因素 B 的第 j 个水平的分布轮廓为

$$\boldsymbol{f}_r^j = \left(\frac{f_{1j}}{f_{.j}}, \frac{f_{2j}}{f_{.j}}, \cdots, \frac{f_{rj}}{f_{.j}}\right)' \in \mathbf{R}^r, \tag{8.4}$$

又可称为**列剖面**, 即消除了因素 B 各个水平出现的概率的影响, 并称 $\boldsymbol{D}_c^{-1}\boldsymbol{F}'$ 为因素 B 的**轮廓矩阵**. 同样 $\boldsymbol{f}_r^j, j = 1, 2, \cdots, c$ 是超平面 $y_1 + y_2 + \cdots + y_r = 1$ 的一点集.

第三节 相应分析的基本理论

相应分析是 R 型因子分析和 Q 型因子分析的结合, 其目的是寻求列联表行因素 A 和列因素 B 的基本分析特征以及它们的最优联立表示. 为此需要将原始的列联资料 $\boldsymbol{K} = (k_{ij})_{r\times c}$

变换成矩阵 $\boldsymbol{Z}=(z_{ij})_{r\times c}$, 以使得 z_{ij} 对行因素 A 和列因素 B 具有对等性. 需要进行原始资料变换的具体原因如下:

进行 R 型因子分析时, 需要计算所考查因素 B(变量) 的协差阵. 对于所考查的 c 个水平 (变量), 其水平 (变量) 间的叉积矩阵是 $\boldsymbol{A}=(a_{ij})_{c\times c}$, 其中

$$a_{ij}=\sum_{k=1}^{r}(x_{ki}-\overline{x}_{.i})(x_{kj}-\overline{x}_{.j}). \tag{8.5}$$

进行 Q 型因子分析时, 需要计算所考查因素 A(样品) 的协差阵. 对于所考查的 r 个水平 (样品), 其水平 (样品) 间的叉积矩阵是 $\boldsymbol{A}^{*}=(a_{ij}^{*})_{r\times r}$, 其中

$$a_{ij}^{*}=\sum_{k=1}^{c}(x_{ik}-\overline{x}_{i.})(x_{jk}-\overline{x}_{j.}). \tag{8.6}$$

显然, 因素 B 各水平 (变量) 间的叉积矩阵和因素 A 各水平 (样品) 间的叉积矩阵的阶数不同, 一般来说, 二者的非零特征根也不一样. 由矩阵理论可知, 矩阵 $\boldsymbol{Z}'\boldsymbol{Z}$ 和 $\boldsymbol{Z}\boldsymbol{Z}'$ 有相同的非零特征根, 它们相应的特征向量也有密切的关系. 如果能将列联表作一变换, 将其变换为 $\boldsymbol{Z}$, 使得 $\boldsymbol{Z}'\boldsymbol{Z}$ 和 $\boldsymbol{Z}\boldsymbol{Z}'$ 能起到叉积矩阵 $\boldsymbol{A}$ 和 $\boldsymbol{A}^{*}$ 同样的作用, 那么这样不仅在计算时带来了方便, 而且由于 R 型因子分析和 Q 型因子分析各相应因子的尺度相同, 可以将二者的主因子在同一个坐标系内给出, 从而将两因素各水平间 (变量和样品间) 的对应关系反映得更清晰明了.

一、原始资料的变换

设 $\boldsymbol{K}=(k_{ij})_{r\times c}$ 为一个 $r\times c$ 的列联资料, 其转化后的频率矩阵为 $\boldsymbol{F}=(f_{ij})_{r\times c}$. 我们针对因素 A 而言, 由 (8.3) 式知, 第 i 个水平分布轮廓 $\boldsymbol{f}_c^i\in\mathbf{R}^c, i=1,2,\cdots,r$ 为超平面 $x_1+x_2+\cdots+x_r=1$ 的一点集. 如果考虑因素 A 中各水平之间的远近, 引入欧氏距离, 那么第 i 个水平和第 i' 个水平之间的欧氏距离为

$$D^2(i,i')=\sum_{j=1}^{c}\left(\frac{f_{ij}}{f_{i.}}-\frac{f_{i'j}}{f_{i'.}}\right)^2. \tag{8.7}$$

这样定义的距离没有考虑到因素 B 的各水平边际概率的影响, 当因素 B 的第 j 个水平出现的概率特别大时, 该式所定义的距离中 $\left(\dfrac{f_{kj}}{f_{k.}}-\dfrac{f_{i'j}}{f_{i'.}}\right)^2$ 部分的作用就被抬高了. 为了消除这种影响, 将欧氏距离改为**加权平方距离**, 即有

$$\begin{aligned}D_w^2(i,i')&=\sum_{j=1}^{c}\left(\frac{f_{ij}}{f_{i.}}-\frac{f_{i'j}}{f_{i'.}}\right)^2\frac{1}{f_{.j}}\\&=\sum_{j=1}^{c}\left(\frac{f_{ij}}{f_{i.}\sqrt{f_{.j}}}-\frac{f_{i'j}}{f_{i'.}\sqrt{f_{.j}}}\right)^2.\end{aligned} \tag{8.8}$$

也可以称 $D_w^2(i,i')$ 为因素 A 中第 i 个水平和第 i' 个水平之间 χ^2 **距离**.

这里应该注意到, (8.8) 式所定义的距离 $D_w^2(i,i')$, 也可以看作是点集 $\left(\dfrac{f_{i1}}{f_{i.}\sqrt{f_{.1}}}, \dfrac{f_{i2}}{f_{i.}\sqrt{f_{.2}}}, \cdots, \dfrac{f_{ic}}{f_{i.}\sqrt{f_{.c}}}\right)'$, $i=1,2,\cdots,r$ 中两点 i 和 i' 之间的欧氏距离. 那么, 我们从加权的角度考查这 r 个点第 j 个分量的平均水平为

$$\sum_{i=1}^{r} \frac{f_{ij}}{f_{i.}\sqrt{f_{.j}}} \cdot f_{i.} = \frac{1}{\sqrt{f_{.j}}} \sum_{i=1}^{r} f_{ij} = \sqrt{f_{.j}}, \quad j=1,2,\cdots,c, \tag{8.9}$$

即为每一列边缘概率的平方根. 点集中的 r 个点与其重心的欧氏距离之和称之为行剖面集合 $r(c)$ 的**总惯量**. 总惯量的公式为

$$I_I = \sum_{i=1}^{r}\sum_{j=1}^{c} f_{i.}\left(\frac{f_{ij}}{f_{i.}\sqrt{f_{.j}}} - \sqrt{f_{.j}}\right)^2. \tag{8.10}$$

总惯量能够反映两因素各水平之间的相关关系. 相应分析就是在总惯量信息损失最小的前提下, 简化数据结构以反映两个因素各水平之间的相关关系的. 因此, 列剖面集合 $c(r)$ 的总惯量 I_J, 有 $I_I = I_J$.

因素 B 各水平构成的协差阵为

$$\boldsymbol{\Sigma}_c = (a_{ij})_{c\times c}, \tag{8.11}$$

其中,

$$\begin{aligned} a_{ij} &= \sum_{\alpha=1}^{r}\left(\frac{f_{\alpha i}}{f_{\alpha.}\sqrt{f_{.i}}} - \sqrt{f_{.i}}\right)\left(\frac{f_{\alpha j}}{f_{\alpha.}\sqrt{f_{.j}}} - \sqrt{f_{.j}}\right)\cdot f_{\alpha.} \\ &= \sum_{\alpha=1}^{r}\left(\frac{f_{\alpha i} - f_{\alpha.}f_{.i}}{\sqrt{f_{\alpha.}f_{.i}}}\right)\left(\frac{f_{\alpha j} - f_{\alpha.}f_{.j}}{\sqrt{f_{\alpha.}f_{.j}}}\right) \\ &= \sum_{\alpha=1}^{r} z_{\alpha i}\cdot z_{\alpha j}, \end{aligned}$$

这里

$$z_{\alpha i} = \frac{f_{\alpha i} - f_{\alpha.}f_{.i}}{\sqrt{f_{\alpha.}f_{.i}}} = \frac{k_{\alpha i}/k_{..} - (k_{\alpha.}/k_{..})(k_{.i}/k_{..})}{\sqrt{(k_{\alpha.}/k_{..})(k_{.i}/k_{..})}} = \frac{k_{\alpha i} - (k_{\alpha.}k_{.i}/k_{..})}{\sqrt{k_{\alpha.}k_{.i}}},$$
$$\alpha=1,2,\cdots,r, \quad i=1,2,\cdots,c.$$

令 $\boldsymbol{Z} = (z_{ij})_{r\times c}$, 则 (8.11) 式可表示为

$$\boldsymbol{\Sigma}_c = \boldsymbol{Z}'\boldsymbol{Z}. \tag{8.12}$$

类似地, 由 (8.4) 式知, 针对因素 B 的第 j 个水平的分布轮廓 $\boldsymbol{f}_r^j \in \mathbf{R}^r, j=1,2,\cdots,c$,它是超平面 $y_1+y_2+\cdots+y_c=1$ 的一点集. 同样, 变换以后所得到的关于因素 A 各水平构成的协差阵为

$$\boldsymbol{\Sigma}_r = \boldsymbol{Z}\boldsymbol{Z}'. \tag{8.13}$$

由此, 因素 A 和因素 B 各个水平构成的协差阵分别为 $\boldsymbol{\Sigma}_r=\boldsymbol{Z}\boldsymbol{Z}'$ 和 $\boldsymbol{\Sigma}_c=\boldsymbol{Z}'\boldsymbol{Z}$, 根据矩阵理论, 二者存在简单的对等关系.

二、相应分析过程

由矩阵的知识我们知道, $\boldsymbol{\Sigma}_r=\boldsymbol{Z}\boldsymbol{Z}'$ 和 $\boldsymbol{\Sigma}_c=\boldsymbol{Z}'\boldsymbol{Z}$ 有完全相同的非零特征根, 记为 $\lambda_1>\lambda_2>\cdots>\lambda_m, 0<m\leqslant\min\{r,c\}$, 设 $\boldsymbol{u}_1,\boldsymbol{u}_2,\cdots,\boldsymbol{u}_m$ 为因素 B 协差阵 $\boldsymbol{\Sigma}_c$ 的特征根 $\lambda_1,\lambda_2,\cdots,\lambda_m$ 可对应的特征向量, 则有

$$\boldsymbol{\Sigma}_c\boldsymbol{u}_j=\boldsymbol{Z}'\boldsymbol{Z}\boldsymbol{u}_j=\lambda_j\boldsymbol{u}_j. \tag{8.14}$$

用矩阵 $\boldsymbol{Z}$ 左乘 (8.14) 式两端得

$$\boldsymbol{Z}\boldsymbol{Z}'(\boldsymbol{Z}\boldsymbol{u}_j)=\lambda_j(\boldsymbol{Z}\boldsymbol{u}_j), \tag{8.15}$$

即有

$$\boldsymbol{\Sigma}_r(\boldsymbol{Z}\boldsymbol{u}_j)=\lambda_j(\boldsymbol{Z}\boldsymbol{u}_j). \tag{8.16}$$

(8.16) 式表明, $\boldsymbol{Z}\boldsymbol{u}_j$ 为因素 A 的协差阵 $\boldsymbol{\Sigma}_r$ 第 j 个特征根 λ_j 可对应的特征向量. 这样我们就建立了相应分析中 R 型因子分析和 Q 型因子分析的关系. 也就是说, 我们可以从 R 型因子分析出发而直接得到 Q 型因子分析的结果.

这里需要强调的是, 由于 $\boldsymbol{\Sigma}_r$ 和 $\boldsymbol{\Sigma}_c$ 有相同的特征根, 而这些特征根又表示各个公共因子所提供的方差. 由此, 在因素 B 的 c 维空间 $\mathbf{R}^c$ 中的第 1 个公共因子, 第 2 个公共因子 …… 第 m 个公共因子与因素 A 的 r 维空间 $\mathbf{R}^r$ 中相对应的各个主因子在总方差中所占的百分比就完全相同. 这样, 我们就可以用相同的因子轴同时描述两个因素各个水平的情况, 把两个因素的各个水平的状况同时反映到具有相同坐标轴的因子平面上.

一般情况下, R 型和 Q 型因子分析均取两个公因子, 即可画出两个因子分析的因子载荷散点图, 而后将二者重叠在一张二维平面图中. 这样就可以直观地描述因素 A 各水平和因素 B 各水平之间的对应关系.

三、定量数据相应分析的步骤

上面的对应分析是基于定性变量展开讨论的, 实际上, 对应分析也适用于定量数据. 假设要分析的数据为 $n\times p$ 的表格形式 (n 个观测, p 个变量), 沿用上面的思想, 同样可以进行相应分析. 由于从 R 型因子分析出发, 可以直接得到 Q 型因子分析的结果. 而实践中, 变量

间协差阵的阶数又往往小于样品间协差阵的阶数, 所以从 R 型因子分析出发进行计算比较简单. 定量数据相应分析具体的步骤如下:

(1) 设有 p 个变量的 n 个样品观测数据, 其样本阵为 $\boldsymbol{X}=(x_{ij})_{n\times p}$, 其中 $x_{ij}>0$. 计算样本阵 $\boldsymbol{X}$ 的规格化的概率矩阵 $\boldsymbol{F}=(f_{ij})_{n\times p}$.

(2) 计算变换矩阵 $\boldsymbol{Z}=(z_{ij})_{n\times p}=\left(\dfrac{f_{ij}-f_{i.}f_{.j}}{\sqrt{f_{i.}f_{.j}}}\right)_{n\times p}$.

(3) 从变量协差阵 $\boldsymbol{\Sigma}_p=\boldsymbol{Z}'\boldsymbol{Z}$ 和样品协差阵 $\boldsymbol{\Sigma}_n=\boldsymbol{Z}\boldsymbol{Z}'$ 出发进行 R 型和 Q 型因子分析, 两个因子分析均取前两个因子, 并基于此分别得到二维因子载荷图.

(4) 将两个二维因子载荷图叠加到一张关联图中, 即可分析变量之间的关系、样品之间的关系以及二者之间的对应关系. 在图形上, 邻近的变量点表示变量间相互关系比较密切; 邻近的样品点表示样品间相似程度较高, 或说明这些样品属于同一类型; 属于同一类型的样品点群的特征, 可由与样品点群靠近的变量点所表征. 通过这种直观的定位图形象地呈现了变量之间、样品之间及变量与样品之间的对应关系, 便于对分析结果解释和推断.

应当注意的是, 对应分析要求数据阵中每一个数据都大于或等于零, 当用对应分析研究普通的 $n\times p$ 的表格形式的数据时, 若有小于零的数据, 则应当先对数据进行加工, 比如说将该变量的各个取值都加上一个常数.

第四节 相应分析中应注意的几个问题

一、相应分析与 χ^2 检验的关系 (适用性检验)

相应分析是分析两组或多组因素之间关系的有效方法, 只有因素间存在一定的关系, 进行相应分析才有意义. 因此, 需要在相应分析之前对所给数据进行适用性检验. 鉴于在离散情况下, 一般是通过建立因素间的二维或多维列联表来对数据进行分析的, 这里可以借助检验列联表因素之间独立性的 χ^2 检验来说明数据是否适合相应分析, 进行相应分析是否有意义.

设二维列联资料为 $\boldsymbol{K}=(k_{ij})_{r\times c}$ (见表 8.1), 其频率阵为 $\boldsymbol{F}=(f_{ij})_{r\times c}$ (见表 8.2). 用 $p_{i.}$ 表示因素 A 中第 i 水平发生时的概率; $p_{.j}$ 表示因素 B 中第 j 水平发生时的概率, 那么其估计值分别为 $f_{i.}=\dfrac{k_{i.}}{k}$ 和 $f_{.j}=\dfrac{k_{.j}}{k}$.

这里我们关心的是因素 A 和因素 B 是否独立, 由此提出要检验的问题是:

$$H_0\text{: 因素 } A \text{ 和因素 } B \text{ 独立},\quad H_1\text{: 因素 } A \text{ 和因素 } B \text{ 不独立}.$$

由上面的假设所构造的统计量为

$$\chi^2 = \sum_{i=1}^{r}\sum_{j=1}^{c}\frac{[k_{ij}-\hat{E}(k_{ij})]^2}{\hat{E}(k_{ij})}$$
$$= \sum_{i=1}^{r}\sum_{j=1}^{c}\frac{(k_{ij}-k_{i.}k_{.j}/k)^2}{k_{i.}k_{.j}/k}$$
$$= k\sum_{i=1}^{r}\sum_{j=1}^{c}z_{ij}^2, \tag{8.17}$$

其中 $z_{ij}=(k_{ij}-k_{i.}k_{.j}/k)/\sqrt{k_{i.}k_{.j}}$. 当假设 H_0 成立时, 在 n 足够大的条件下,χ^2 服从自由度为 $(r-1)(c-1)$ 的 χ^2 分布. 拒绝区域为

$$\chi^2 > \chi^2_{1-\alpha}[(r-1)(c-1)].$$

通过上面的分析, 我们应该注意几个问题.

第一, 这里的 χ^2 检验一般不是严格的以 0.05 作为判断标准, 具体临界值为多少才适合, 并无统一标准. 但从经验上讲, 如果 p 值大于 0.2, 则不适合进行相应分析; 如果在 0.05~0.2 之间, 则可以考虑进行相应分析, 但是对结果的解释要慎重.

第二, 这里的 z_{ij} 是原始列联资料 $\boldsymbol{K}=(k_{ij})_{r\times c}$ 通过相应变换以后得到的资料阵 $\boldsymbol{Z}=(z_{ij})_{r\times c}$ 的元素. 这说明 z_{ij} 与 χ^2 统计量有着内在的联系.

第三, 令 $\chi^2_{ij}=\dfrac{(k_{ij}-k_{i.}k_{.j}/k)^2}{k_{i.}k_{.j}/k}=k\cdot z_{ij}^2$, 则 χ^2_{ij} 是检验列联表中第 i 行第 j 列两个水平是否相关时对总 χ^2 统计量的贡献.

第四, 关于因素 B 和因素 A 各水平构成的协差阵 $\boldsymbol{\Sigma}_c$ 和 $\boldsymbol{\Sigma}_r$, 由 (8.15) 式知,

$$\mathrm{tr}(\boldsymbol{\Sigma}_c)=\mathrm{tr}(\boldsymbol{\Sigma}_r)=\chi^2/k=I_I,$$

这里 $\mathrm{tr}(\cdot)$ 表示矩阵的迹. 可见, 总惯量即是协差阵的迹.

第五, 独立性检验只能判断因素 A 和因素 B 是否独立. 如果因素 A 和因素 B 独立, 则没有必要进行相应分析; 如果因素 A 和因素 B 不独立, 可以进一步通过相应分析考查两因素各个水平之间的相关关系.

二、相应分析的优点和不足

(一) 相应分析的优点

由于因子分析存在: ① 指标或对样品的因子分析是分开进行的, 两者均未涉及指标与样品之间可能的联系, 以致失去不少有用的信息; ② 由于样品的个数通常远大于指标的个数, 对样品作 Q 型分析的计算量比较庞大, 一般只好采用 R 型分析而舍弃 Q 型分析; ③ 考虑到观测数据在数量级上的不同, 对指标可以进行标准化, 而对样品则不适合标准化, 处理数据的方法对指标和样品有一定的差异.

而相较于因子分析, 相应分析的优点是: ① 将 R 型因子分析与 Q 型因子分析相结合的一种统计分析方法. 其特点是: 先进行 R 型因子分析, 再由 R 型因子分析得到 Q 型因子分析的结果. ② 并用共同的因子轴同时表示样品与变量的载荷, 将样品与变量都反映在相同的因子轴所决定的因子平面上, 从而可以研究变量和样品的内在联系.

(二) 相应分析的不足

相应分析的不足主要有以下几点:

第一, 不能用于相关关系的假设检验. 相应分析只是一种描述性的统计分析方法, 是用图形的方式提示变量之间的关系, 它不能给出具体的统计量来度量这种相关程度, 因此不能用于相关关系的假设检验.

第二, 用相应分析生成的二维图上的各状态点, 实际上是两多维空间上的点的二维投影, 在某些特殊情况下, 在多维空间中相隔较远的点, 在二维平面上的投影却很接近. 此时, 需要对二维图上的各点作更深入地了解.

第三, 对极端值敏感. 极端值对相应分析的结果影响很大.

第四, 在解释图形变量 (定性变量) 类别间关系时, 要注意所选择的数据标准化的方式, 不同的标准化方式会导致类别在图形上的不同分布.

第五节 实例分析与计算实现

一、利用 SPSS 进行相应分析

这里利用相应分析来反映 2012 年我国不同收入等级城镇居民家庭平均每人全年现金消费支出结构. 数据来源于国家统计局网站 http://data.stats.gov.cn/easyquery.htm?cn=C01, 具体数据见表 8.3.

表 8.3 我国不同收入等级城镇居民家庭平均每人全年现金消费支出 (2012 年)

不同收入等级	食品 (元)	衣着 (元)	居住 (元)	设备及用品 (元)	交通通信 (元)	文教娱乐 (元)	医疗保健 (元)	其他 (元)
最低	3310.4	706.8	832.6	405.4	602.8	723	548.3	172.1
困难户	2979.3	589.8	759.6	333.1	495.3	613.9	466.5	129.2
城镇较低	4147.4	1045.5	924.5	569.3	954.4	1034.9	669.6	265
中等偏下	5028.6	1408.2	1160.4	760	1393	1326.6	832.9	371.1
城镇中等	6061.4	1765.9	1384.3	1033.6	2063.3	1785.5	1096	529.9
中等偏上	7102.4	2213.8	1708.7	1346.2	2960.6	2449.1	1248.9	800.4
较高	8561	2767.5	2154.3	1827.9	4304.1	3432.8	1580	1169.4
最高	10323.1	3928.5	3123.3	2807.3	7971.1	5431.6	1951.1	2125.7

(一) 操作步骤

(1) 数据录入

在进行相应分析之前, 需要对原始数据进行处理, 整理成交叉表的单元格计数形式. 具体操作如下:

① 打开 SPSS 文件, 按顺序: File→New→Data 打开一个空白数据文件, 进行变量的编辑, 点击 Variable View 选项, 录入三个变量, 见图 8.1.

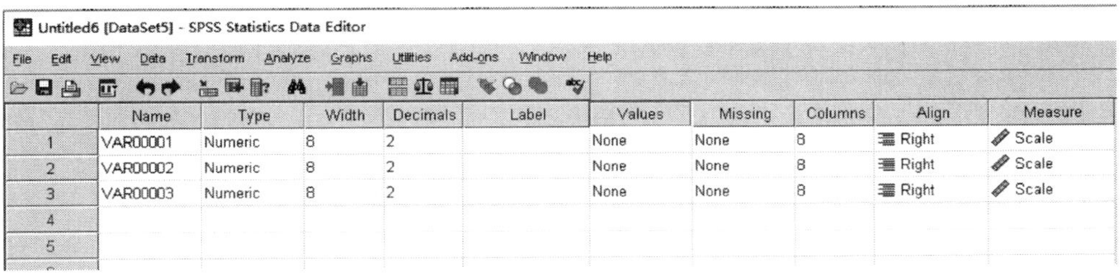

Untitled6 [DataSet5] - SPSS Statistics Data Editor
File Edit View Data Transform Analyze Graphs Utilities Add-ons Window Help
Name Type Width Decimals Label Values Missing Columns Align Measure
1 VAR00001 Numeric 8 2 None None 8 Right Scale
2 VAR00002 Numeric 8 2 None None 8 Right Scale
3 VAR00003 Numeric 8 2 None None 8 Right Scale
4
5

图 8.1 录入变量

② 对变量进行赋值, 选择 Values 项需要作如下设置: 在弹出的对话框里, 对不同收入等级以及 8 大项消费支出进行数字赋值, 见图 8.2 和图 8.3.

Value Labels
Value Labels
Value: 8
Label: 最高收入
Spelling...
Add
Change
Remove
2.00 = "困难户"
3.00 = "较低收入"
4.00 = "中等偏下收入"
5.00 = "中等收入"
6.00 = "中等偏上收入"
7.00 = "较高收入"
OK
Cancel
Help

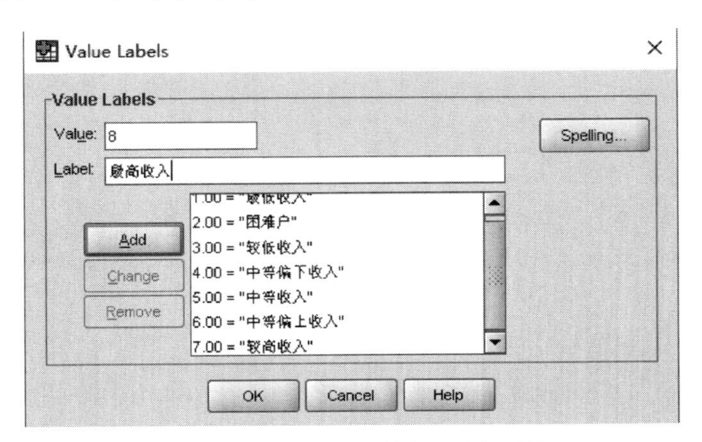

图 8.2 对 "不同收入等级" 进行赋值

完成变量的编辑后, 返回到 Data View 窗口, 录入数据, 即为交叉表的单元格计数形式, 见图 8.4.

③ 使用加权个案. 点击 Data→Weight Cases 功能, 定义 "数值" 为权重变量 (图 8.5). 设置完成后, 点击 OK 按钮进入相应分析.

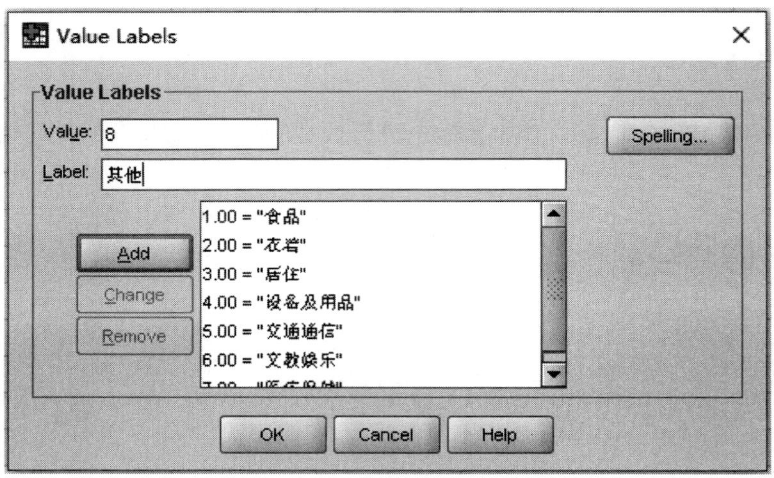

图 8.3 对“8 大项消费”赋值

Untitled6 [DataSet5] - SPSS Statistics Data Editor

File Edit View Data Transform Analyze Graphs Utilitie

1：不同收入等级 1.0

	不同收入等级	消费支出	数值
1	1.00	1.00	3310.40
2	1.00	2.00	706.80
3	1.00	3.00	832.60
4	1.00	4.00	405.40
5	1.00	5.00	602.80
6	1.00	6.00	723.00
7	1.00	7.00	548.30
8	1.00	8.00	172.10
9	2.00	1.00	2979.30
10	2.00	2.00	589.80
11	2.00	3.00	759.60
12	2.00	4.00	333.10
13	2.00	5.00	495.30
14	2.00	6.00	613.90
15	2.00	7.00	466.50
16	2.00	8.00	129.20
17	3.00	1.00	4147.40
18	3.00	2.00	1045.50
19	3.00	3.00	924.50
20	3.00	4.00	569.30
21	3.00	5.00	954.40
22	3.00	6.00	1034.90

图 8.4 交叉表的单元格计数形式

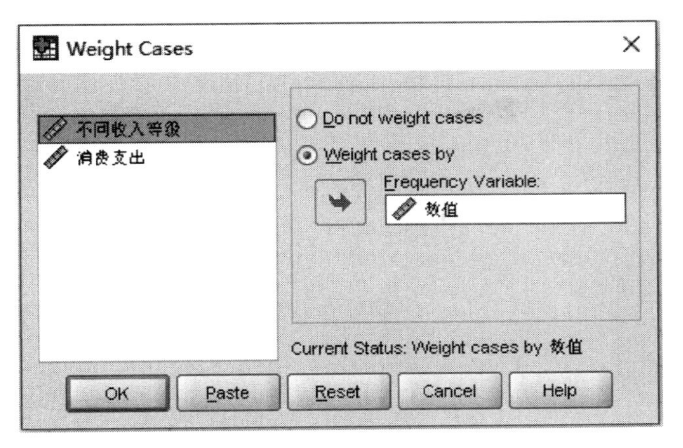

图 8.5 Weight Cases 对话框

(2) χ^2 检验

在进行相应分析之前, 需要先进行列联表 χ^2 检验, 只有接受备择假设, 说明行变量和列变量之间不独立, 进行相应分析才有意义. 具体操作如下:

① 点击 Analyze→Descriptive Statistics→Crosstabs, 进入 Crosstabs 主对话框. 将行变量 "不同收入等级" 选择到 Row(s) 框中, 将列变量 "消费支出" 选择到 Column(s) 中 (图 8.6).

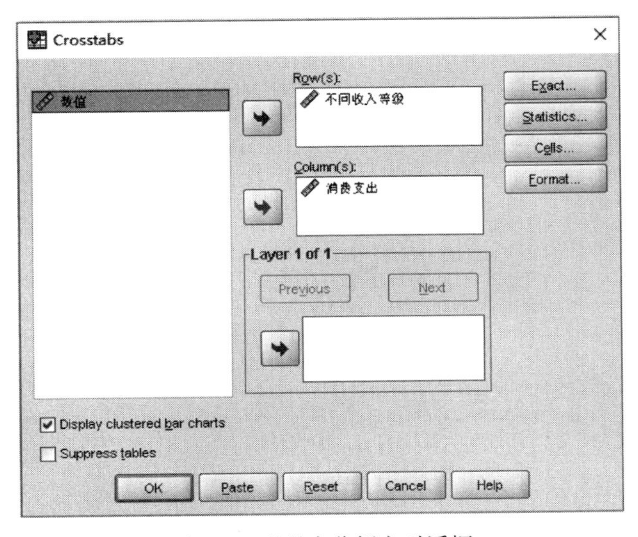

图 8.6 列联表分析主对话框

② 点击主对话框中 Statistics 选项, 用于指定用哪种方法分析行变量和列变量间的关系 (图 8.7).

(3) 相应分析如图 8.7 所示选中所需选项后, 点击 Continue 返回主对话框.

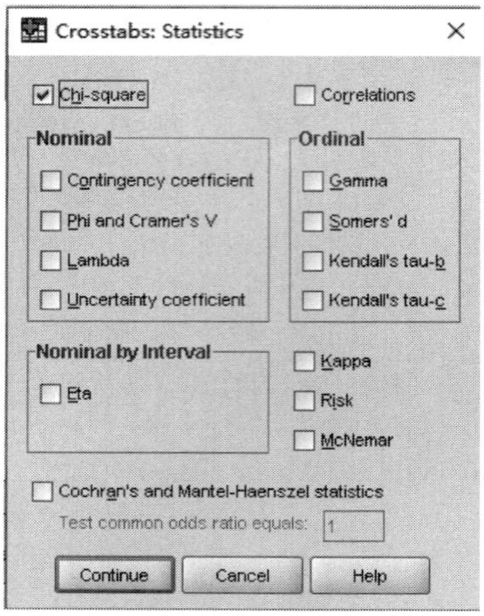

图 8.7 行变量和列变量关系检验对话框

列联表 χ^2 检验完成后, 即可进行相应分析. 具体操作如下:

① 点击 Analyze→Data Reduction→Correspondence analysis, 进入 Correspondence analysis 主对话框 (图 8.8).

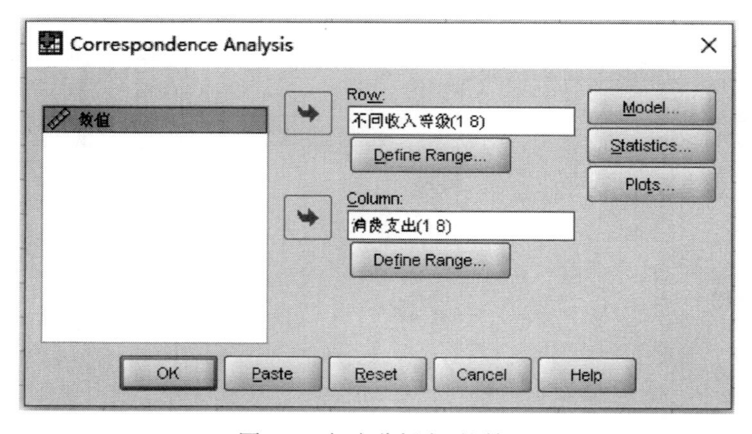

图 8.8 相应分析主对话框

② Row 框用于设置行变量. 这里将 “不同收入等级” 变量放置于此. 此时, Define Ranges 按钮被激活, 用于定义行变量参与分析的分类范围 (图 8.9). 本例的收入等级有 8 个, 故 Minimum value 输入 1, Maximum value 输入 8, 然后点击 Update.

③ Column 框用于设置列变量. 这里将 “消费支出” 变量放置于此, 点击 Define Ranges

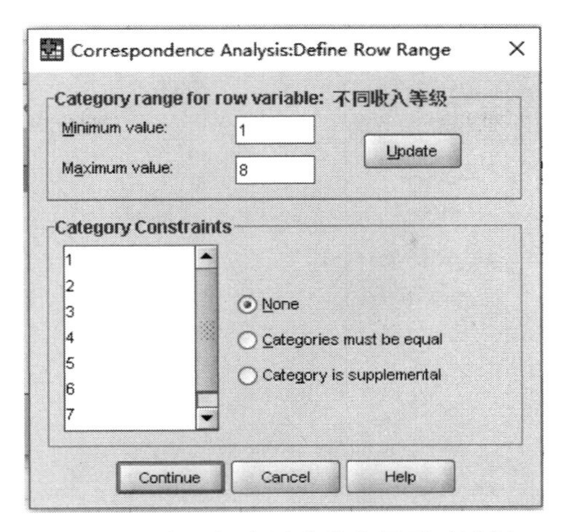

图 8.9　定义行变量分类范围子对话框

按钮, 定义列变量参与分析的分类范围 (图 8.10). 本例中消费支出项目有 8 个, 故 Minimum value 输入 1, Maximum value 输入 8, 然后点击 Update.

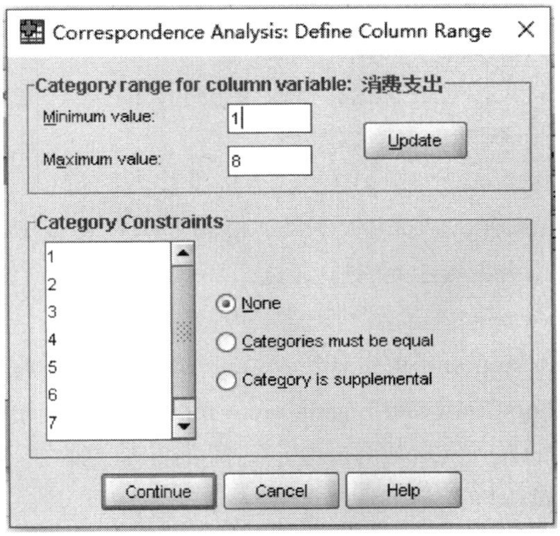

图 8.10　定义列变量分类范围子对话框

设置完成后, 点击 Continue 进入相应分析主对话框.

(4) 建立模型

点击主对话框 Model 选项 (图 8.8), 用于指定相应分析模型, 指定维度数、距离测度、标准化方法和正规化方法 (图 8.11). 具体操作如下:

① Dimensions in solution 用于指定对应分析解的维度数, 系统默认值为 2, 即分别对样

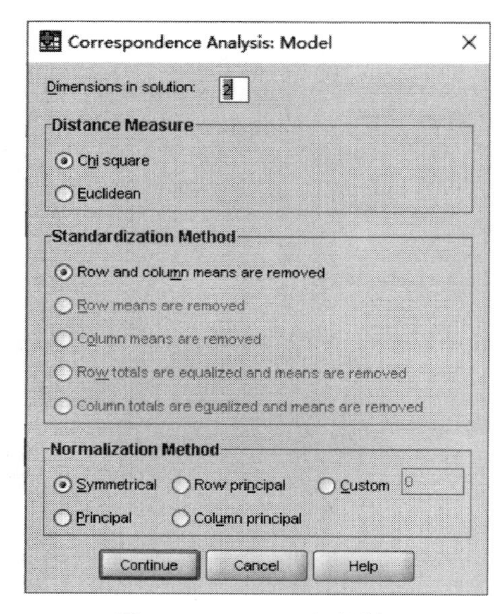

图 8.11 Model 子对话框

品和变量进行因子分析时提取前两个因子.

② Distance Measure 子选项用于选择相应表的行间距离和列间距离的测度. 其中, Chi square 为 χ^2 距离测度, Euclidean 为欧氏距离.

③ Standardization Method 子选项用于选择标准化方法选项. 其中,

- Row and column means are removed 表示行和列两者均被中心化;
- Row means are removed 表示行被中心化;
- Column means are removed 表示列被中心化;
- Row totals are equalized and means are removed 表示先使行边际相等, 再中心化行;
- Column totals are equalized and means are removed 表示先使列边际相等, 再中心化列.

④ Normalization Method 子选项用于设定正规化方法. 其中,

- Symmetrical 表示对称度;
- Row principal 表示行分数间的距离是在对应表中根据选定方法对距离测度的近似方法;
- Column principal 表示列分数间的距离是在对应表中根据选定方法对距离测度的近似方法;
- Principal 表示行点与列点之间的距离是与选定的距离测度一致的对应表中距离的近似值;
- Custom 表示自定义.

如图 8.11 所示, 选中所需选项后, 点击 Continue 返回主对话框.

(5) 输出数据

点击主对话框 Statistics 选项 (图 8.8), 用于指定输出哪些数据表 (图 8.12). 具体操作如下:

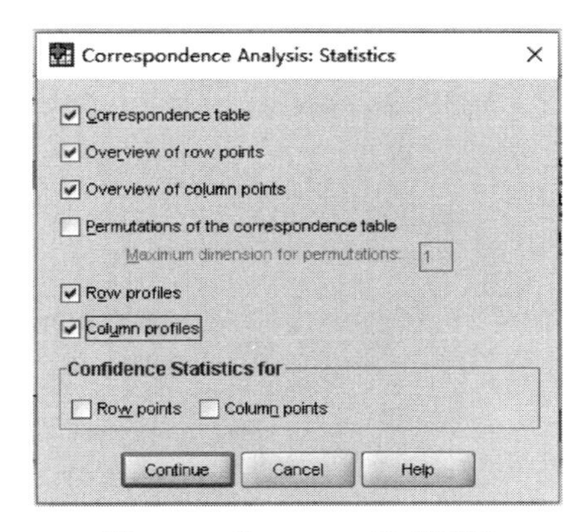

图 8.12 Statistics 子对话框

① Correspondence table 表示要求输出含有变量列和行边际概览的交叉分组列表. 其中,

- Overview of row points 表示要求输出行概览表;
- Overview of column points 要求输出列概览表;
- Row profiles 表示行归一化处理后的分布表;

Column profiles 表示列归一化处理后的分布表.

② Confidence Statistics for 子选项中,

- Row points 为输出包括标准差和所有非辅助行点相关内容的表格;
- Column points 为输出包括标准差和所有非辅助列点相关内容的表格.

如图 8.12 所示, 选中所需选项后, 点击 Continue 返回主对话框.

(6) 确定统计图

点击主对话框 Plots 选项 (图 8.8), 用于指定统计图选项 (图 8.13). 具体操作如下:

① Scatter plots 子选项为散点图选项. 其中,

- Biplot 为双维图法输出矩阵的行、列点联合图;
- Row points 为输出矩阵的行点图;
- Column points 为输出矩阵的列点图;
- ID label width for scatterplots 为设置散点图中 ID 标签宽度, 默认值为 20.

② Line plots 子选项为产生所选变量的每一个维度的线图. 其中,

- Transformed row categories 输出行分类转换图;

- Transformed column categories 输出列分类转换图;
- ID label width for Line plots 设置线图中 ID 标签宽度, 默认值为 20.

③ Plot Dimensions 子选项为允许去控制在输出中显示的图的维度. 其中,

- Display all dimensions in the solution 为在散点图矩阵里显示解的所有维度;
- Restrict the number of dimensions 为显示的维度被限制在成对图.

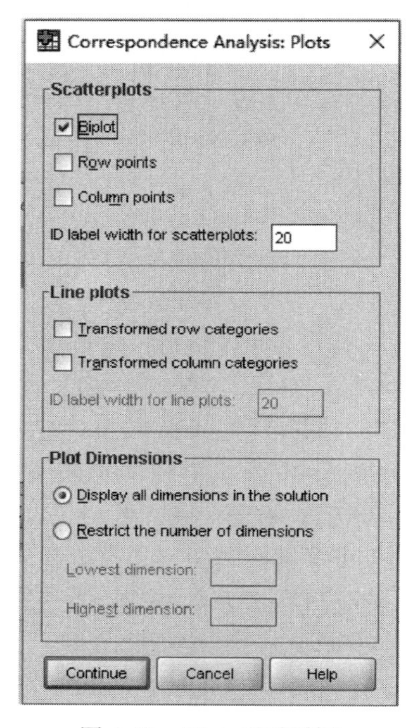

图 8.13　Plot 子对话框

如图 8.13 所示, 选中所需选项后, 点击 Continue 返回主对话框 (图 8.8). 点击 OK 按钮, 即可得到相应分析的结果.

二、输出结果

(1) 表 8.4 为列联表 (correspondence table). 列联表给出了 8 个收入等级的 8 项消费支出的观察值、总和. 其中, Active Margin 为行列有效的边际值, 最右下角的 134568.2 是所有观测值的和.

表 8.4 列联表

不同收入等级	消费支出								
	食品	衣着	居住	设备及用品	交通通信	文教娱乐	医疗保健	其他	Active Margin
最低	3310.400	706.800	832.600	405.400	602.800	723.000	548.300	172.100	7301.400
困难户	2979.300	589.800	759.600	333.100	495.300	613.900	466.500	129.200	6366.700
较低	4147.400	1045.500	924.500	569.300	954.400	1034.900	669.600	265.000	9610.600
中等偏下	5028.600	1408.200	1160.400	760.000	1393.000	1326.600	832.900	371.100	12280.800
中等	6061.400	1765.900	1384.300	1033.600	2063.300	1785.500	1096.000	529.900	15719.900
中等偏上	7102.400	2213.800	1708.700	1346.200	2960.600	2449.100	1248.900	800.400	19830.100
较高	8561.000	2767.500	2154.300	1827.900	4304.100	3432.800	1580.000	1169.400	25797.000
最高	10323.100	3928.500	3123.300	2807.300	7971.100	5431.600	1951.100	2125.700	37661.700
Active Margin	47513.600	14426.000	12047.700	9082.800	20744.600	16797.400	8393.300	5562.800	134568.200

(2) 表 8.5 为列联表 χ^2 检验的结果. 表中第二列是各检验统计量值, 第三列是自由度, 第四列是统计量的 p 值; 第一行是 χ^2 检验的结果. 从表 8.5 的 p 值接近于零可以看出, 行变量 "不同收入等级" 和列变量 "消费支出" 是不独立的, 因此可以进一步进行相应分析.

表 8.5 列联表卡方检验结果

	Value	df	Asymp. Sig. (2-sided)
Pearson Chi-Square	4286.891^a	49	.000
Likelihood Ratio	4362.449	49	.000
Linear-by-Linear Association	2115.847	1	.000
N of Valid Cases	134569		

(3) 表 8.6 为行轮廓表 (row profiles). 相应表中每行观测值除以每行总和的归一化结果, 每行的边际都为 1. 其中, Mass 为各列的边际概率.

表 8.6 行轮廓表

不同收入等级	消费支出								
	食品	衣着	居住	设备及用品	交通通信	文教娱乐	医疗保健	其他	Active Margin
最低	.453	.097	.114	.056	.083	.099	.075	.024	1.000
困难户	.468	.093	.119	.052	.078	.096	.073	.020	1.000
较低	.432	.109	.096	.059	.099	.108	.070	.028	1.000

续表

不同收入等级	消费支出								
	食品	衣着	居住	设备及用品	交通通信	文教娱乐	医疗保健	其他	Active Margin
中等偏下	.409	.115	.094	.062	.113	.108	.068	.030	1.000
中等	.386	.112	.088	.066	.131	.114	.070	.034	1.000
中等偏上	.358	.112	.086	.068	.149	.124	.063	.040	1.000
较高	.332	.107	.084	.071	.167	.133	.061	.045	1.000
最高	.274	.104	.083	.075	.212	.144	.052	.056	1.000
Mass	.353	.107	.090	.067	.154	.125	.062	.041	

(4) 表 8.7 为列轮廓表 (column profiles). 相应表中每列观测值除以每列总和的归一化结果, 每行的边际都为 1. 其中, Mass 为各行的边际概率.

表 8.7 列轮廓表

不同收入等级	消费支出								
	食品	衣着	居住	设备及用品	交通通信	文教娱乐	医疗保健	其他	Mass
最低	.070	.049	.069	.045	.029	.043	.065	.031	.054
困难户	.063	.041	.063	.037	.024	.037	.056	.023	.047
较低	.087	.072	.077	.063	.046	.062	.080	.048	.071
中等偏下	.106	.098	.096	.084	.067	.079	.099	.067	.091
中等	.128	.122	.115	.114	.099	.106	.131	.095	.117
中等偏上	.149	.153	.142	.148	.143	.146	.149	.144	.147
较高	.180	.192	.179	.201	.207	.204	.188	.210	.192
最高	.217	.272	.259	.309	.384	.323	.232	.382	.280
Active Margin	1.000	1.000	1.000	1.000	1.000	1.000	1.000	1.000	

(5) 表 8.8 为总览表 (summary). 总览表从左至右分别为维度、奇异值、惯量、χ^2 值及 p 值、惯量比例. 其中, 奇异值是惯量的平方根, 相当于相关分析中的相关系数, 而惯量是特征根. 从该表中可以看出, 由于第一个因子的贡献率为 0.977, 第二个因子的贡献率为 0.02, 二者的累积贡献率为 99.7%, 因此抽取前两个因子即可.

(6) 表 8.9 为行概览表 (overview row points). 行概览表从左至右依次为行变量各点的质量 ("不同收入等级" 变量各取值所占百分比)、因子得分 ("不同收入等级" 变量各取值在二个维度中的分值, 实际就是坐标值)、惯量、点对维度惯量的贡献 (每个类别对维度的相对重要性), 维度惯量对点的贡献 (每个维度解释每个取值的程度).

表 8.8 总览表

Dimension	Singular Value	Inertia	Chi Square	Sig.	Proportion of Inertia: Accounted for	Proportion of Inertia: Cumulative	Confidence Singular Value: Standard Deviation	Confidence Singular Value: Correlation 2
1	.176	.031			.977	.977	.003	.032
2	.025	.001			.020	.997	.003	
3	.008	.000			.002	.999		
4	.006	.000			.001	1.000		
5	.003	.000			.000	1.000		
6	.001	.000			.000	1.000		
7	.000	.000			.000	1.000		
Total		.032	4285.705	.000[a]	1.000	1.000		

表 8.9 行概览表

不同收入等级	Mass	Score in Dimension 1	Score in Dimension 2	Inertia	Contribution: Of Point to Inertia of Dimension 1	Of Point to Inertia of Dimension 2	Of Dimension to Inertia of Point 1	Of Dimension to Inertia of Point 2	Of Dimension to Inertia of Point Total
最低	.054	–.693	–.298	.005	.148	.191	.973	.026	.999
困难户	.047	–.771	–.430	.005	.160	.345	.957	.043	1.000
较低	.071	–.511	.065	.003	.106	.012	.994	.002	.996
中等偏下	.091	–.384	.131	.002	.076	.062	.974	.016	.991
中等	.117	–.226	.176	.001	.034	.143	.902	.078	.981
中等偏上	.147	–.033	.122	.000	.001	.086	.330	.648	.978
较高	.192	.142	.062	.001	.022	.029	.931	.026	.957
最高	.280	.535	–.109	.014	.454	.132	.994	.006	1.000
Active Total	1.000			.032	1.000	1.000			

(7) 表 8.10 为列概览表 (overview column points). 从左至右依次为列变量各分类的质量 (即反映消费支出结构各变量所占百分比)、因子得分 (各变量在二个维度上的得分)、惯量、点对维度惯量的贡献、维度惯量对点的贡献.

(8) 图 8.14 为对应分析图 (row and column points). 在解读该图形时有两个原则:

表 8.10 列概览表

消费支出	Mass	Score in Dimension		Inertia	Contribution				
					Of Point to Inertia of Dimension		Of Dimension to Inertia of Point		
		1	2		1	2	1	2	Total
食品	.353	−.419	.001	.011	.351	.000	1.000	.000	1.000
衣着	.107	.001	.308	.000	.000	.400	.000	.935	.935
居住	.090	−.223	−.384	.001	.025	.522	.696	.297	.993
设备及用品	.067	.226	.112	.001	.020	.034	.959	.034	.993
交通通信	.154	.680	−.051	.013	.404	.016	.998	.001	.999
文教娱乐	.125	.302	−.012	.002	.065	.001	.986	.000	.987
医疗保健	.062	−.286	.091	.001	.029	.020	.953	.014	.967
其他	.041	.673	−.068	.003	.106	.008	.997	.001	.999
Active Total	1.000			.032	1.000	1.000			

第一，首先分不同变量分别检查横轴和纵轴方向上的区分情况，如果同一变量不同类别在某个方向上靠得较近，则说明这些类别在该维度上区别不大；

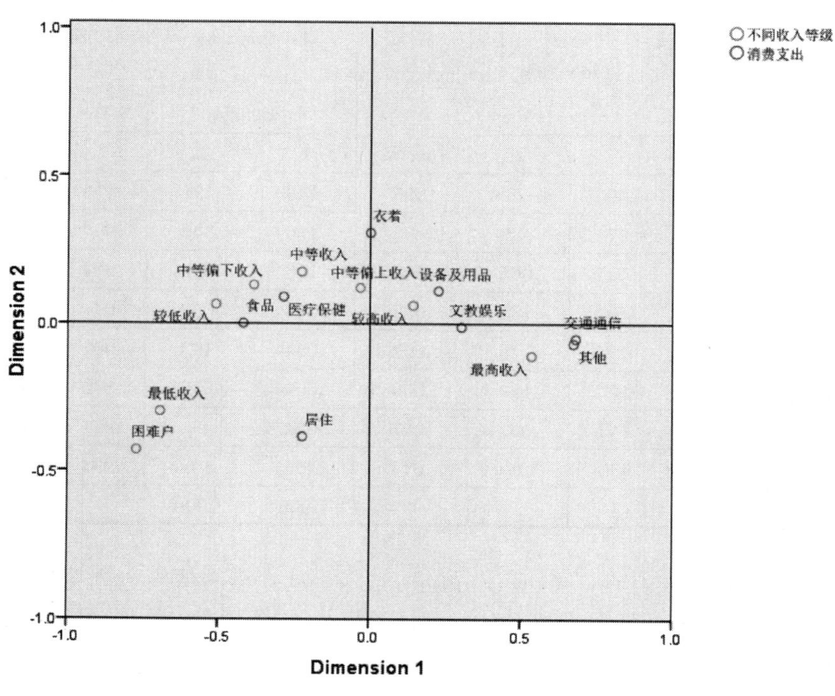

图 8.14 对应分析图

第二, 比较不同变量各个取值分类间的位置关系, 落在从图形中心 (0,0) 点出发相同方向上大致相同区域内的不同变量的分类点彼此有联系.

现按照上述原则分析图 8.14:

① “不同收入等级” 中 8 个收入等级在第一维度上分布得更分散些, 在第二维度上, 除 “最低收入” 和 “困难户” 外, 其他 6 个收入等级相对集中;

② “消费支出”8 个变量在第一维度上比较分散, 在第二维度上, 除 “衣着” 和 “居住” 外, 其他 6 个消费支出项目相对比较集中;

③ 从图中可以看出,“最低收入” 和 “困难户” 支出大部分用于 “居住”;

④ “中等偏下收入” 和 “较低收入” 的支出大部分用于 “食品” 和 “医疗保健”;

⑤ “中等收入” 和 “中等偏上” 的支出大部分更偏向于 “医疗保健” 和 “衣着”;

⑥ “较高收入” 的支出更多用于 “设备及用品” 和 “文教娱乐”;

⑦ “最高收入” 的支出则更多用于 “交通通信” 和 “其他”.

第六节 结 语

一、本章回顾

在社会、经济以及其他领域中, 进行数据分析时经常要处理因素与因素之间以及因素内部各水平之间的相互关系, 即列联表中行因素 A 和列因素 B 各水平之间的对应关系, 这就需要进行相应分析. 相应分析以列联表为基础, 将原始的列联资料 $\boldsymbol{K}=(k_{ij})_{r\times c}$ 变换成矩阵 $\boldsymbol{Z}=(z_{ij})_{r\times c}$, 使得 z_{ij} 对行因素 A 和列因素 B 具有对等性, 才能有效地将 R 型和 Q 型因子分析结合在一起. 通过将两个因子分析的因子载荷图叠加形成关联图, 进而能够直观反映行因素和列因素各水平之间的对应关系. 相应分析不仅可以分析定性资料中两因素的对应关系, 也可以分析定量数据中样品和变量之间的对应关系.

二、本章要求

了解相应分析的基本思想、步骤, 进行相应分析时应注意的问题以及相应分析的优缺点, 能够熟练运用 SPSS 进行对应分析, 能够理解输出结果, 并根据输出结果进行分析以解决实际问题.

思考与练习

8.1 什么是相应分析? 它与因子分析有何关系?

8.2 试述相应分析的基本思想.

8.3 试述相应分析的基本步骤.

8.4 在进行相应分析时, 应注意哪些问题?

8.5 Fisher 研究头发颜色与眼睛颜色的关系, 抽查了 5387 人的资料如下表, 试对其进行相应分析.

眼睛颜色	头发颜色					
	Fair	Red	Medium	Dark	Black	合计
Blue	326	3	241	110	3	718
Light	688	116	584	188	4	1580
Medium	343	84	909	412	26	1774
Dark	98	48	403	681	85	1315
合计	1455	286	2137	1391	118	5387

8.6 下表是福建省 2014 年各区市废水废气排放情况, 用相应分析法分析地区与废水废气排放的对应关系.

(单位: 吨)

项目	二氧化排放量	氮氧化物排放量	烟 (粉) 尘排放量	废水排放总量	化学需氧量排放量	氨氮排放量
福州市	57665	94127	108291	37833.80	104578	15541
厦门市	16328	30984	6405	50786.23	39303	7310
莆田市	10482	19173	6715	12766.58	41313	5961
三明市	47042	43127	75660	20996.44	51892	6342
泉州市	113899	86436	71594	55908.86	122519	16538
漳州市	38445	64042	26044	41130.35	101784	13326
南平市	21067	15234	17252	15559.20	62230	7126
龙岩市	33425	43419	41435	13978.54	59330	7887
宁德市	17553	15100	14485	10476.90	42100	8424
平潭综合实验区	51	17	21	1142.32	4773	888

8.7 下表是 2014 年我国各地区一般公共预算支出情况, 试对这些地区一般公共预算支出情况进行相应分析.

(单位: 亿元)

地区	地方一般公共预算支出	一般公共服务支出	国防支出	公共安全支出	教育支出	科学技术支出	文化体育与传媒支出
北京	4524.67	272.23	8.49	279.78	742.05	282.71	163.90
天津	2884.70	158.08	1.16	139.31	517.01	109.00	47.87
河北	4677.30	476.59	12.38	248.29	868.87	51.32	82.66

续表

地区	地方一般公共预算支出	一般公共服务支出	国防支出	公共安全支出	教育支出	科学技术支出	文化体育与传媒支出
山西	3085.28	237.94	5.44	160.80	507.28	54.26	63.95
内蒙古	3879.98	297.55	4.77	180.45	477.77	32.87	91.90
辽宁	5080.49	436.29	11.97	235.67	604.49	108.82	92.60
吉林	2913.25	253.50	5.18	154.63	407.10	36.45	61.16
黑龙江	3434.22	256.20	4.88	170.77	505.94	39.46	45.63
上海	4923.44	248.84	6.57	250.91	695.63	262.29	86.38
江苏	8472.45	856.70	22.00	473.83	1504.86	327.10	190.86
浙江	5159.57	527.74	7.93	370.69	1030.99	207.99	115.36
安徽	4664.10	408.15	5.70	179.60	743.07	129.59	82.25
福建	3306.70	293.40	6.56	191.63	634.60	67.40	64.18
江西	3882.70	361.36	6.53	175.96	711.72	58.37	60.03
山东	7177.31	725.33	15.47	380.57	1461.05	147.06	127.75
河南	6028.69	700.71	6.79	274.12	1201.38	81.25	91.16
湖北	4934.15	598.45	4.18	259.05	773.35	134.46	76.65
湖南	5017.38	627.24	13.05	246.11	833.27	59.38	80.01
广东	9152.64	959.44	19.05	697.23	1808.97	274.33	168.16
广西	3479.79	405.99	9.93	192.22	660.53	59.93	68.52
海南	1099.74	111.40	4.28	67.71	175.95	13.53	23.51
重庆	3304.39	288.27	6.86	159.56	469.98	38.16	36.02
四川	6796.61	575.67	14.59	319.19	1056.91	81.76	135.65
贵州	3542.80	422.49	5.25	187.97	637.03	44.34	54.69
云南	4437.98	399.48	9.41	219.66	674.94	43.15	56.21
西藏	1185.51	164.09	1.88	69.36	142.08	4.42	34.10
陕西	3962.50	366.32	3.90	161.43	693.83	44.86	93.23
甘肃	2541.49	300.48	2.89	107.42	401.26	21.16	49.60
青海	1347.43	100.57	0.71	55.63	156.31	10.39	34.16
宁夏	1000.45	61.68	1.00	47.64	122.68	11.66	16.02
新疆	3317.79	324.88	5.60	222.28	567.20	40.34	74.32

8.9 下表中的数据是美国在 1973 年到 1978 年间授予哲学博士学位的数目 (美国人口调查局,1979 年). 试用对应分析方法分析该组数据.

学科	1973	1974	1975	1976	1977	1978
L (生命科学)	4489	4303	4402	4350	4266	4361
P (物理学)	4101	3800	3749	3572	3410	3234
S (社会学)	3354	3286	3344	3278	3137	3008
B (行为科学)	2444	2587	2749	2878	2960	3049
E (工程学)	3338	3144	2959	2791	2641	2432
M (数学)	1222	1196	1149	1003	959	959

8.11 试用相应分析对我国 2014 年城镇居民不同收入等级与食品支出结构的关系进行分析, 数据见下表.

(单位: 元)

不同收入等级	粮食消费现金支出	肉禽及其制品消费现金支出	蛋类消费现金支出	水产品消费现金支出	奶及奶制品消费现金支出
最低	365	767.5	84.3	173.4	125.8
困难	358.7	699.3	77	145.1	110.1
城镇较低	385.8	946.7	96.6	235.6	169
中等偏下	426	1088.3	112	308.8	208.3
城镇中等	473.2	1249.4	125.7	412.7	260.1
中等偏上	501.7	1341.1	133.3	522.7	308.8
较高	542.7	1480.4	142.4	630.6	365.4
最高	564.5	1555.7	147.1	768.2	423.3

8.12 将由 $n = 1660$ 个人组成的样本按心理健康状况和社会经济状况进行交叉分类. 分类结果见下表. 试对这组数据完成对应分析, 解释所得结果. 数据间的联系是否能很好地在一堆中表示出来?

心理健康状况	父母社会经济状况				
	A (高)	B	C	D	E (低)
好	121	57	72	36	21
轻微症状形成	188	105	141	97	71
中等症状形成	112	65	77	54	54
受损	86	60	94	78	71

第九章　典型相关分析

第一节　引　　言

典型相关分析 (canonical correlation) 是研究两组变量之间相关关系的一种多元统计方法. 它能够揭示出两组变量之间的内在联系.

我们知道, 在一元统计分析中, 用相关系数来衡量两个随机变量之间的线性相关关系; 用复相关系数研究一个随机变量和多个随机变量的线性相关关系. 然而, 这些统计方法在研究两组变量之间的相关关系时却无能为力了. 比如要研究生理指标与训练指标的关系、居民生活环境与健康状况的关系、人口统计变量 (户主年龄、家庭年收入、户主受教育程度) 与消费变量 (每年去餐馆就餐的频率、每年出外看电影的频率) 之间是否具有相关关系? 阅读能力变量 (阅读速度、阅读才能) 与数学运算能力变量 (数学运算速度、数学运算才能) 是否相关? 这些多变量间的相关性如何分析?

1936 年霍特林最早就 “大学表现” 和 “入学前成绩” 的关系、政府政策变量与经济目标变量的关系等问题进行了研究, 提出了典型相关分析技术. 之后, Cooley 和 Hohnes(1971), Tatsuoka(1971) 及 Mardia, Kent 和 Bibby(1979) 等人对典型相关分析的应用进行了讨论, Kshirsagar(1972) 则从理论上给出了最好的分析.

典型相关分析的目的是识别并量化两组变量之间的联系, 将两组变量相关关系的分析, 转化为一组变量的线性组合与另一组变量的线性组合之间的相关关系分析.

目前, 典型相关分析已被应用于心理学、市场营销等领域. 如用于个人性格与职业兴趣的关系、市场促销活动与消费者响应之间的关系等实际问题的分析研究.

第二节　典型相关的基本理论

一、典型相关分析的基本思想

典型相关分析由霍特林提出, 其基本思想和主成分分析非常相似. 首先在每组变量中找出变量的线性组合, 使得两组变量的线性组合之间具有最大的相关系数. 然后选取和最初挑选的这对线性组合不相关的线性组合, 使其配对, 并选取相关系数最大的一对, 如此继续下去, 直到两组变量之间的相关性被提取完毕为止. 被选出的线性组合配对称为**典型变量**, 它们的相关系数称为**典型相关系数**. 典型相关系数度量了这两组变量之间联系的强度.

一般情况, 设 $\boldsymbol{X}^{(1)}=(X_1^{(1)},X_2^{(1)},\cdots,X_p^{(1)}),\boldsymbol{X}^{(2)}=(X_1^{(2)},X_2^{(2)},\cdots,X_q^{(2)})$ 是两个相互关联的随机向量, 分别在两组变量中选取若干有代表性的综合变量 U_i,V_i, 使得每一个综合变量是原变量的线性组合, 即

$$
\begin{aligned}
U_i&=a_1^{(i)}X_1^{(1)}+a_2^{(i)}X_2^{(1)}+\cdots+a_p^{(i)}X_p^{(1)}\triangleq\boldsymbol{a}^{(i)\prime}\boldsymbol{X}^{(1)},\\
V_i&=b_1^{(i)}X_1^{(2)}+b_2^{(i)}X_2^{(2)}+\cdots+b_q^{(i)}X_q^{(2)}\triangleq\boldsymbol{b}^{(i)\prime}\boldsymbol{X}^{(2)}.
\end{aligned}
$$

为了确保典型变量的唯一性, 我们只考虑方差为 1 的 $\boldsymbol{X}^{(1)},\boldsymbol{X}^{(2)}$ 的线性函数 $\boldsymbol{a}^{(i)\prime}\boldsymbol{X}^{(1)}$ 与 $\boldsymbol{b}^{(i)\prime}\boldsymbol{X}^{(2)}$, 求使得它们相关系数达到最大的这一组. 若存在常向量 $\boldsymbol{a}^{(1)},\boldsymbol{b}^{(1)}$, 在 $\mathrm{Var}(\boldsymbol{a}^{(1)\prime}\boldsymbol{X}^{(1)})=\mathrm{Var}(\boldsymbol{b}^{(1)\prime}\boldsymbol{X}^{(2)})=1$ 的条件下, 使得 $\rho(\boldsymbol{a}^{(1)\prime}\boldsymbol{X}^{(1)},\boldsymbol{b}^{(1)\prime}\boldsymbol{X}^{(2)})$ 达到最大, 则称 $\boldsymbol{a}^{(1)\prime}\boldsymbol{X}^{(1)},\boldsymbol{b}^{(1)\prime}\boldsymbol{X}^{(2)}$ 是 $\boldsymbol{X}^{(1)},\boldsymbol{X}^{(2)}$ 的第一对典型相关变量. 求出第一对典型相关变量之后, 可以类似地求出各对之间互不相关的第二对、第三对 …… 典型相关变量. 这些典型相关变量就反映了 $\boldsymbol{X}^{(1)}$, $\boldsymbol{X}^{(2)}$ 之间的线性相关情况. 这里值得注意的是, 我们可以通过检验各对典型相关变量的相关系数的显著性. 来反映每一对综合变量的代表性, 如果某一对的相关程度不显著, 那么这对变量就不具有代表性, 不具有代表性的变量就可以忽略. 这样就可以通过对少数典型相关变量的研究, 代替原来两组变量之间的相关关系的研究, 从而容易抓住问题的本质.

二、典型相关分析原理及方法

设有两组随机向量, $\boldsymbol{X}^{(1)}$ 代表第一组的 p 个变量, $\boldsymbol{X}^{(2)}$ 代表第二组的 q 个变量, 假设 $p\leqslant q$. 令

$$
\mathrm{Cov}(\boldsymbol{X}^{(1)},\boldsymbol{X}^{(1)})=\boldsymbol{\Sigma}_{11},\quad \mathrm{Cov}(\boldsymbol{X}^{(1)},\boldsymbol{X}^{(2)})=\boldsymbol{\Sigma}_{22},
$$

$$
\mathrm{Cov}(\boldsymbol{X}^{(1)},\boldsymbol{X}^{(2)})=\boldsymbol{\Sigma}_{12}=\boldsymbol{\Sigma}_{21},\quad \boldsymbol{X}_{(p+q)\times 1}=\begin{bmatrix}\boldsymbol{X}^{(1)}\\ \boldsymbol{X}^{(2)}\end{bmatrix}=\begin{bmatrix}X_1^{(1)}\\ X_2^{(1)}\\ \vdots\\ X_p^{(1)}\\ X_1^{(2)}\\ X_2^{(2)}\\ \vdots\\ X_q^{(2)}\end{bmatrix},
$$

$$
\mathrm{Cov}(\boldsymbol{X},\boldsymbol{X})=\begin{matrix}(p\times p)\\ (p\times q)\end{matrix}\left[\begin{array}{c:c}\boldsymbol{\Sigma}_{11}&\boldsymbol{\Sigma}_{12}\\ \hdashline \boldsymbol{\Sigma}_{21}&\boldsymbol{\Sigma}_{22}\end{array}\right]\begin{matrix}(q\times p)\\ (q\times q)\end{matrix}.
$$

根据典型相关分析的基本思想, 要进行两组随机向量间的相关分析, 首先要计算出各组变量的线性组合 —— 典型变量, 并使其相关系数达到最大. 因此, 我们设两组变量的线性组

合分别为

$$U = \boldsymbol{a}'\boldsymbol{X}^{(1)} = a_1X_1^{(1)} + a_2X_2^{(1)} + \cdots + a_pX_p^{(1)},$$
$$V = \boldsymbol{b}'\boldsymbol{X}^{(2)} = b_1X_1^{(2)} + b_2X_2^{(2)} + \cdots + b_qX_q^{(2)}.$$

易见

$$\mathrm{Var}(U) = \mathrm{Var}(\boldsymbol{a}'\boldsymbol{X}^{(1)}) = \boldsymbol{a}'\mathrm{Cov}(\boldsymbol{X}^{(1)}, \boldsymbol{X}^{(1)})\boldsymbol{a} = \boldsymbol{a}'\boldsymbol{\Sigma}_{11}\boldsymbol{a},$$
$$\mathrm{Var}(V) = \mathrm{Var}(\boldsymbol{b}'\boldsymbol{X}^{(2)}) = \boldsymbol{b}'\mathrm{Cov}(\boldsymbol{X}^{(2)}, \boldsymbol{X}^{(2)})\boldsymbol{b} = \boldsymbol{b}'\boldsymbol{\Sigma}_{22}\boldsymbol{b},$$
$$\mathrm{Cov}(U, V) = \boldsymbol{a}'\mathrm{Cov}(\boldsymbol{X}^{(1)}, \boldsymbol{X}^{(2)})\boldsymbol{b} = \boldsymbol{a}'\boldsymbol{\Sigma}_{12}\boldsymbol{b},$$
$$\mathrm{Corr}(U, V) = \frac{\mathrm{Cov}(U, V)}{\sqrt{\mathrm{Var}(U)}\sqrt{\mathrm{Var}(V)}} = \frac{\boldsymbol{a}'\boldsymbol{\Sigma}_{12}\boldsymbol{b}}{\sqrt{\boldsymbol{a}'\boldsymbol{\Sigma}_{11}\boldsymbol{a}}\sqrt{\boldsymbol{b}'\boldsymbol{\Sigma}_{22}\boldsymbol{b}}}.$$

我们希望寻找使相关系数达到最大的向量 $\boldsymbol{a}$ 与 $\boldsymbol{b}$, 由于随机向量乘以常数时并不改变它们的相关系数, 所以, 为防止结果的重复出现, 令

$$\begin{aligned} \mathrm{Var}(U) &= \boldsymbol{a}'\boldsymbol{\Sigma}_{11}\boldsymbol{a} = 1, \\ \mathrm{Var}(V) &= \boldsymbol{b}'\boldsymbol{\Sigma}_{22}\boldsymbol{b} = 1, \end{aligned} \tag{9.1}$$

那么,

$$\mathrm{Corr}(U, V) = \frac{\boldsymbol{a}'\boldsymbol{\Sigma}_{12}\boldsymbol{b}}{\sqrt{\boldsymbol{a}'\boldsymbol{\Sigma}_{11}\boldsymbol{a}}\sqrt{\boldsymbol{b}'\boldsymbol{\Sigma}_{22}\boldsymbol{b}}} = \boldsymbol{a}'\boldsymbol{\Sigma}_{12}\boldsymbol{b}. \tag{9.2}$$

问题就成为, 在 (9.1) 式的约束条件下, 求使 $\mathrm{Corr}(U, V) = \boldsymbol{a}'\boldsymbol{\Sigma}_{12}\boldsymbol{b}$ 达到最大的系数向量 $\boldsymbol{a}$ 与 $\boldsymbol{b}$.

根据条件极值的求法, 引入 Lagrange 乘数, 将问题转化为求

$$\varphi(\boldsymbol{a}, \boldsymbol{b}) = \boldsymbol{a}'\boldsymbol{\Sigma}_{12}\boldsymbol{b} - \frac{\lambda}{2}(\boldsymbol{a}'\boldsymbol{\Sigma}_{11}\boldsymbol{a} - 1) - \frac{\nu}{2}(\boldsymbol{b}'\boldsymbol{\Sigma}_{22}\boldsymbol{b} - 1) \tag{9.3}$$

的极大值, 其中 λ, ν 是 Lagrange 乘数.

根据求极值的必要条件得

$$\begin{cases} \dfrac{\partial\varphi}{\partial\boldsymbol{a}} = \boldsymbol{\Sigma}_{12}\boldsymbol{b} - \lambda\boldsymbol{\Sigma}_{11}\boldsymbol{a} = \boldsymbol{0}, \\ \dfrac{\partial\varphi}{\partial\boldsymbol{b}} = \boldsymbol{\Sigma}_{21}\boldsymbol{a} - \nu\boldsymbol{\Sigma}_{22}\boldsymbol{b} = \boldsymbol{0}. \end{cases} \tag{9.4}$$

将方程组 (9.4) 的二式分别左乘 $\boldsymbol{a}'$ 与 $\boldsymbol{b}'$, 得

$$\begin{cases} \boldsymbol{a}'\boldsymbol{\Sigma}_{12}\boldsymbol{b} - \lambda\boldsymbol{a}'\boldsymbol{\Sigma}_{11}\boldsymbol{a} = 0, \\ \boldsymbol{b}'\boldsymbol{\Sigma}_{21}\boldsymbol{a} - \nu\boldsymbol{b}'\boldsymbol{\Sigma}_{22}\boldsymbol{b} = 0, \end{cases}$$

即有

$$\begin{cases} \boldsymbol{a}'\boldsymbol{\Sigma}_{12}\boldsymbol{b} = \lambda\boldsymbol{a}'\boldsymbol{\Sigma}_{11}\boldsymbol{a} = \lambda, \\ \boldsymbol{b}'\boldsymbol{\Sigma}_{21}\boldsymbol{a} = \nu\boldsymbol{b}'\boldsymbol{\Sigma}_{22}\boldsymbol{b} = \nu. \end{cases}$$

因为 $(\boldsymbol{b}'\boldsymbol{\Sigma}_{21}\boldsymbol{a})' = \boldsymbol{a}'\boldsymbol{\Sigma}_{12}\boldsymbol{b}$, 所以 $\lambda = \nu = \boldsymbol{a}'\boldsymbol{\Sigma}_{12}\boldsymbol{b}$, 可知 λ 为线性组合 U, V 的相关系数. 用 λ 代替方程组 (9.4) 中的 ν, 则方程组 (9.4) 写为

$$\begin{cases} \boldsymbol{\Sigma}_{12}\boldsymbol{b} - \lambda\boldsymbol{\Sigma}_{11}\boldsymbol{a} = \boldsymbol{0}, \\ \boldsymbol{\Sigma}_{21}\boldsymbol{a} - \lambda\boldsymbol{\Sigma}_{22}\boldsymbol{b} = \boldsymbol{0}. \end{cases} \tag{9.5}$$

假定各随机变量协差阵的逆矩阵存在, 则由方程组 (9.5) 中的第二式可得

$$\boldsymbol{b} = \frac{1}{\lambda}\boldsymbol{\Sigma}_{22}^{-1}\boldsymbol{\Sigma}_{21}\boldsymbol{a}. \tag{9.6}$$

将 (9.6) 式代入方程组 (9.5) 中的第一式, 得

$$\boldsymbol{\Sigma}_{12}\boldsymbol{\Sigma}_{22}^{-1}\boldsymbol{\Sigma}_{21}\boldsymbol{a} - \lambda^2\boldsymbol{\Sigma}_{11}\boldsymbol{a} = \boldsymbol{0} \tag{9.7}$$

同理, 由方程组 (9.4) 可得

$$\boldsymbol{\Sigma}_{21}\boldsymbol{\Sigma}_{11}^{-1}\boldsymbol{\Sigma}_{12}\boldsymbol{b} - \lambda^2\boldsymbol{\Sigma}_{22}\boldsymbol{b} = \boldsymbol{0}. \tag{9.8}$$

用 $\boldsymbol{\Sigma}_{11}^{-1}$ 和 $\boldsymbol{\Sigma}_{22}^{-1}$ 分别左乘 (9.7) 和 (9.8) 式, 得

$$\begin{cases} (\boldsymbol{\Sigma}_{11}^{-1}\boldsymbol{\Sigma}_{12}\boldsymbol{\Sigma}_{22}^{-1}\boldsymbol{\Sigma}_{21} - \lambda^2\boldsymbol{I}_p)\boldsymbol{a} = \boldsymbol{0}, \\ (\boldsymbol{\Sigma}_{22}^{-1}\boldsymbol{\Sigma}_{21}\boldsymbol{\Sigma}_{11}^{-1}\boldsymbol{\Sigma}_{12} - \lambda^2\boldsymbol{I}_q)\boldsymbol{b} = \boldsymbol{0}. \end{cases} \tag{9.9}$$

由此可见, $\boldsymbol{\Sigma}_{11}^{-1}\boldsymbol{\Sigma}_{12}\boldsymbol{\Sigma}_{22}^{-1}\boldsymbol{\Sigma}_{21}$ 和 $\boldsymbol{\Sigma}_{22}^{-1}\boldsymbol{\Sigma}_{21}\boldsymbol{\Sigma}_{11}^{-1}\boldsymbol{\Sigma}_{12}$ 具有相同的特征根 $\lambda^2, \boldsymbol{a}, \boldsymbol{b}$ 则是其相应的特征向量. 为了表示方便, 令

$$\boldsymbol{M}_1 = \boldsymbol{\Sigma}_{11}^{-1}\boldsymbol{\Sigma}_{12}\boldsymbol{\Sigma}_{22}^{-1}\boldsymbol{\Sigma}_{21},$$
$$\boldsymbol{M}_2 = \boldsymbol{\Sigma}_{22}^{-1}\boldsymbol{\Sigma}_{21}\boldsymbol{\Sigma}_{11}^{-1}\boldsymbol{\Sigma}_{12},$$

其中 $\boldsymbol{M}_1$ 为 $p \times p$ 矩阵, $\boldsymbol{M}_2$ 为 $q \times q$ 矩阵.

因为 $\lambda = \boldsymbol{a}'\boldsymbol{\Sigma}_{12}\boldsymbol{b} = \mathrm{Corr}(U, V)$, 求 $\mathrm{Corr}(U, V)$ 最大值也就是求 λ 的最大值, 而求 λ 的最大值又转化为求 $\boldsymbol{M}_1$ 和 $\boldsymbol{M}_2$ 的最大特征根.

可以证明, $\boldsymbol{M}_1$ 和 $\boldsymbol{M}_2$ 的特征根和特征向量有如下性质:

(1) $\boldsymbol{M}_1$ 和 $\boldsymbol{M}_2$ 具有相同的非零特征根, 且所有特征根非负.

(2) $\boldsymbol{M}_1$ 和 $\boldsymbol{M}_2$ 的特征根均在 0~1 之间.

(3) 设 $\boldsymbol{M}_1$ 和 $\boldsymbol{M}_2$ 的非零特征根为 $\lambda_1^2 \geqslant \lambda_2^2 \cdots \geqslant \lambda_r^2$, 其中

$$r = \mathrm{Rank}(\boldsymbol{M}_1) = \mathrm{Rank}(\boldsymbol{M}_2),$$

$\boldsymbol{a}^{(1)}, \boldsymbol{a}^{(2)}, \cdots, \boldsymbol{a}^{(r)}$ 为 $\boldsymbol{M}_1$ 对应于 $\lambda_1^2, \lambda_2^2, \cdots, \lambda_r^2$ 的特征向量, $\boldsymbol{b}^{(1)}, \boldsymbol{b}^{(2)}, \cdots, \boldsymbol{b}^{(r)}$ 为 $\boldsymbol{M}_2$ 对应于 $\lambda_1^2, \lambda_2^2, \cdots, \lambda_r^2$ 的特征向量.

由于我们所求的是最大特征根及其对应的特征向量, 因此, 最大特征根 λ_1^2 对应的特征向量 $\boldsymbol{a}^{(1)} = (a_1^{(1)}, a_2^{(1)}, \cdots, a_p^{(1)})'$ 和 $\boldsymbol{b}^{(1)} = (b_1^{(1)}, b_2^{(1)}, \cdots, b_q^{(1)})'$ 就是所求的典型变量的系数向量, 即可得

$$
\begin{aligned}
U_1 &= \boldsymbol{a}^{(1)'}\boldsymbol{X}^{(1)} = a_1^{(1)}X_1^{(1)} + a_2^{(1)}X_2^{(1)} + \cdots + a_p^{(1)}X_p^{(1)}, \\
V_1 &= \boldsymbol{b}^{(1)'}\boldsymbol{X}^{(2)} = b_1^{(1)}X_1^{(2)} + b_2^{(1)}X_2^{(2)} + \cdots + b_q^{(1)}X_q^{(2)}.
\end{aligned}
$$

我们称其为**第一对典型变量**, 最大特征根的平方根 λ_1 即为两典型变量的相关系数, 我们称其为**第一典型相关系数**.

如果第一典型变量不足以代表两组原始变量的信息, 则需要求得第二对典型变量, 即

$$
\begin{aligned}
U_2 &= \boldsymbol{a}^{(2)'}\boldsymbol{X}^{(1)}, \\
V_2 &= \boldsymbol{b}^{(2)'}\boldsymbol{X}^{(2)}.
\end{aligned}
$$

显然, 要求第二对典型变量也要满足如下约束条件:

$$
\begin{aligned}
\mathrm{Var}(U_2) &= \boldsymbol{a}^{(2)'}\boldsymbol{\Sigma}_{11}\boldsymbol{a}^{(2)} = 1, \\
\mathrm{Var}(V_2) &= \boldsymbol{b}^{(2)'}\boldsymbol{\Sigma}_{22}\boldsymbol{b}^{(2)} = 1.
\end{aligned}
\tag{9.10}
$$

除此之外, 为了有效测度两组变量的相关信息, 第二对典型变量应不再包含第一对典型变量已包含的信息. 因而, 需增加约束条件:

$$
\begin{aligned}
\mathrm{Cov}(U_1, U_2) &= \mathrm{Cov}(\boldsymbol{a}^{(1)'}\boldsymbol{X}^{(1)}, \boldsymbol{a}^{(2)'}\boldsymbol{X}^{(1)}) = \boldsymbol{a}^{(1)'}\boldsymbol{\Sigma}_{11}\boldsymbol{a}^{(2)} = 0, \\
\mathrm{Cov}(V_1, V_2) &= \mathrm{Cov}(\boldsymbol{b}^{(1)'}\boldsymbol{X}^{(2)}, \boldsymbol{b}^{(2)'}\boldsymbol{X}^{(2)}) = \boldsymbol{b}^{(1)'}\boldsymbol{\Sigma}_{22}\boldsymbol{b}^{(2)} = 0.
\end{aligned}
\tag{9.11}
$$

在 (9.10) 和 (9.11) 式的约束条件下, 可求得其相关系数 $\mathrm{corr}(U_2, V_2) = \boldsymbol{a}^{(2)'}\boldsymbol{\Sigma}_{12}\boldsymbol{b}^{(2)}$ 的最大值为上述矩阵 $\boldsymbol{M}_1$ 和 $\boldsymbol{M}_2$ 的第二大特征根 λ_2^2 的平方根 λ_2, 其对应的单位特征向量 $\boldsymbol{a}^{(2)}, \boldsymbol{b}^{(2)}$ 就是第二对典型变量的系数向量, 称 $U_2 = \boldsymbol{a}^{(2)'}\boldsymbol{X}^{(1)}$ 和 $V_2 = \boldsymbol{b}^{(2)'}\boldsymbol{X}^{(2)}$ 为**第二对典型变量**, λ_2 为**第二典型相关系数**.

类似地, 依次可求出第 r 对典型变量: $U_r = \boldsymbol{a}^{(r)'}\boldsymbol{X}^{(1)}$ 和 $V_r = \boldsymbol{b}^{(r)'}\boldsymbol{X}^{(2)}$, 其系数向量 $\boldsymbol{a}^{(r)}$ 和 $\boldsymbol{b}^{(r)}$ 分别为矩阵 $\boldsymbol{M}_1$ 和 $\boldsymbol{M}_2$ 的第 r 特征根 λ_r^2 对应的特征向量, λ_r 即为**第 r 典型相关系数**.

综上所述, 典型变量和典型相关系数的计算可归结为矩阵 $\boldsymbol{M}_1$ 和 $\boldsymbol{M}_2$ 特征根及相应特征向量的求解. 如果矩阵 $\boldsymbol{M}_1$ 和 $\boldsymbol{M}_2$ 的秩为 r, 则共有 r 对典型变量, 第 k 对 $(1 \leqslant k \leqslant r)$ 典

型变量的系数向量分别是矩阵 $\boldsymbol{M}_1$ 和 $\boldsymbol{M}_2$ 的第 k 特征根 λ_k^2 相应的特征向量, 典型相关系数为 λ_k.

典型变量具有如下性质:

(1) $\operatorname{Var}(U_k)=1, \quad \operatorname{Var}(V_k)=1, \quad k=1,2,\cdots,r,$

$\operatorname{Cov}(U_i,U_j)=0, \quad \operatorname{Cov}(V_i,V_j)=0, \quad i\neq j;$

(2) $\operatorname{Cov}(U_i,V_j)=\begin{cases}\lambda_i(\neq 0), & i=j, i=1,2,\cdots,r,\\ 0, & i\neq j,\\ 0, & j>r.\end{cases}$

第三节 样本典型相关分析

一、样本典型相关变量及典型相关系数的计算

在实际分析应用中, 总体的协差阵通常是未知的, 往往需要从研究的总体中随机抽取一个样本, 根据样本估计出总体的协差阵, 并在此基础上进行典型相关分析.

设 $\boldsymbol{X}=(\boldsymbol{X}^{(1)},\boldsymbol{X}^{(2)})'$ 服从正态分布 $N_{p+q}(\boldsymbol{\mu},\boldsymbol{\Sigma})$, 从该总体中抽取样本容量为 n 的样本, 得到下列数据矩阵:

$$\boldsymbol{X}^{(1)}=\begin{bmatrix}X_{11}^{(1)} & X_{12}^{(1)} & \cdots & X_{1p}^{(1)}\\ X_{21}^{(1)} & X_{22}^{(1)} & \cdots & X_{2p}^{(1)}\\ \vdots & \vdots & & \vdots\\ X_{n1}^{(1)} & X_{n2}^{(1)} & \cdots & X_{np}^{(1)}\end{bmatrix}, \quad \boldsymbol{X}^{(2)}=\begin{bmatrix}X_{11}^{(2)} & X_{12}^{(2)} & \cdots & X_{1q}^{(2)}\\ X_{21}^{(2)} & X_{22}^{(2)} & & X_{2q}^{(2)}\\ \vdots & \vdots & & \vdots\\ X_{n1}^{(2)} & X_{n2}^{(2)} & \cdots & X_{nq}^{(2)}\end{bmatrix};$$

样本均值向量为

$$\overline{\boldsymbol{X}}=(\overline{\boldsymbol{X}}^{(1)}\,\vdots\,\overline{\boldsymbol{X}}^{(2)})', \quad \text{其中}\ \overline{\boldsymbol{X}}^{(1)}=\frac{1}{n}\sum_{\alpha=1}^{n}\boldsymbol{X}_{\alpha}^{(1)}, \overline{\boldsymbol{X}}^{(2)}=\frac{1}{n}\sum_{\alpha=1}^{n}\boldsymbol{X}_{\alpha}^{(2)};$$

样本协差阵为

$$\widehat{\boldsymbol{\Sigma}}=\left[\begin{array}{c:c}\widehat{\boldsymbol{\Sigma}}_{11} & \widehat{\boldsymbol{\Sigma}}_{12}\\ \hdashline \widehat{\boldsymbol{\Sigma}}_{21} & \widehat{\boldsymbol{\Sigma}}_{22}\end{array}\right],$$

其中

$$\widehat{\boldsymbol{\Sigma}}_{kl}=\frac{1}{n-1}\sum_{j=1}^{n}(\boldsymbol{X}_j^{(k)}-\overline{\boldsymbol{X}}^{(k)})(\boldsymbol{X}_j^{(l)}-\overline{\boldsymbol{X}}^{(l)})', \quad k,l=1,2.$$

由此可得矩阵 $\boldsymbol{M}_1$ 和 $\boldsymbol{M}_2$ 的样本估计分别为

$$\widehat{\boldsymbol{M}_1}=\widehat{\boldsymbol{\Sigma}}_{11}^{-1}\widehat{\boldsymbol{\Sigma}}_{12}\widehat{\boldsymbol{\Sigma}}_{22}^{-1}\widehat{\boldsymbol{\Sigma}}_{21},\quad \widehat{\boldsymbol{M}_2}=\widehat{\boldsymbol{\Sigma}}_{22}^{-1}\widehat{\boldsymbol{\Sigma}}_{21}\widehat{\boldsymbol{\Sigma}}_{11}^{-1}\widehat{\boldsymbol{\Sigma}}_{12}.$$

如前所述, 求解 $\widehat{\boldsymbol{M}_1}$ 和 $\widehat{\boldsymbol{M}_2}$ 的特征根及其相应的特征向量, 即可得到所要求的典型相关变量及其典型相关系数.

这里需要注意, 若样本数据矩阵已经标准化处理, 此时样本的协差阵就等于样本的相关系数矩阵, 即

$$\widehat{\boldsymbol{R}}=\left[\begin{array}{c:c}\widehat{\boldsymbol{R}}_{11} & \widehat{\boldsymbol{R}}_{12}\\ \hdashline \widehat{\boldsymbol{R}}_{21} & \widehat{\boldsymbol{R}}_{22}\end{array}\right].$$

由此可得矩阵 $\boldsymbol{M}_1$ 和 $\boldsymbol{M}_2$ 的样本估计分别为

$$\widehat{\boldsymbol{M}_1^*}=\widehat{\boldsymbol{R}}_{11}^{-1}\widehat{\boldsymbol{R}}_{12}\widehat{\boldsymbol{R}}_{22}^{-1}\widehat{\boldsymbol{R}}_{21},\quad \widehat{\boldsymbol{M}_2^*}=\widehat{\boldsymbol{R}}_{22}^{-1}\widehat{\boldsymbol{R}}_{21}\widehat{\boldsymbol{R}}_{11}^{-1}\widehat{\boldsymbol{R}}_{12}.$$

求解 $\widehat{\boldsymbol{M}_1^*}$ 和 $\widehat{\boldsymbol{M}_2^*}$ 的特征根及相应的特征向量, 即可得到典型变量及典型相关系数. 此时相当于从相关矩阵出发计算典型变量.

二、典型相关系数的显著性检验

在利用样本进行两组变量的典型相关分析时, 应就两组变量的相关性进行检验. 这是因为, 如果两个随机向量 $\boldsymbol{X}^{(1)},\boldsymbol{X}^{(2)}$ 互不相关, 则两组变量协差阵 $\mathrm{Cov}(\boldsymbol{X}^{(1)},\boldsymbol{X}^{(2)})=\boldsymbol{0}$. 但是有可能得到的两组变量的样本协差阵不为零, 因此, 在用样本数据进行典型相关分析时应就两组变量的协差阵是否为零进行检验, 即检验假设:

$$H_0:\boldsymbol{\Sigma}_{12}=\boldsymbol{0},\quad H_1:\boldsymbol{\Sigma}_{12}\neq\boldsymbol{0}.$$

根据随机向量的检验理论可知, 用于检验的似然比统计量为

$$\Lambda_0=\frac{|\widehat{\boldsymbol{\Sigma}}|}{|\widehat{\boldsymbol{\Sigma}}_{11}||\widehat{\boldsymbol{\Sigma}}_{22}|}=\prod_{i=1}^{r}(1-\widehat{\lambda}_i^2).\tag{9.12}$$

在 (9.12) 式中, $\widehat{\lambda}_i^2$ 是矩阵 $\boldsymbol{A}$ 的第 i 特征根的估计值, $r=\min\{p,q\}=p$. 巴特莱特 (Bartlett) 证明, 当 H_0 成立时, $Q_0=-m\ln\Lambda_0$ 近似服从 $\chi^2(f)$ 分布, 其中 $m=(n-1)-\dfrac{1}{2}(p+q+1)$, 自由度 $f=pq$. 在给定的显著性水平 α 下, 当由样本计算的 Q_0 大于临界值 χ_α^2 时, 应拒绝原假设, 认为两组变量间存在相关性.

在进行典型相关分析时, 对于两随机向量 $\boldsymbol{X}^{(1)},\boldsymbol{X}^{(2)}$, 我们可以提取出 p 对典型变量, 但问题是, 进行典型相关分析的目的就是要减少分析变量, 简化两组变量间关系分析, 提取 p 对变量是否必要? 我们如何确定保留多少对典型变量?

若总体典型相关系数 $\lambda_k=0$, 则相应的典型变量 U_k, V_k 之间无相关关系, 因此对分析 $\boldsymbol{X}^{(1)}$ 对 $\boldsymbol{X}^{(2)}$ 的影响不起作用. 这样的典型变量可以不予考虑, 于是提出如何根据样本资料来判断总体典型相关系数是否为零, 以便确定应该取几个典型变量的问题. 巴特莱特提出了一个根据样本数据检验总体典型相关系数 $\lambda_1,\lambda_2,\cdots,\lambda_r$ 是否等于零的方法. 检验假设为

$$H_0:\lambda_{k+1}=\lambda_{k+2}=\cdots=\lambda_r=0,\quad H_1:\lambda_{k+1}\neq 0.$$

用于检验的似然比统计量为

$$\Lambda_k=\prod_{i=k+1}^{r}(1-\widehat{\lambda}_i^2). \tag{9.13}$$

可以证明, $Q_k=-m_k\ln\Lambda_k$ 近似服从 $\chi^2(f_k)$ 分布, 其中

$$m_k=(n-k-1)-\frac{1}{2}(p+q+1),\quad f_k=(p-k)(q-k).$$

我们首先检验原假设 $H_0:\lambda_1=\lambda_2=\cdots=\lambda_r=0$. 此时 $k=0$, 则 (9.13) 式为

$$\Lambda_0=\prod_{i=1}^{r}(1-\widehat{\lambda}_i^2)=(1-\widehat{\lambda}_1)(1-\widehat{\lambda}_2)\cdots(1-\widehat{\lambda}_r),$$

且

$$Q_0=-m\ln\Lambda_0=-\big[(n-1)-\frac{1}{2}(p+q+1)\big]\ln\Lambda_0.$$

若 $Q_0>\chi^2_\alpha(f_0)$, 则拒绝原假设, 也就是说至少有一个典型相关系数大于零, 自然应是最大的典型相关系数 $\lambda_1>0$.

若已判定 $\lambda_1>0$, 则再检验原假设 $H_0:\lambda_2=\lambda_3=\cdots=\lambda_r=0$. 此时 $k=1$, 则 (9.13) 为

$$\Lambda_1=\prod_{i=2}^{r}(1-\widehat{\lambda}_i^2)=(1-\widehat{\lambda}_2)(1-\widehat{\lambda}_3)\cdots(1-\widehat{\lambda}_r),$$

且

$$Q_1=-m_1\ln\Lambda_1=-\left[(n-1-1)-\frac{1}{2}(p+q+1)\right]\ln\Lambda_1.$$

Q_1 近似服从 $\chi^2(f_1)$ 分布, 其中 $f_1=(p-1)(q-1)$. 如果 $Q_1>\chi^2_\alpha(f_1)$, 则拒绝原假设, 也即认为 $\lambda_2,\lambda_3,\cdots,\lambda_r$ 至少有一个大于零, 自然是 $\lambda_2>0$.

若已判断 λ_1 和 λ_2 大于零, 重复以上步骤直至 $H_0:\lambda_j=\lambda_{j+1}=\cdots=\lambda_r=0$, 此时令

$$\Lambda_{j-1}=\prod_{i=j}^{r}(1-\widehat{\lambda}_i^2)=(1-\widehat{\lambda}_j)(1-\widehat{\lambda}_{j+1})\cdots(1-\widehat{\lambda}_r),$$

则

$$Q_{j-1}=-m_{j-1}\ln\Lambda_{j-1}=-\left[(n-j)-\frac{1}{2}(p+q+1)\right]\ln\Lambda_{j-1}.$$

Q_{j-1} 近似服从 $\chi^2(f_{j-1})$ 分布, 其中 $f_{j-1}=(p-j+1)(q-j+1)$, 如果 $Q_{j-1}<\chi^2_\alpha(f_{j-1})$, 则 $\lambda_j=\lambda_{j+1}=\cdots=\lambda_r=0$, 于是总体只有 $j-1$ 个典型相关系数不为零, 提取 $j-1$ 对典型变量进行分析.

第四节　典型相关分析应用中的几个问题

一、从相关矩阵出发计算典型相关

典型相关分析涉及多个变量, 不同的变量往往具有不同的量纲和不同的数量级别. 在进行典型相关分析时, 由于典型变量是原始变量的线性组合, 具有不同量纲变量的线性组合显然失去了实际意义. 而且, 不同的数量级别会导致 “以大吃小”, 即数量级别小的变量的影响会被忽略, 从而影响了分析结果的合理性. 因此, 为了消除量纲和数量级别的影响, 必须对数据先作标准化变换处理, 然后再作典型相关分析. 显然, 经标准化变换之后的协差阵就是相关系数矩阵, 因而, 也即通常应从相关矩阵出发进行典型相关分析.

二、考虑原始变量与典型变量之间的相关性

进行典型载荷分析有助于更好地解释和分析已提取的 p 对典型变量. 考虑原始变量与典型变量之间相关性分析. 令

$$\boldsymbol{A}^*=\begin{bmatrix}\boldsymbol{a}^{(1)'}\\ \boldsymbol{a}^{(2)'}\\ \vdots\\ \boldsymbol{a}^{(p)'}\end{bmatrix},\quad \boldsymbol{B}^*=\begin{bmatrix}\boldsymbol{b}^{(1)'}\\ \boldsymbol{b}^{(2)'}\\ \vdots\\ \boldsymbol{b}^{(p)'}\end{bmatrix},\quad \boldsymbol{U}=\begin{bmatrix}U_1\\ U_2\\ \vdots\\ U_p\end{bmatrix},\quad \boldsymbol{V}=\begin{bmatrix}V_1\\ V_2\\ \vdots\\ V_p\end{bmatrix},$$

$$\boldsymbol{U}=\boldsymbol{A}^*\boldsymbol{X}^{(1)},\quad \boldsymbol{V}=\boldsymbol{B}^*\boldsymbol{X}^{(2)},$$

其中 $\boldsymbol{A}^*,\boldsymbol{B}^*$ 为 p 对典型变量系数向量组成的矩阵, $\boldsymbol{U}$ 和 $\boldsymbol{V}$ 为 p 对典型变量组成的向量, 则

$$\begin{aligned}\mathrm{Cov}(\boldsymbol{U},\boldsymbol{X}^{(1)})&=\mathrm{Cov}(\boldsymbol{A}^*\boldsymbol{X}^{(1)},\boldsymbol{X}^{(1)})=\boldsymbol{A}^*\boldsymbol{\Sigma}_{11},\\ \mathrm{Corr}(U_i,X_k^{(1)})&=\frac{\mathrm{Cov}(U_i,X_k^{(1)})}{\sqrt{\mathrm{Var}(U_i)}\sqrt{\mathrm{Var}(X_k^{(1)})}}\\ &=\frac{\mathrm{Cov}(U_i,X_k^{(1)})}{\sqrt{\mathrm{Var}(X_k^{(1)})}}=\mathrm{Cov}(U_i,\sigma_{kk}^{-1/2}X_k^{(1)}),\end{aligned}$$

这里 $\mathrm{Var}(U_i)=1,\sqrt{\mathrm{Var}(X_k^{(1)})}=\sigma_{kk}^{1/2}$. 记 $\boldsymbol{V}_{11}^{-1/2}$ 为对角元素是 $\sigma_{kk}^{-1/2}$ 的对角阵, 所以有

$$\begin{aligned}\boldsymbol{R}_{\boldsymbol{U},\boldsymbol{X}^{(1)}}&=\mathrm{Corr}(\boldsymbol{U},\boldsymbol{X}^{(1)})=\mathrm{Cov}(\boldsymbol{U},\boldsymbol{V}_{11}^{-1/2}\boldsymbol{X}^{(1)})\\ &=\mathrm{Cov}(\boldsymbol{A}^*\boldsymbol{X}^{(1)},\boldsymbol{V}_{11}^{-1/2}\boldsymbol{X}^{(1)})=\boldsymbol{A}^*\boldsymbol{\Sigma}_{11}\boldsymbol{V}_{11}^{-1/2}.\end{aligned}$$

类似可得

$$R_{V,X^{(2)}} = B^* \Sigma_{22} V_{22}^{-1/2}, \quad R_{U,X^{(2)}} = A^* \Sigma_{12} V_{22}^{-1/2}, \quad R_{V,X^{(1)}} = B^* \Sigma_{21} V_{11}^{-1/2}.$$

对于经过标准化处理后得到的典型变量有

$$R_{U,Z^{(1)}} = A_Z R_{11}, \quad R_{V,Z^{(2)}} = B_Z R_{22},$$
$$R_{U,Z^{(2)}} = A_Z R_{12}, \quad R_{V,Z^{(1)}} = B_Z R_{21}.$$

对于样本典型相关分析, 上述结果中的数量关系同样成立.

第五节 实 例 分 析

通过典型相关分析研究上市银行内部治理与公司绩效之间的关系. 第一组反映公司绩效的变量, 有 ROE、EPS、资产负债率、净利增长、总资产增长以及总资产周转率. 第二组反映内部治理的变量, 有第一大股东持股情况、国有股比率、董事会规模、独立董事会比例、董事会会议次数以及管理层薪酬等. 原始数据如下表 9.1 所示:

表 9.1 上市银行内部治理与公司绩效的原始数据

code	y1	y2	y3	y4	y5	y6	x1	x2	x3	x4	x5	x6
601398.SH	22.22	2.30...	.9324	.1017	.0784	.0323	.3533	.7042	2.3979	.3889	11	15716000
601939.SH	21.43	2.19...	.9301	.1112	.0995	.0347	.5703	.5726	2.3026	.4118	7	17291000
601288.SH	22.32	2.16...	.9420	.1452	.0995	.0333	.4028	.8282	2.3026	.3333	10	10946600
601988.SH	15.47	1.86...	.9307	.1235	.0941	.0307	.6772	.6786	2.5649	.3158	8	21569000
601328.SH	19.37	1.74...	.9293	.0682	.1304	.0293	.2653	.3627	2.5649	.3158	8	22461000
600036.SH	20.36	1.68...	.9338	.1429	.1785	.0357	.1797	.2876	2.6391	.3333	17	41468000
600016.SH	17.98	1.53...	.9367	.1298	.0044	.0360	.2024	.0000	2.7081	.2857	7	65430000
601166.SH	17.56	1.51...	.9453	.3226	.2424	.0329	.1786	.1570	2.3026	.6667	8	39902000
601998.SH	23.44	1.49...	.9366	.1371	.1200	.0303	.6695	.6839	2.3979	.3125	13	31316500
600000.SH	21.38	.8600	.9437	.2008	.1699	.0293	.2000	.4433	2.4849	.3684	12	29240000
601818.SH	15.58	.8400	.9366	.1327	.0596	.0278	.4166	.5429	2.4849	.2941	14	18613700
000001.SZ	18.48	.8400	.9408	.1903	.2706	.0309	.5020	.0156	2.3979	.3889	9	75395400
600015.SH	21.90	.7500	.9486	.1480	.0410	.0276	.2028	.4447	2.5649	.3500	6	25866000
601169.SH	20.01	.6600	.9414	.1524	.1936	.0250	.1364	.1523	2.4849	.2000	9	22595500
002142.SZ	17.95	.5600	.9454	.1915	.2523	.0303	.1374	.1704	2.5649	.3158	6	23402600
601009.SH	20.88	.5100	.9381	.1201	.2626	.0269	.1273	.1800	1.7918	.4545	6	18632700

(一) 操作步骤

在 SPSS 中没有提供典型相关分析的专门菜单项, 必须采用 canonical correlation.sps 宏来实现 (图 9.1). 具体作法如下:

(1) 按 File→new→syntax 打开语法窗口, 输入语句:

INCLUDE'SPSS 所在的路径 \Samples\English\canonical correlation.sps'.

例如: INCLUDE'C:\Program Files\IBM\SPSS\Statistics\21\Samples\English\canonical correlation.sps'.

CANCORR SET1=X1 X2 X3 X4 X5 X6

/SET2=Y1 Y2 Y3 Y4 Y5 Y6/.

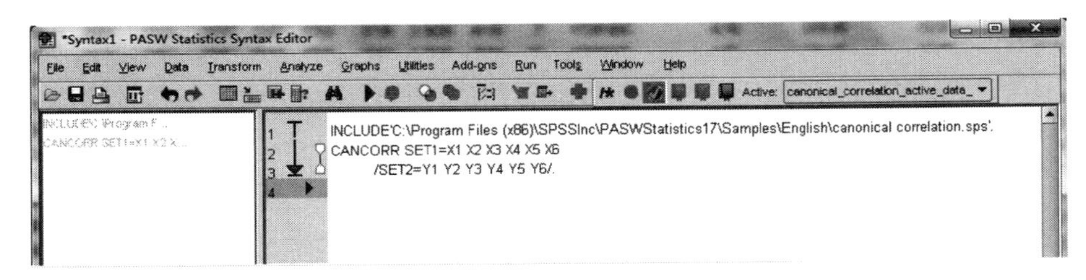

图 9.1 语法窗口

(2) 点击语法窗口运行菜单中的全部子菜单项. 运行典型相关宏命令, 得出结果.

(二) 主要运行结果解释

表 9.2 为两组变量的自相关系数阵. 该表的结果反映了公司绩效变量的内部相关系数阵及反映公司治理变量的内部相关系数阵.

表 9.3 为两组变量间的相关系数阵, 该表的结果为公司绩效与内部治理两组变量间的相关系数阵.

值得注意的是, 由于变量间的交互作用, 这个简单相关系数阵只能作为参考, 不能真正反映两组变量间的实质联系.

表 9.2 两组变量的自相关系数阵

	X_1	X_2	X_3	X_4	X_5	X_6
X_1	1.0000	.5989	.0115	–.1060	.1688	–.0401
X_2	.5989	1.0000	–.0501	–.1301	.3071	–.6801
X_3	.0115	–.0501	1.0000	–.5045	.2398	.2947
X_4	–.1060	–.1301	–.5045	1.0000	–.1981	.0992
X_5	.1688	.3071	.2398	–.1981	1.0000	.0200
X_6	–.0401	–.6801	.2947	.0992	.0200	1.0000

续表

	Y_1	Y_2	Y_3	Y_4	Y_5	Y_6
Y_1	1.0000	.2026	.0849	–.2209	–.0676	.0265
Y_2	.2026	1.0000	–.6236	–.2873	–.4623	.6966
Y_3	.0849	–.6236	1.0000	.6879	.3118	–.3120
Y_4	–.2209	–.2873	.6879	1.0000	.5122	.0702
Y_5	–.0676	–.4623	.3118	.5122	1.0000	–.2345
Y_6	.0265	.6966	–.3120	.0702	–.2345	1.0000

表 9.3 两组变量间的相关系数阵

	Y_1	Y_2	Y_3	Y_4	Y_5	Y_6
X_1	–.0130	.4758	–.4851	–.2736	–.3026	.1842
X_2	.3540	.5780	–.3114	–.3736	–.5071	.0547
X_3	–.2927	.1262	–.0504	–.0624	–.4485	.2523
X_4	–.0161	.1239	.1991	.6317	.3922	.2524
X_5	.1180	.1849	–.2264	–.0463	–.0936	.1800
X_6	-.2524	-.1782	.1399	.3311	.1768	.3479

表 9.4 为典型相关系数. 从表中可以看出, 第一对典型变量的相关系数为 0.950, 第二对典型变量的相关系数为 0.865, 以此类推共有 6 对典型变量的典型相关系数. 由于此处的典型相关系数是从样本数据算得的, 和简单相关系数一样, 有必要进行总体系数是否为 0 的检验 (见表 9.5) .

表 9.4 典型相关系数

1	.950
2	.865
3	.726
4	.616
5	.467
6	.156

表 9.5 为典型相关系数的显著性检验. 该表从左至右分别为 Wilks 统计量、χ^2 统计量、自由度和伴随概率.

根据伴随概率可以看出, 第一对典型变量的典型相关系数显著不为 0, 所以相关性显著; 从第二对典型变量开始, 典型相关系数的 p 值都比较大, 均相关性不显著. 因此只要第一对典型变量即可.

表 9.5 典型相关系数的显著性检验

	Wilk's	Chi-SQ	DF	Sig.
1	.005	44.253	36.000	.100
2	.056	24.446	25.000	.494
3	.224	12.720	16.000	.693
4	.473	6.357	9.000	.704
5	.763	2.298	4.000	.681
6	.976	.211	1.000	.646

表 9.6 为各典型变量标准化 (standardized canonical coefficient) 与未标准化 (raw canonical coefficient) 的系数列表.

表 9.6 标准化系数与未标准化系数

	1	2	3	4	5	6
X_1	1.000	.199	−1.189	.739	.054	.413
X_2	−1.937	−.983	1.097	−.896	.542	.389
X_3	.195	−.648	−.167	.966	−.457	−.481
X_4	.669	−.917	−.225	−.057	−.499	−.154
X_5	.677	.084	−.308	−.181	.575	−.710
X_6	−.954	−.471	1.461	−.564	.883	.785

	1	2	3	4	5	6
X_1	5.219	1.038	−6.203	3.856	.280	2.156
X_2	−7.394	−3.751	4.189	−3.421	2.068	1.485
X_3	.927	−3.083	−.797	4.600	−2.178	−2.288
X_4	6.634	−9.099	−2.228	−.568	−4.952	−1.527
X_5	.211	.026	−.096	−.057	.180	−.222
X_6	.000	.000	.000	.000	.000	.000

	1	2	3	4	5	6
Y_1	−.106	−.068	.057	−.868	.868	−.633
Y_2	−.925	−.663	−.891	−.243	−1.398	1.049
Y_3	−1.424	.069	.764	.109	−1.535	1.212
Y_4	1.201	−.944	−.437	−.354	.609	−1.563
Y_5	.118	.475	−.047	−.456	−.635	1.248
Y_6	.231	.015	1.146	.286	.728	.594

续表

	1	2	3	4	5	6
Y_1	.044	–.028	.024	–.361	.361	–.263
Y_2	–1.488	–1.067	–1.433	–.390	–2.250	1.688
Y_3	–238.824	11.515	128.039	18.350	–257.363	203.207
Y_4	21.062	–16.546	–7.659	–6.207	10.681	–27.411
Y_5	1.414	5.694	–.564	-5.462	–7.604	14.947
Y_6	72.477	4.576	359.322	89.804	228.419	186.430

从表 9.6 中第一列数据可以得到, 第一对典型变量的线性函数为

$$U_1 = X_1 - 1.937X_2 + 0.195X_3 + 0.669X_4 + 0.677X_5 - 0.954X_6,$$
$$V_1 = -0.106Y_1 - 0.925Y_2 - 1.424Y_3 + 1.201Y_4 + 0.118Y_5 + 0.231Y_6.$$

表 9.7 为典型载荷系数 (canonical loadings) 与交叉载荷系数 (cross loadings) 的输出结果. 其中, 典型载荷系数是典型变量与本组观测变量之间的两两简单相关系数. 交叉载荷系数是指某一典型变量与另外一组中的观测量之间的两两简单相关系数.

表 9.7 典型载荷系数与交叉载荷系数

	1	2	3	4	5	6
X_1	–.076	–.267	–.620	.211	.488	.506
X_2	–.578	–.366	–.665	–.167	.238	–.071
X_3	–.153	–.252	.234	.839	.166	–.357
X_4	.488	–.547	.049	–.526	–.371	.213
X_5	.146	–.167	–.138	–.100	.758	–.590
X_6	.461	–.090	.685	.291	.339	.333

	1	2	3	4	5	6
X_1	–.072	–.231	–.450	.130	.228	.079
X_2	–.549	–.316	–.483	–.103	.111	–.011
X_3	–.145	–.218	.170	.517	.077	–.056
X_4	.464	–.473	.035	–.324	–.173	.033
X_5	.139	–.144	–.100	–.061	.354	–.092
X_6	.438	–.078	.497	.180	.158	.052

	1	2	3	4	5	6
Y_1	–.469	–.020	.071	–.792	.382	–.040
Y_2	–.254	–.658	–.410	.025	.360	.452
Y_3	–.048	–.029	.651	–.288	–.595	–.368
Y_4	.540	–.446	.388	–.231	–.511	–.210
Y_5	.655	.321	.107	–.499	–.384	.243
Y_6	.091	–.648	.269	.142	.448	.528

	1	2	3	4	5	6
Y_1	–.446	–.017	.052	–.488	.178	–.006
Y_2	–.241	–.569	–.298	.015	.168	.071
Y_3	–.045	–.025	.473	–.177	–.278	–.058
Y_4	.513	–.386	.282	–.142	–.238	–.033
Y_5	.623	.278	.077	–.308	–.179	.038
Y_6	.086	–.561	.195	.088	.209	.083

表 9.8 为冗余分析 (redundancy analysis) 的输出结果. 冗余分析包括组内代表比例和交叉解释比例, 是典型相关分析中很重要的部分.

组内代表比例 (proportion of variance explained by its own can.var) 是指本组所有观测变量的总标准方差中由本组形成的各个典型变量所分别代表的比例. 从表 9.8 中可以看到第一组变量被自身的第一个典型变量解释了 13.9%, 被自身的第二个典型变量解释了 10.1%, 以此类推; 第二组变量被自身的第一个典型变量解释了 16.9%, 被自身的第二个典型变量解释了 19.3%.

表 9.8 冗余分析的输出结果

Proportion of Variance of Set-1 Explained by Its Own Can. Var.	
	Prop Var
CV1-1	.139
CV1-2	.101
CV1-3	.229
CV1-4	.191
CV1-5	.191
CV1-6	.149

续表

Proportion of Variance of Set-1 Explained by Opposite Can.Var.	
	Prop Var
CV2-1	.126
CV2-2	.075
CV2-3	.121
CV2-4	.073
CV2-5	.042
CV2-6	.004
Proportion of Variance of Set-2 Explained by Its Own Can. Var.	
	Prop Var
CV2-1	.169
CV2-2	.193
CV2-3	.139
CV2-4	.172
CV2-5	.206
CV2-6	.121
Proportion of Variance of Set-2 Explained by Opposite Can. Var.	
	Prop Var
CV1-1	.153
CV1-2	.144
CV1-3	.073
CV1-4	.065
CV1-5	.045
CV1-6	.003

交叉解释比例 (proportion of variance explained by its opposite can.var) 是指一组变量形成的典型变量对另一组观测变量的总标准方差所解释的比例, 是一种组间交叉共享比例. 从表 9.8 中可以看到第一组变量被第二组变量的第一个典型变量解释了 12.6%, 被第二个典型变量解释了 7.5%; 第二组变量被第一组变量的第一个典型变量解释了 15.3%, 被第二个典型变量解释了 14.4%.

思考与练习

9.1 什么是典型相关分析? 简述其基本思想.

9.2 什么是典型变量? 它具有哪些性质?

9.3 试分析一组变量的典型变量与其主成分的联系与区别.

9.4 简述典型相关分析中载荷分析的内容及作用.

9.5 简述典型相关分析中冗余分析的内容及作用.

9.6 设 $\boldsymbol{X}$ 和 $\boldsymbol{Y}$ 分别是 p 维和 q 维随机向量, 且存在二阶距, 设 $p \leqslant q$. 它们的第 i 对典型变量分别为 $\boldsymbol{a}^{(i)\prime}\boldsymbol{X}, \boldsymbol{b}^{(i)\prime}\boldsymbol{Y}$, 典型相关系数为 $\lambda_i, i=1,\cdots,p$. 令 $\boldsymbol{X}^* = \boldsymbol{C}\boldsymbol{X}+\boldsymbol{l}, \boldsymbol{Y}^* = \boldsymbol{D}\boldsymbol{Y}+\boldsymbol{m}$, 其中 $\boldsymbol{C}, \boldsymbol{D}$ 分别为 $p\times p, q\times q$ 非奇异阵, $\boldsymbol{l}, \boldsymbol{m}$ 分别为 p 维、q 维随机向量, 试证明:

(1) $\boldsymbol{X}^*, \boldsymbol{Y}^*$ 的第 i 对典型变量为 $\boldsymbol{C}^{-1}\boldsymbol{a}^{(i)\prime}\boldsymbol{X}^*, \boldsymbol{D}^{-1}\boldsymbol{b}^{(i)\prime}\boldsymbol{Y}^*$.

(2) $\boldsymbol{C}^{-1}\boldsymbol{a}^{(i)\prime}\boldsymbol{X}^*$ 与 $\boldsymbol{D}^{-1}\boldsymbol{b}^{(i)\prime}\boldsymbol{Y}^*$ 的典型相关系数为 λ_i.

9.7 对 140 名学生进行了阅读速度 X_1、阅读能力 X_2、运算速度 Y_1 和运算能力 Y_2 共 4 种测验, 所得成绩的相关系数阵为

$$\boldsymbol{R} = \begin{bmatrix} 1 & 0.03 & 0.24 & 0.59 \\ 0.03 & 1 & 0.06 & 0.07 \\ 0.24 & 0.06 & 1 & 0.24 \\ 0.59 & 0.07 & 0.24 & 1 \end{bmatrix}.$$

试对阅读本领与运算本领之间进行典型相关分析.

9.8 设标准化变量 $\boldsymbol{X} = (X_1, X_2)', \boldsymbol{Y} = (Y_1, Y_2)'$. 已知 $\boldsymbol{Z} = \begin{bmatrix} \boldsymbol{X} \\ \boldsymbol{Y} \end{bmatrix}$ 的相关阵为

$$\boldsymbol{R} = \left[\begin{array}{cc:cc} 1.0 & 0.5 & 0.7 & 0.7 \\ 0.5 & 1.0 & 0.7 & 0.7 \\ \hdashline 0.7 & 0.7 & 1.0 & 0.7 \\ 0.7 & 0.7 & 0.7 & 1.0 \end{array}\right] \triangleq \begin{bmatrix} \boldsymbol{R}_{11} & \boldsymbol{R}_{12} \\ \boldsymbol{R}_{21} & \boldsymbol{R}_{22} \end{bmatrix}.$$

试求 $\boldsymbol{X}, \boldsymbol{Y}$ 的典型相关变量和典型相关系数.

9.9 在 140 个学生中进行了阅读速度 X_1, 阅读能力 X_2, 运算速度 X_3, 运算能力 X_4 共 4 种测验, 由所得测验成绩算出相关系数矩阵为

$$\boldsymbol{R} = \begin{bmatrix} 1.00 & 0.63 & 0.24 & 0.59 \\ 0.63 & 1.00 & -0.06 & 0.07 \\ 0.24 & -0.06 & 1.00 & 0.42 \\ 0.59 & 0.07 & 0.42 & 1.00 \end{bmatrix}.$$

试分析学生的阅读能力和运算能力之间的相关程度.

9.10 下表中是从 25 个家庭中测到的成年长子和次子的头宽、头长的数据. 试用典型相关分析方法分析长子和次子头宽、头长的相关情况.

(单位: 毫米)

样品号	长子头长	长子头宽	次子头长	次子头宽
1	191	155	179	145
2	195	149	201	152
3	181	148	185	149
4	183	153	188	149
5	176	144	171	142
6	208	157	192	152
7	189	150	190	149
8	197	159	189	152
9	188	152	197	159
10	192	150	187	151
11	179	158	186	148
12	183	147	174	147
13	174	150	185	152
14	190	159	195	157
15	188	151	187	158
16	163	137	161	130
17	195	155	183	158
18	186	153	173	148
19	181	145	182	146
20	175	140	165	137
21	192	154	185	152
22	174	143	178	147
23	176	139	176	143
24	197	167	200	158
25	190	163	187	150

9.11 下表是测量 15 名受试者的身体形态以及健康情况指标. 第一组是身体形态变量, 有年龄、体重 (千克)、胸围 (厘米) 和日抽烟量 (支); 第二组是健康状况变量, 有脉搏 (次/分钟)、收缩压 (毫米汞柱) 和舒张压. 求测量身体形态以及健康状况这两组变量之间的关系.

年龄 X_1	体重 X_2	抽烟量 X_3	胸围 X_4	脉搏 Y_1	收缩压 Y_2	舒张压 Y_3
25	125	30	83.5	70	130	85
26	131	25	82.9	72	135	80
28	128	35	88.1	75	140	90
29	126	40	88.4	78	140	92

续表

年龄 X_1	体重 X_2	抽烟量 X_3	胸围 X_4	脉搏 Y_1	收缩压 Y_2	舒张压 Y_3
27	126	45	80.6	73	138	85
32	118	20	88.4	70	130	80
31	120	18	87.8	68	135	75
34	124	25	84.6	70	135	75
36	128	25	88.0	75	140	80
38	124	23	85.6	72	145	86
41	135	40	86.3	76	148	88
46	143	45	84.8	80	145	90
47	141	48	87.9	82	148	92
48	139	50	81.6	85	150	95
45	140	55	88.0	88	160	95

9.12 某年级学生的期末考试中，有的课程闭卷考试，有的课程开卷考试. 44 名学生的成绩如下表:

闭卷		开卷			闭卷		开卷		
力学 X_1	物理 X_2	代数 X_3	分析 X_4	统计 X_5	力学 X_1	物理 X_2	代数 X_3	分析 X_4	统计 X_5
77	82	67	67	81	63	78	80	70	81
75	73	71	66	81	55	72	63	70	68
63	63	65	70	63	53	61	72	64	73
51	67	65	65	68	59	70	68	62	56
62	60	58	62	70	64	72	60	62	45
52	64	60	63	54	55	67	59	62	44
50	50	64	55	63	65	63	58	56	37
31	55	60	57	76	60	64	56	54	40
44	69	53	53	53	42	69	61	55	45
62	46	61	57	45	31	49	62	63	62
44	61	52	62	45	49	41	61	49	64
12	58	61	63	67	49	53	49	62	47
54	49	56	47	53	54	53	46	59	44
44	56	55	61	36	18	44	50	57	81
46	52	65	50	35	32	45	49	57	64
30	69	50	52	45	46	49	53	59	37

续表

闭卷		开卷			闭卷		开卷		
力学	物理	代数	分析	统计	力学	物理	代数	分析	统计
X_1	X_2	X_3	X_4	X_5	X_1	X_2	X_3	X_4	X_5
40	27	54	61	61	31	42	48	54	68
36	59	51	45	51	56	40	56	54	5
46	56	57	49	32	45	42	55	56	40
42	60	54	49	33	40	63	53	54	25
23	55	59	53	44	48	48	49	51	37
41	63	49	46	34	46	52	53	41	40

试对闭卷 (X_1, X_2) 和开卷 (X_3, X_4, X_5) 两组变量进行典型相关分析.

9.13 邓纳姆 (Dunham) 在研究职业满意度与职业特性的相关程度时, 对从一大型零售公司各分公司挑出的 784 位行政人员测量了 5 个职业特性变量: 用户反馈、任务重要性、任务多样性、任务特性及自主性; 7 个职业满意度变量: 主管满意度、事业前景满意度、财政满意度、工作强度满意度、公司地位满意度、工种满意度及总体满意度. 两组变量的样本相关矩阵为

$$\widehat{\boldsymbol{R}}_{11} = \begin{bmatrix} 1.00\ 0.49 & 1.00\ 0.53 & 0.57 & 1.00 & \\ 0.49 & 0.46 & 0.48 & 1.00 & \\ 0.51 & 0.53 & 0.57 & 0.57 & 1.00 \end{bmatrix},$$

$$\widehat{\boldsymbol{R}}_{22} = \begin{bmatrix} 1.00 & & & & & & \\ 0.43 & 1.00 & & & & & \\ 0.27 & 0.33 & 1.00 & & & & \\ 0.24 & 0.26 & 0.25 & 1.00 & & & \\ 0.34 & 0.54 & 0.46 & 0.28 & 1.00 & & \\ 0.37 & 0.32 & 0.29 & 0.30 & 0.35 & 1.00 & \\ 0.40 & 0.58 & 0.46 & 0.27 & 0.59 & 0.31 & 1.00 \end{bmatrix},$$

$$\widehat{\boldsymbol{R}}_{12} = \widehat{\boldsymbol{R}}_{22} = \begin{bmatrix} 0.33 & 0.32 & 0.20 & 0.19 & 0.30 & 0.37 & 0.21 \\ 0.30 & 0.21 & 0.16 & 0.08 & 0.27 & 0.35 & 0.20 \\ 0.31 & 0.23 & 0.14 & 0.07 & 0.24 & 0.37 & 0.18 \\ 0.24 & 0.22 & 0.12 & 0.19 & 0.21 & 0.29 & 0.16 \\ 0.38 & 0.32 & 0.17 & 0.23 & 0.32 & 0.36 & 0.27 \end{bmatrix}.$$

试对职业满意度与职业特性进行典型相关分析.

9.14 试对一实际问题进行典型相关分析.

第十章　多变量的可视化分析

第一节　引　　言

众所周知, 图形是我们直观了解、认识数据的一种可视化手段. 如果能将所研究的数据直接显示在一个平面图上, 便可以一目了然地看出分析变量间的数量关系. 直方图、散点图等就是我们常用的二维平面图示方法. 虽然三维数据也可以用三维图形来表示, 但观测三维数据却存在一定的难度, 而且在许多实际问题中, 多变量数据的维数通常又都大于 3, 那么如何用图形直观表现三维以上的数据呢? 自 20 世纪 70 年代以来, 多变量数据的可视化分析研究就一直是人们关注的一个问题. 从研究的成果来看, 主要可以分为两类: 一类是使高维空间的点与平面上的某种图形对应, 这种图形能反映高维数据的某些特点或数据间的某些关系; 另一类是对多变量数据进行降维或者转换处理, 在尽可能多地保留原始信息的原则下, 将数据的维数降为二维或一维, 然后再在平面上表示. 这里仅介绍 6 种实用且有效的多变量可视化方法.

从上海交易所上市公司中随机抽取 160 家上市公司, 样本数据截止到 2015 年 9 月 30 日. 以这 160 家上市公司的财务指标为分析对象, 这里选取财务指标 8 个变量 (附录 I, 附表 1)[①]:

X_1—每股收益,　X_2—每股净资产,　X_3—加权净资产收益率,

X_4—营业收入同比,　X_5—每股未非配利润,　X_6—资产负债比率,

X_7—股东权益比,　X_8—每股公积金,　X_9—股票名称, DM 股票代码.

从商品期货市场上选取玻璃的交易数据 (附录 I, 附表 2)[②], 样本数据从 2016 年 6 月 4 日至 2016 年 6 月 30 日, 下面分别用 6 种可视化方法对数据进行分析.

考虑计算机的普及应用, 本章主要使用 SPSS 软件介绍 6 种图形的制作方法, 图形的制作则通过电脑实现.

第二节　条　形　图

条形图是由若个干平行条状的矩形所构成, 以每一个矩形的高度来代表数值的大小, 条形图可分为简单条形图、堆积条形图、簇状条形图、三维条形图和误差条形图.

---

① 数据来自于 choice 金融数据.

② 数据来自 TradeBlazer 交易软件.

一、简单条形图

利用 SPSS 制作简单二维条形图的步骤如下:

(1) 选择菜单 Graphs→Graph Builder, 在 Gallery 下选择 Bar, 如图 10.1 所示.

(2) 将 “简单条形图” 图标拖到画布上. 将分类变量拖到 x 轴放置区. 可以使用刻度变量, 但所得的结果只对几个特殊个案有用, 条形图最适合显示数量有限的不同值. 如果用 x 刻度轴创建条形图, 则每个条将十分细窄, 因为每个条都是按实际值绘制, 并且这些条不能与其他连续值交叠. 在 Element Properties 对话框中指定统计量, 如图 10.2 所示. 将一个刻度变量拖到 y 轴放置区, 并检查该统计量当前是否可用.

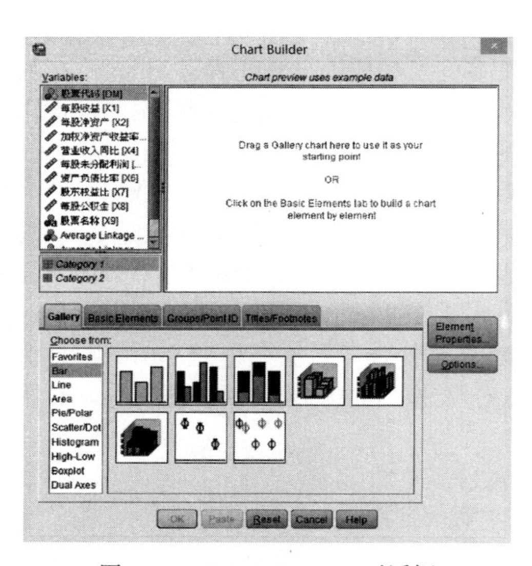

图 10.1 Chart Builder 对话框

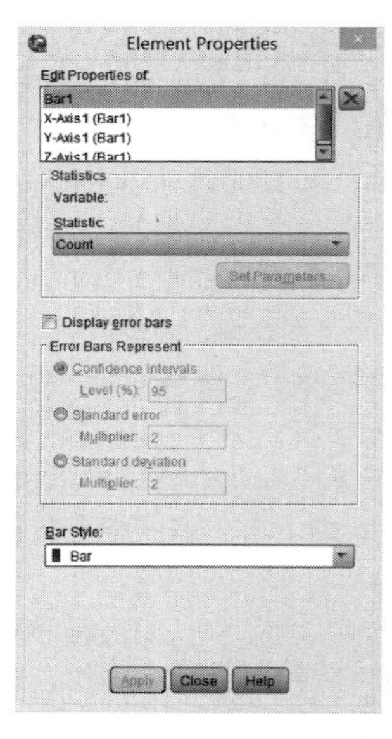

图 10.2 Element Properties 对话框

(3) 点击 OK 按钮得到如图 10.3 所示的简单条形图.

从图 10.3 中可以清晰地看出个股产生不同的每股收益, 其中贵州茅台的每股收益明显高于其他股票.

二、三维条形图

三维条形图将变量数量大小在空间展示出来, 具有立体效果. 利用 SPSS 制作三维条形图的步骤如下:

(1) 选择菜单 Graphs→Graph Builder, 在 Gallery 下选择 Bar, 如图 10.4 所示.

(2) 将变量 “每股收益” 拖入 Y-Axis, “股票代码” 拖入 X-Axis, “股票名称” 拖入 Z-Axis, 点击 OK 按钮得到如图 10.5 所示的简单条形图.

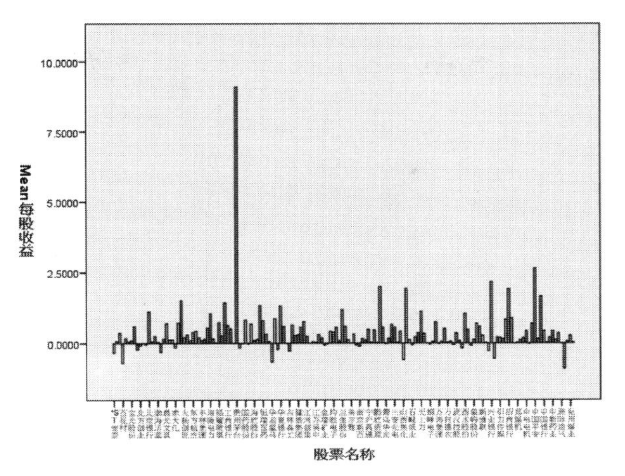

图 10.3　简单条形图

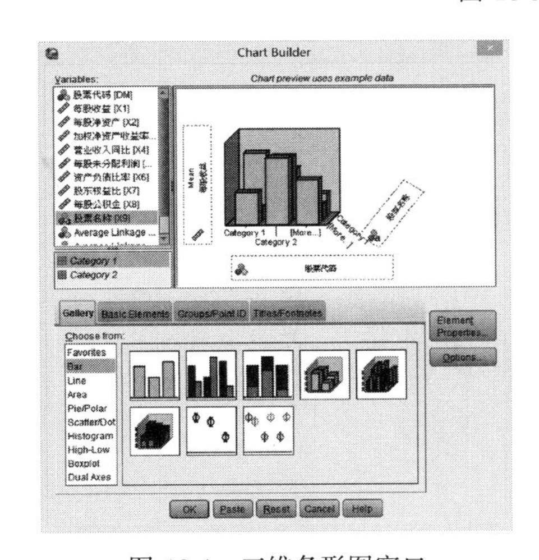

图 10.4　三维条形图窗口

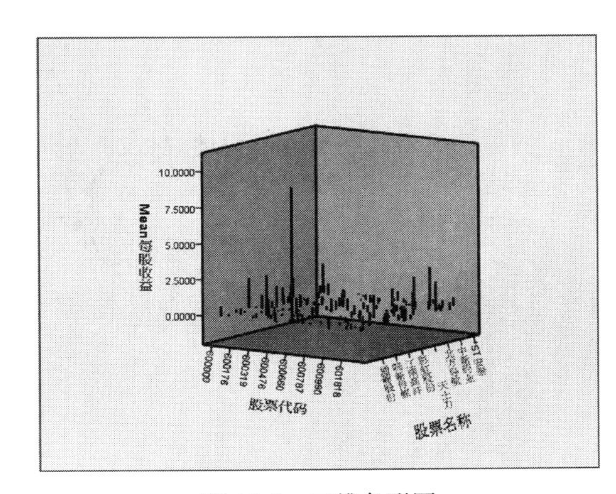

图 10.5　三维条形图

三、聚类、堆积条形图

聚类和堆积可在图表内添加维数. 聚类可将一个条拆分为多个条, 而堆积可在每个条中创建若干段. 在为堆积选择适当的统计量时应谨慎, 当这些值添加到一起 (堆积) 时, 得到的结果必须是有意义的. 堆积条形图类型以堆积条形的形式来显示同一图表类型的序列.

第三节　面　积　图

面积图是以面积的大小来描述数据的大小和分布情况. 堆积面积图可在图表内添加维

数. 堆积面积图在面积图中创建段, 选择适当的统计值. 当这些值添加到一起 (堆积) 时, 得到的结果必须是有意义的. 利用 SPSS 制作面积图的步骤如下:

(1) 选择菜单 Graphs→Graph Builder, 在 Gallery 下选择 Area, 如图 10.6 所示.

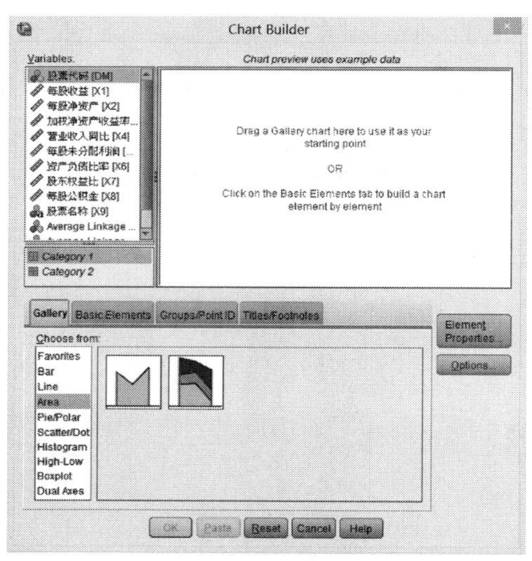

图 10.6　面积图对话框

(2) 打开 “定义面积” 窗口, 如图 10.7 所示. 将选中的普通面积图或堆积面积图拖入画板中, 为类别轴选择变量, 将某个分类变量移至每个 “类别轴” 字段内. 该变量可以是数值、字

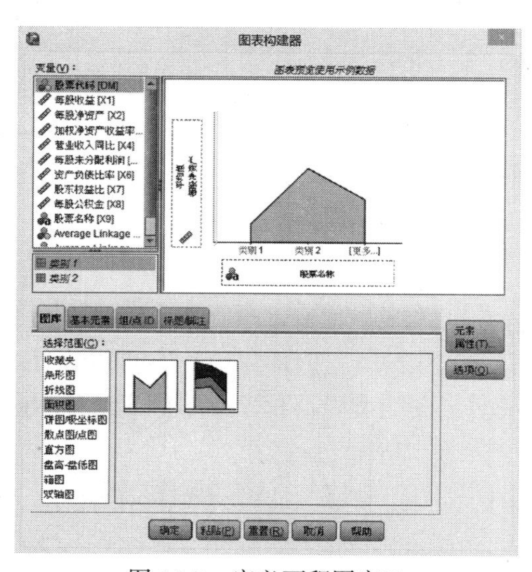

图 10.7　定义面积图窗口

符串或长字符串. 从 “面积的表征” 组中选择一个选项, 以指定数据在刻度轴上的表示方式. 如果刻度轴显示其他摘要变量的函数, 则选择其他统计量 (例如平均值), 然后选择要摘要的数值变量. 如果要更改汇总函数, 选择更改统计量. 如果要定义线, 必须选择变量, 并将其移至 “定义面积依据” 字段内, 为面积变量的每个类别生成单独的线, 每条线下方的面积为不同的颜色或图案阴影, 该变量可以为数值、字符串或长字符串. 本案例中, 将 “每股净资产” 移入定义面积列表框中, “每股净资产” 移入类别轴列表框.

(3) 点击 “确定” 按钮, 得到如图 10.8 所示的面积图.

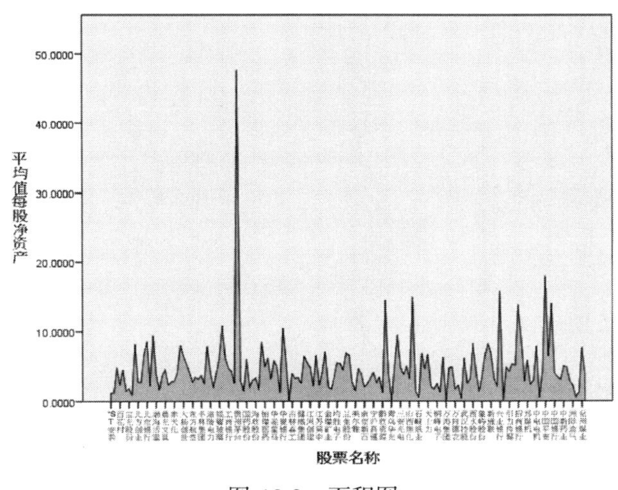

图 10.8 面积图

第四节 散 点 图

散点图可用来确定各刻度变量之间的潜在关系. 简单散点图使用二维坐标系绘制两个变量, 三维散点图使用三维坐标系绘制三个变量. 如果需要绘制更多的变量, 就可以使用重叠散点图和散点图矩阵. 重叠散点图显示 $x-y$ 变量的重叠对, 其中每一对都以颜色或形状加以区分. 散点图矩阵是创建一个二维散点图的矩阵, 在散点图矩阵中每个变量都参照另外一个变量进行绘制.

一、二维散点图

利用 SPSS 制作简单二维条形图的步骤如下:

(1) 选择菜单 Graphs→Graph Builder, 在 Gallery 下选择 Scatter/Dot, 如图 10.9 所示.

(2) 将 “二维散点图” 图标拖到画布上. 将 “每股净资产” 拖到 x 轴放置区, “每股收益” 拖到 y 轴放置区, 在 Element Properties 对话框中指定统计量, 并检查该统计量当前是否可用, 如图 10.10 所示.

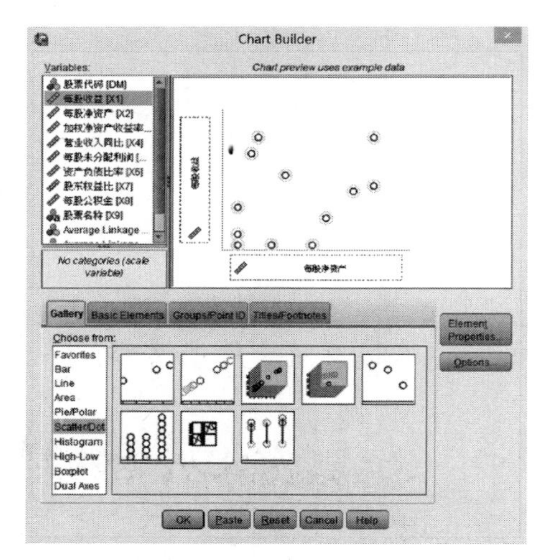

图 10.9 散点图 Chart Builder 对话框

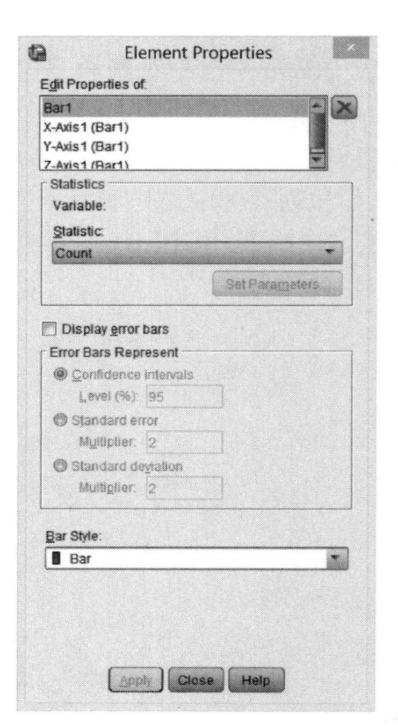

图 10.10 Element Properties 对话框

(3) 点击 OK 按钮得到如图 10.11 所示的二维散点图. 本案例中, x 轴为 "资产负责比率", y 轴为 "股东权益化".

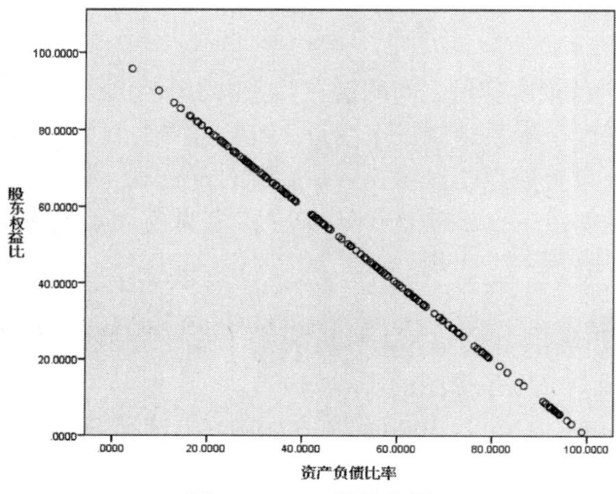

图 10.11 二维散点图

从图 10.11 中可以清晰地看出股东权益比和资产负债比是完全线性负相关的.

二、三维散点图

三维散点图将变量相关性大小在空间展示出来, 具有立体效果. 利用 SPSS 制作三维散点图的步骤如下:

(1) 选择菜单 Graphs→Graph Builder, 在 Gallery 下选择 Scatter/Dot, 将三维散点图标拖入画布上, 将 “资产负俩比率” 拖到 x 轴放置区, “股东权益比” 拖到 y 轴放置区, “每股收益” 拖到 z 轴放置区, 在 Element Properties 对话框中指定统计量, 并检查该统计量当前是否可用.

(2) 点击 OK 按钮得到如图 10.12 所示的三维散点图.

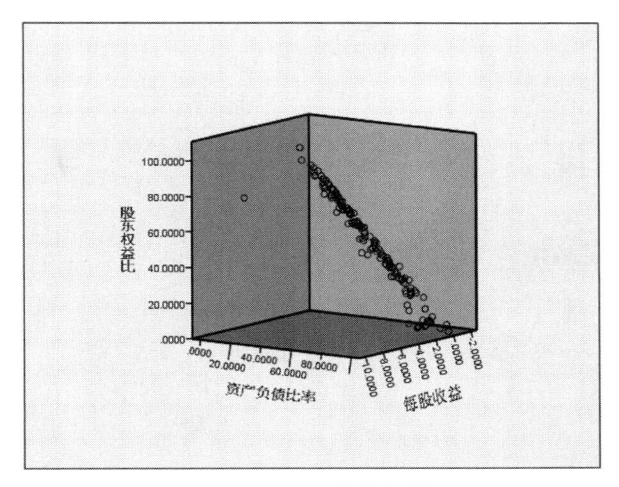

图 10.12　三维散点图

第五节　高　低　图

高低图是通过在坐标图上的高低来表现变量的大小, 对其中的每个变量生成线, 并填充线之间的面积, 有范围条形图和高–低–闭合图等. 在这些图表中, 范围条形图最为简单, 它在高低变量之间绘制条. 在高–低–闭合图中, 将显示附加值 “闭合”. 差别面积图是范围条形图的变体, 但该图在任意点使用颜色来显示其中哪个变量大. 在创建该图表时, 需要指定两个变量, 但这两个变量都不能显式定义为 “低” 或 “高”. 如果确定 “低” 值始终小于 “高” 值, 就不需要选用差别面积图.

利用 SPSS 制作高低图的步骤如下:

(1) 选择菜单 Graphs→Graph Builder, 在 Gallery 下选择 High-Low, 如图 10.13 所示.

(2) 打开 “定义差别面积图” 对话框, 本案例选取商品期货玻璃的交易数据, 包括 Date, Open, High, Close, Low, Volume 等交易数据. 如图 10.13 所示, 选择两个变量 High 和 Low, 并将其移至 “差分对代表” 组的第一和第二个字段内, “Date” 移入类别轴. 差分对代表这些变量必须为数值. 用于对图表中每个变量进行汇总的函数显示在每个变量名称旁边的字段中. 如果要更改某个变量的汇总函数, 就从第一和第二个字段中选择该变量, 然后单击更改统计. 如果需要选择类别变量, 并将其移至 “类别轴” 字段内, 该变量可以是数值、字符串或长字符串.

(3) 点击 “确定” 按钮, 得到如图 10.14 所示的高低图.

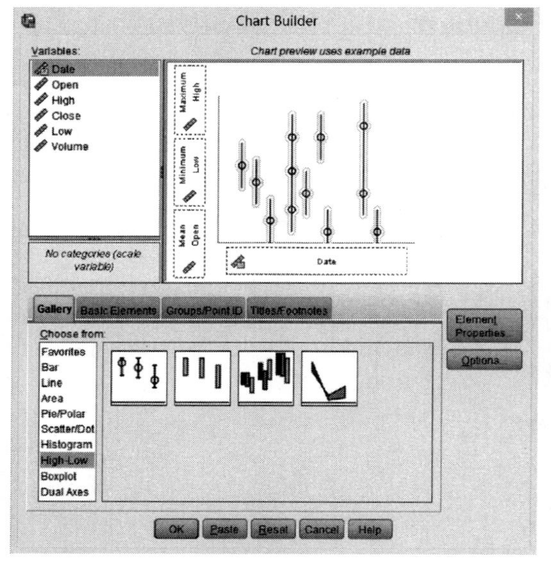

图 10.13 高低图 Chart Builder 对话框

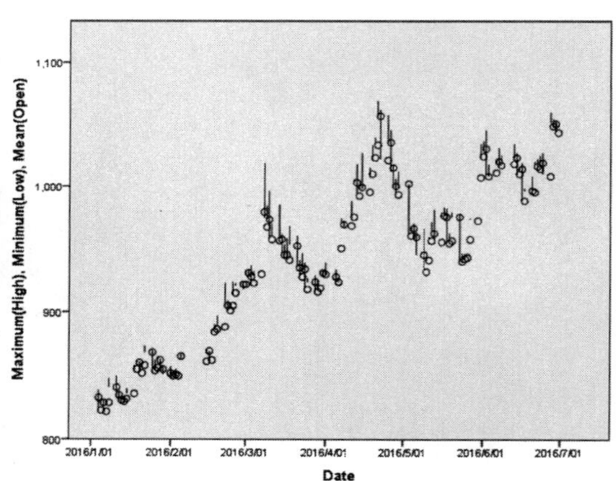

图 10.14 高低图

从图中竖线的长短可以直观地看到当日波动幅度的大小, 还可以对比当日开盘价在当日波动幅度的具体位置.

第六节 箱 图

箱图显示 5 个统计量: 最小值、第一个四分位、中位数、第三个四分位和最大值. 该图对于显示刻度变量的分布情况并确定离群值的位置非常有用, 可以创建为分类变量中的每个类别汇总的二维箱图, 也可以创建为数据中的所有个案汇总的一维箱图.

利用 SPSS 制作一维箱图的步骤如下:

(1) 选择菜单 Graphs→Graph Builder, 在 Gallery 下选择 Boxplot, 将 “一维箱图” 图标

拖到画布上, 将 “每股净资产” 拖到 x 轴放置区. 可以使用刻度变量, 在 Element Properties 对话框中指定统计量, 并检查该统计量当前是否可用, 如图 10.15 所示.

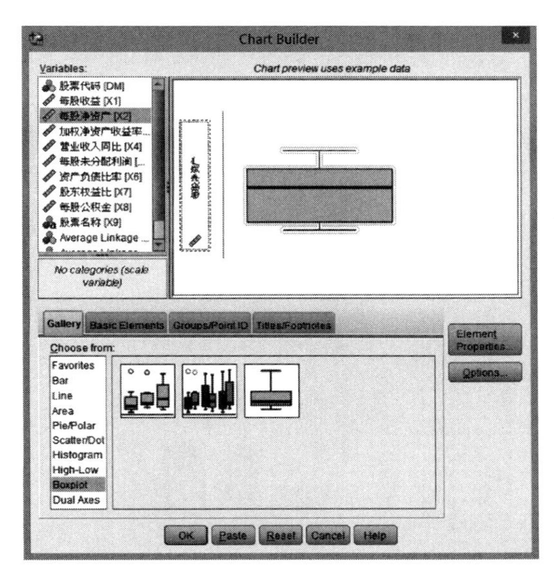

图 10.15　箱图 Chart Builder 对话框

(2) 点击 OK 按钮得到如图 10.16 所示的一维箱图.

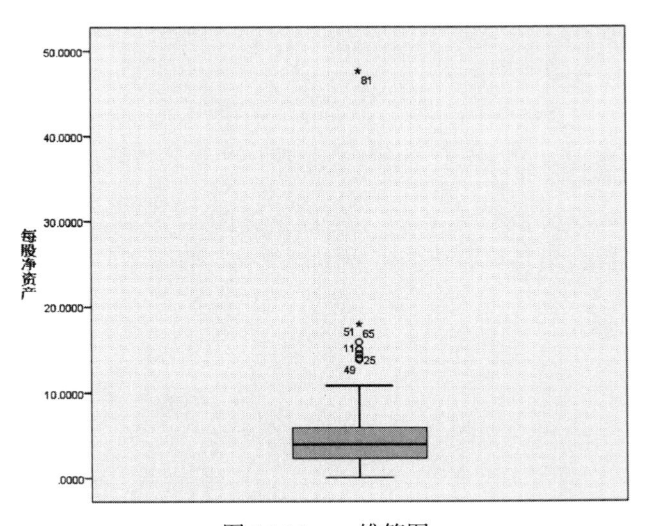

图 10.16　一维箱图

从图 10.16 中可以看出每股净资产存在一个异常值, 根据其金融背景可以进行投资决策.

第七节 双 轴 图

使用双 y 轴图可以汇总或绘制两个具有不同域的 y 轴变量. 下面将创建采用分类 x 轴的双 y 轴图.

利用 SPSS 制作双轴图的步骤如下:

(1) 选择菜单 Graphs→Graph Builder, 在 Gallery 下选择 Dual Axes, 将 "双 y 轴" 图标拖到画布上, 将分类变量 "股票代码" 拖到 x 轴放置区, "每股净资产" 和 "每股收益" 分别拖入两个 y 轴. 在 Element Properties 对话框中指定统计量, 并检查该统计量当前是否可用, 如图 10.17 所示.

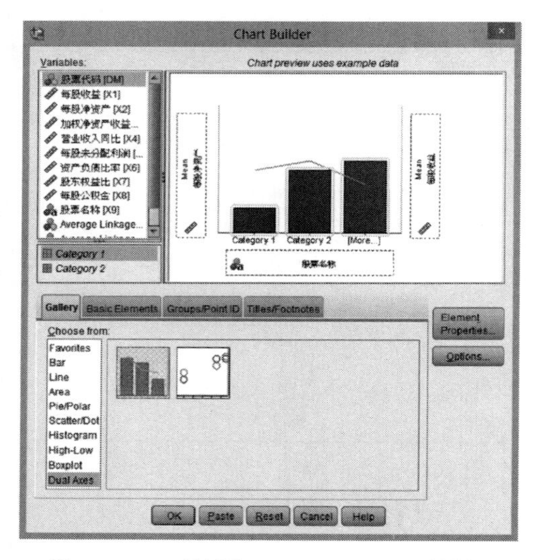

图 10.17 双轴图 Chart Builder 对话框

(2) 点击 OK 按钮得到如图 10.18 所示的双 y 轴图.

从图 10.18 中可以看出每只股票的每股净资产和每股收益的情况.

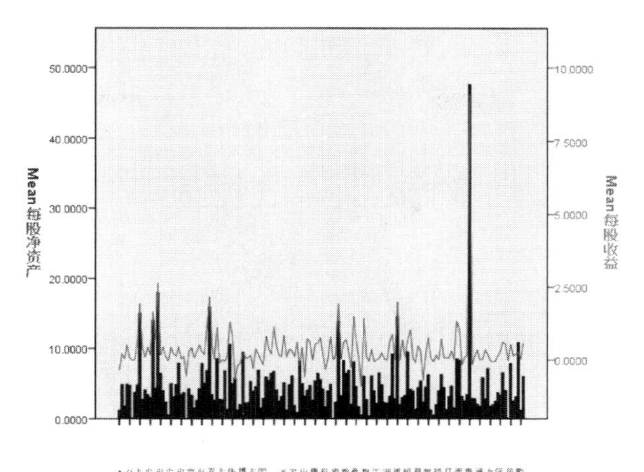

图 10.18　双 y 轴图

思考与练习

10.1　试描述对多变量进行可视化分析的方法和意义.

10.2　现有某年部分省市城镇居民家庭平均每人全年消费性支出资料如下:

(单位: 元)

地区	食品	衣着	医疗保健	交通和通信	教育文化娱乐服务	居住
上海	4102.65	750.81	602.73	1258.72	1833.79	1280.43
江苏	2566.89	587.86	493.8	686.47	971.91	715.98
浙江	3558.41	830.03	738.49	1223.95	1486.63	953.1
安徽	2238.91	558.07	318.2	502.72	536.2	487.37
福建	3104.8	576.18	348.81	867.82	898.57	878.94
江西	1979.83	480.86	264.89	465.83	664.32	573.38
山东	2051.3	790.6	444.04	638.22	931.46	551.75

利用表中数据, 用 SPSS 制作所学的 4 种多变量可视化图形.

10.3　是否还有其他图形可以体现数据特点.

附录 I 数据表

附表 1 财务指标变量

股票名称	股票代码	每股收益	每股净资产	加权净资产收益率	营业收入同比	每股未分配利润	资产负债比率	股东权益比	每股公积金
格力地产	600185	1.4360	5.9980	24.0200	−68.4000	4.9800	83.2800	16.7200	−0.6300
中国银行	601988	0.4470	3.9400	15.0200	3.0100	1.6200	92.1500	7.8500	0.4800
百隆东方	601339	0.1830	4.4300	4.1600	7.9000	1.6900	36.6200	63.3800	1.5700
济川药业	600566	0.6390	3.1740	21.3700	27.0000	1.3000	28.2600	71.7400	1.2600
天士力	600535	1.1280	6.6750	19.1600	1.8500	3.4500	50.1800	49.8200	1.6400
兰生股份	600826	1.1780	6.7990	14.3900	71.4500	2.2700	26.9600	73.0400	0.3300
重庆啤酒	600132	0.3560	2.7940	12.9400	6.4700	1.3700	65.4600	34.5400	0.0000
紫金矿业	601899	0.0780	1.2810	5.9600	50.7300	0.8100	59.9000	40.1000	0.3300
新通联	603022	0.2750	6.8510	5.5500	3.2100	2.5000	13.0000	87.0000	3.1800
华能国际	600011	0.8710	4.9060	18.4000	−7.9800	2.4400	69.5100	30.4900	0.9400
中国太保	601601	1.6590	14.0200	12.3000	16.6800	4.1000	85.7800	14.2200	7.3700
卧龙地产	600173	0.0730	2.2380	3.2900	21.8500	1.0500	63.5200	36.4800	0.0200
川投能源	600674	0.7280	3.9840	18.7600	0.5000	1.6600	24.2400	75.7600	0.9200
晨光文具	603899	0.7070	4.5000	16.8800	22.4700	1.6700	18.0900	81.9100	1.5900
农发种业	600313	0.0320	2.5790	1.2400	58.2900	0.2500	27.5100	72.4900	2.3300
光大银行	601818	0.5110	4.2100	16.8300	20.9200	1.4600	92.9700	7.0300	0.7100
福日电子	600203	0.0200	3.9690	0.5000	119.8000	−0.3400	62.1900	37.8100	2.8100
华夏银行	600015	1.3020	10.5000	12.9000	5.7700	3.9900	94.2100	5.7900	2.6900
康缘药业	600557	0.5610	5.3270	10.9800	13.3900	2.9200	35.8400	64.1600	1.0100
交运股份	600676	0.2960	4.2020	7.1500	−10.2200	1.5400	44.2800	55.7200	1.3700
中新药业	600329	0.4360	4.9280	10.7300	−1.1900	1.7600	35.3600	64.6400	1.7000
高能环境	603588	0.2720	10.8460	0.0250	39.2000	3.6500	42.2100	57.7900	5.9400
全筑股份	603030	0.1780	4.9690	4.7000	18.4400	1.6700	65.6200	34.3800	2.1300
象屿股份	600057	0.1410	3.3730	4.2900	34.3500	1.0100	78.6000	21.4000	2.7000
上汽集团	600104	1.9280	15.0380	12.9500	0.2800	7.5100	56.3700	43.6300	3.5000

续表

股票名称	股票代码	每股收益	每股净资产	加权净资产收益率	营业收入同比	每股未分配利润	资产负债比率	股东权益比	每股公积金
民丰特纸	600235	−0.0660	3.9270	−1.6600	4.8800	0.3700	45.6300	54.3700	2.3600
农业银行	601288	0.4720	3.3700	19.4100	3.3800	1.2500	93.3600	6.6400	0.3000
福成五丰	600965	0.1660	1.9500	8.7400	15.1400	0.5200	20.2300	79.7700	0.3600
中国石油	601857	0.1670	6.3900	2.6000	−25.6200	3.8500	44.7300	55.2700	0.6300
万向德农	600371	0.0370	1.7040	2.1500	0.8000	0.3800	44.6500	55.3500	0.1400
美克家居	600337	0.3140	4.5770	6.9500	4.0200	1.8800	34.4700	65.5300	1.4700
中储股份	600787	0.1850	2.9250	6.4530	−22.6100	0.8500	45.9900	54.0100	1.7800
株冶集团	600961	−0.8950	0.5180	−92.9400	−9.1000	−2.3100	95.8300	4.1700	1.6400
*ST安泰	600408	−0.3400	1.1530	−25.7100	−40.5500	−1.4300	78.0000	22.0000	1.4400
东百集团	600693	0.0940	4.0200	2.7300	−7.0100	1.3500	63.9600	36.0400	1.2800
友好集团	600778	0.1530	5.2350	2.7500	−13.6600	2.6100	71.9900	28.0100	1.3000
北方股份	600262	−0.0450	6.7540	−0.6500	−28.4500	1.3400	62.7300	37.2700	2.3800
通化东宝	600867	0.3430	2.0510	17.4500	20.3900	0.6700	31.0500	68.9500	0.1600
湘邮科技	600476	−0.0810	1.3520	−5.8200	75.3700	−0.5500	36.7100	63.2900	0.8200
国电南自	600268	−0.1580	2.8660	−5.1500	−5.5800	−0.0100	76.3600	23.6400	1.6100
中炬高新	600872	0.2120	3.0570	7.0000	4.6000	1.4700	38.4000	61.6000	0.3500
山西汾酒	600809	0.4220	4.9290	9.3800	2.2000	3.0600	29.5500	70.4500	0.2800
福耀玻璃	600660	0.7370	6.2420	14.2500	3.6000	2.4300	34.3800	65.6200	2.4800
东方航空	600115	0.4060	2.7100	16.7900	4.5700	0.4400	79.3800	20.6200	1.5100
黄山旅游	600054	0.5870	5.9690	11.2500	10.1100	3.2300	24.3300	75.6700	1.1900
春秋航空	601021	1.5030	8.0180	21.0400	13.4300	4.9100	57.7700	42.2300	1.9200
三安光电	600703	0.5680	4.7230	12.0100	3.5500	1.6700	28.4700	71.5300	3.4800
华锐风电	601558	−0.2090	1.2430	−15.4800	−78.2400	−0.7300	52.3000	47.7000	0.8800
招商银行	600036	1.9230	13.8400	19.5000	24.9500	6.7500	93.3000	6.7000	2.6800
电子城	600658	0.2970	5.2740	5.5900	−47.3000	2.7600	28.8600	71.1400	1.1700
兴业银行	601166	2.1640	15.8700	15.7500	23.6700	7.8700	94.2200	5.7800	2.6700
海天味业	603288	0.6800	2.9830	24.0000	11.6100	1.3500	17.8200	82.1800	0.4900
北京银行	601169	1.1160	8.5100	13.8800	18.6100	3.3200	93.9500	6.0500	2.0600
建设银行	601939	0.7660	5.5000	19.4500	6.6100	2.6300	92.5000	7.5000	0.5400
宁沪高速	600377	0.4900	4.0460	11.1200	−0.2600	0.3800	43.5600	56.4400	2.0700
引力传媒	603598	0.2010	4.1790	6.1600	18.0400	1.6400	32.1300	67.8700	1.4700
国药股份	600511	0.8170	5.8970	14.7600	6.1600	4.2200	50.3500	49.6500	0.0600

续表

股票名称	股票代码	每股收益	每股净资产	加权净资产收益率	营业收入同比	每股未分配利润	资产负债比率	股东权益比	每股公积金
北方创业	600967	−0.0830	2.7230	−2.9700	−49.7000	0.7300	26.0700	73.9300	0.8700
中国巨石	600176	0.6920	4.2820	17.2770	18.4500	2.2400	78.1600	21.8400	5.4500
吉林森工	600189	−0.2860	3.8690	−0.0700	19.3000	0.2000	71.6200	28.3800	2.1100
江河创建	601886	0.2440	4.7520	5.3000	−1.0300	1.6300	70.8700	29.1300	1.8800
工商银行	601398	0.6220	4.6200	18.6000	7.3800	2.1900	92.3500	7.6500	0.4300
宇通客车	600066	0.8430	5.0540	16.8300	25.3300	2.9100	55.9000	44.1000	0.5800
赤峰黄金	600988	0.1360	2.8100	6.8700	94.9900	0.4900	31.5700	68.4300	1.3100
中国平安	601318	2.6410	17.9600	15.3000	37.4200	7.5500	91.3300	8.6700	7.2100
保税科技	600794	0.0620	1.5010	4.1500	38.4900	0.4300	36.4300	63.5700	0.0300
一拖股份	601038	0.2140	4.7680	4.5700	3.7000	1.2500	59.3300	40.6700	2.1300
西部黄金	601069	0.0950	2.4960	3.9400	15.5100	0.6100	37.8800	62.1200	0.8000
东风科技	600081	0.4350	3.3880	12.8970	−8.2000	1.9900	63.8800	36.1200	0.0500
江南高纤	600527	0.0100	2.1160	0.3700	−2.8900	0.8100	4.1700	95.8300	0.1600
海欣股份	600851	0.1060	3.2680	2.7530	−1.7700	0.2000	20.4200	79.5800	0.3600
美尔雅	600107	0.0080	1.4640	0.5600	2.1600	−0.0500	53.1700	46.8300	0.4400
金山开发	600679	−0.0270	1.7310	−1.6660	−20.3300	−0.3000	35.4400	64.5600	0.7300
皖新传媒	601801	0.7560	6.1990	12.6600	15.4000	3.0100	29.5000	70.5000	1.6900
红豆股份	600400	0.0680	3.1430	3.0400	19.8400	0.7600	63.5700	36.4300	1.2300
际华集团	601718	0.2730	3.3170	8.5300	−15.9700	1.1900	48.3700	51.6300	1.1100
飞乐音响	600651	0.1990	3.1000	6.5540	90.9500	0.6200	54.9200	45.0800	1.4400
恒瑞医药	600276	0.8030	4.8080	18.0100	25.1600	3.2000	9.8600	90.1400	0.2100
浦发银行	600000	1.9920	14.4930	14.3700	21.0100	4.1900	93.7000	6.3000	3.2500
新五丰	600975	0.0270	3.1970	1.1000	8.9100	0.2100	32.4700	67.5300	1.8600
贵州茅台	600519	9.0950	47.6420	19.6900	6.5900	41.2700	20.1700	79.8300	1.0900
海南椰岛	600238	−0.0290	1.9500	−1.4800	−9.9300	0.4000	29.8500	70.1500	0.2800
中金黄金	600489	0.0280	3.3960	0.8200	39.2200	1.6300	65.5900	34.4100	0.5600
杭萧钢构	600477	0.1450	1.6650	9.4200	−1.6500	0.4300	73.1700	26.8300	0.6000
青鸟华光	600076	−0.0190	0.1040	−16.5400	−51.9200	−0.8000	71.7500	28.2500	3.6500
中电电机	603988	0.4450	7.8460	5.7400	−24.6900	2.4900	21.8300	78.1700	4.1000
兖州煤业	600188	0.2810	7.7490	3.3100	−21.6300	6.0400	68.9200	31.0800	0.1800
宝钛股份	600456	−0.2090	8.1500	−2.5260	−14.8100	1.2300	45.5500	54.4500	5.5100
通葡股份	600365	0.0050	1.7160	0.2700	379.4200	−0.6700	25.4600	74.5400	1.3700

续表

股票名称	股票代码	每股收益	每股净资产	加权净资产收益率	营业收入同比	每股未分配利润	资产负债比率	股东权益比	每股公积金
健盛集团	603558	0.2930	2.5320	12.5900	16.9100	0.9000	33.8600	66.1400	0.5600
浙江富润	600070	0.0010	2.7900	0.0400	−17.4500	0.1400	42.1200	57.8800	0.0900
浙江东方	600120	0.8850	9.1630	8.3000	−25.8800	4.6100	51.4100	48.5900	0.0800
宏图高科	600122	0.3210	6.0580	4.5870	7.5600	1.8300	55.7700	44.2300	1.8000
铜峰电子	600237	−0.0410	2.4710	−1.6490	−8.0900	−0.1400	32.1800	67.8200	1.4800
大杨创世	600233	0.2100	6.4200	3.2900	8.7700	3.7500	14.4200	85.5800	1.1000
赤天化	600227	−0.1500	2.8400	−5.1200	0.2900	0.1300	61.0800	38.9200	1.4300
升华拜克	600226	0.1290	1.2930	9.5900	−24.7200	0.3600	38.6900	61.3100	0.0600
江苏吴中	600200	0.0300	2.2490	2.0300	−9.7400	0.3500	63.5400	36.4600	0.7700
武汉控股	600168	0.3590	6.0560	6.0600	−3.4800	2.6200	42.3000	57.7000	2.1300
宝硕股份	600155	0.6010	0.8690	105.5300	−12.2200	−0.9400	42.0000	58.0000	0.7700
建发股份	600153	0.5680	6.3950	9.0600	2.7900	4.1600	76.9900	23.0100	0.9200
鹏欣资源	600490	0.0250	1.1870	2.2300	−29.4500	0.0300	22.7400	77.2600	0.1100
慧球科技	600556	0.0030	0.0080	42.2400	56.4600	−2.0100	96.7700	3.2300	0.9200
中珠控股	600568	0.1280	4.7950	2.6900	−24.5600	1.0200	44.6700	55.3300	2.6400
皖江物流	600575	0.0640	1.2490	5.2400	−83.4200	−0.6700	44.3000	55.7000	0.8700
京能电力	600578	0.4180	3.3140	12.6600	−16.2500	1.0200	49.6900	50.3100	0.7800
新澳股份	603889	0.6980	6.4570	11.3000	5.1300	2.8900	23.3300	76.6700	2.3400
金地集团	600383	0.1850	7.0630	2.6200	5.1900	4.5600	67.8200	32.1800	1.0700
彩虹股份	600707	−0.3130	1.6030	−17.7800	130.9600	−5.4700	79.0400	20.9600	5.7600
航天信息	600271	1.3330	8.4550	17.4100	7.0800	6.0100	36.1400	63.8600	0.7100
武昌鱼	600275	−0.0560	0.3760	−14.3010	46.2000	−0.9300	50.1700	49.8300	0.2600
西水股份	600291	1.0500	8.2660	12.7700	24.1200	2.7100	91.3200	8.6800	1.1400
亚星化学	600319	−0.5440	0.0170	−188.6400	−9.8800	−3.4200	98.9300	1.0700	2.2700
华菱星马	600375	−0.6660	5.7480	−10.9500	−30.7400	−0.2300	66.0100	33.9900	4.8000
宝光股份	600379	0.1050	1.8330	5.9100	−4.5400	0.6900	47.8000	52.2000	0.0300
江山股份	600389	0.0570	6.4820	0.9310	−12.3600	3.4200	56.6300	43.3700	1.0800
现代制药	600420	0.4890	4.3430	11.3700	3.9500	2.7700	63.4700	36.5300	0.2600
三元股份	600429	0.0260	3.7230	0.8310	−2.3500	−0.1800	23.7000	76.3000	2.8500
涪陵电力	600452	1.0480	4.1690	28.1200	2.5300	1.2100	42.2500	57.7500	1.7000
博通股份	600455	0.0680	2.1670	3.2100	−15.5300	−1.2800	73.9300	26.0700	2.3300
国发股份	600538	−0.0080	1.4520	−0.5800	14.3100	−0.8900	25.5500	74.4500	1.2600

续表

股票名称	股票代码	每股收益	每股净资产	加权净资产收益率	营业收入同比	每股未分配利润	资产负债比率	股东权益比	每股公积金
安徽水利	600502	0.3580	4.7470	10.2800	9.9500	2.1200	79.1100	20.8900	1.1100
风神股份	600469	0.5450	7.7950	7.1500	–18.3900	4.0700	60.5600	39.4400	2.1200
石岘纸业	600462	–0.0590	0.5420	–0.1020	0.1900	–1.7000	27.9900	72.0100	1.2000
长电科技	600584	0.1480	3.6940	3.1220	39.2000	0.8000	77.8300	22.1700	1.8600
中安消	600654	0.1250	2.3140	5.0700	44.1100	0.4200	38.3900	61.6100	0.8700
陆家嘴	600663	0.6030	6.4930	9.5600	28.1400	3.9700	69.6800	30.3200	0.0200
万鸿集团	600681	–0.0080	0.0740	–13.2300	–67.5600	–3.1100	86.7300	13.2700	1.7900
南京新百	600682	–0.1120	1.9810	–5.2100	326.5000	0.7700	90.8000	9.2000	0.0300
青岛海尔	600690	0.5600	3.9870	14.6100	–11.1400	2.4200	55.4600	44.5400	0.1300
均胜电子	600699	0.3920	5.3810	10.8200	17.2500	1.7100	57.2500	42.7500	3.2400
金瑞矿业	600714	–0.0590	1.9570	–3.3200	–15.1800	0.0500	53.1600	46.8400	0.7500
百花村	600721	–0.7030	2.2860	–26.7900	–27.8400	–1.4100	81.6400	18.3600	2.5800
山西焦化	600740	–0.5780	3.1130	–18.5800	–32.3400	–1.1300	72.8400	27.1600	2.9500
西藏旅游	600749	–0.1730	3.1550	–5.3360	–13.3800	–0.1800	53.6000	46.4000	2.3300
洲际油气	600759	0.0020	2.1550	0.1000	7.4500	0.2800	62.4000	37.6000	1.0800
星湖科技	600866	–0.2710	2.0070	–12.6600	1.6900	–0.4400	38.3100	61.6900	1.1800
万里股份	600847	0.0630	4.6780	1.3700	27.6400	–0.3900	16.2700	83.7300	4.3100
成商集团	600828	0.1380	2.2830	6.1900	–9.3700	0.9600	42.8200	57.1800	0.0500
广誉远	600771	0.0040	2.5440	0.5100	5.8800	–2.2500	35.3800	64.6200	3.6800
宁波热电	600982	0.1100	3.1580	3.5000	23.8000	0.6000	18.8200	81.1800	1.4000
渤海活塞	600960	0.0490	3.8870	1.2600	–13.7200	0.9700	28.7800	71.2200	1.7700
中房股份	600890	–0.0260	0.5200	–4.8100	–80.6300	–0.6600	21.4200	78.5800	0.0400
梅花生物	600873	0.1230	2.6650	4.6600	21.2100	0.8700	54.3400	45.6600	0.7200
郑煤机	601717	0.0280	5.8150	0.4700	–23.1500	2.3900	23.0300	76.9700	2.1500
风范股份	601700	0.1500	2.4760	6.0100	–5.5100	0.3500	25.8300	74.1700	1.0700
怡球资源	601388	0.0330	3.9190	0.8000	–18.9500	1.1200	43.2300	56.7700	2.0800
宁波港	601018	0.1740	2.4800	7.1500	37.0800	0.7400	30.2200	69.7800	0.6100
博威合金	601137	0.2470	9.4140	2.6400	3.2900	1.7400	32.6300	67.3700	6.4000
唐山港	601000	0.3700	4.4660	9.8500	–7.0000	1.6300	33.6600	66.3400	1.6400
四创电子	600990	0.2180	6.8710	3.2000	22.1900	2.4300	64.5800	35.4200	3.0500
科达股份	600986	0.0870	4.3550	6.6700	67.4200	0.3300	58.1400	41.8600	2.9000
润达医疗	603108	0.6530	9.4950	9.2600	17.7100	3.6300	42.7400	57.2600	4.6600

续表

股票名称	股票代码	每股收益	每股净资产	加权净资产收益率	营业收入同比	每股未分配利润	资产负债比率	股东权益比	每股公积金
万盛股份	603010	0.5140	4.8280	10.9700	17.4200	1.3800	16.5200	83.4800	2.4100
丰林集团	601996	0.1060	3.6550	2.9300	–5.8500	1.0000	18.8100	81.1900	1.5400
安彩高科	600207	0.0840	1.2070	7.2500	–8.1500	–3.2000	68.8900	31.1100	2.8400
新华百货	600785	0.5970	8.2150	7.5400	8.9700	5.0500	55.6000	44.4000	1.3700
北方导航	600435	0.0050	2.6670	0.1680	0.8300	0.5100	37.5900	62.4100	1.0400

附表 2 交易数据

date	open	high	close	low	volume
4–Jan–16	833	839	822	823	222522
5–Jan–16	823	830	822	829	183616
6–Jan–16	829	831	820	823	175958
7–Jan–16	822	830	821	830	211016
8–Jan–16	829	848	827	841	631398
11–Jan–16	841	850	833	834	523548
12–Jan–16	835	837	825	831	368078
13–Jan–16	831	834	828	830	193860
14–Jan–16	830	834	823	833	269898
15–Jan–16	832	840	832	836	196738
18–Jan–16	836	858	834	854	422570
19–Jan–16	855	861	850	860	295336
20–Jan–16	860	861	852	853	201092
21–Jan–16	852	860	851	857	183392
22–Jan–16	858	873	856	868	442562
25–Jan–16	868	870	851	856	280866
26–Jan–16	854	862	853	855	164560
27–Jan–16	856	865	855	862	157114
28–Jan–16	862	863	853	854	132116
29–Jan–16	855	858	846	851	195086
1–Feb–16	852	857	846	849	148128
2–Feb–16	850	851	842	850	136660
3–Feb–16	851	855	847	850	99364
4–Feb–16	850	865	849	865	134300
5–Feb–16	865	867	857	863	74488
15–Feb–16	861	871	859	868	92098
16–Feb–16	869	869	862	862	87136
17–Feb–16	862	885	860	884	273876
18–Feb–16	884	890	881	886	220512
19–Feb–16	886	897	883	889	244892
22–Feb–16	888	923	888	905	312944
23–Feb–16	905	909	892	901	226470
24–Feb–16	901	907	895	906	170128

续表

date	open	high	close	low	volume
25–Feb–16	905	924	903	914	373580
26–Feb–16	915	923	904	921	283228
29–Feb–16	922	922	907	918	234654
1–Mar–16	922	933	915	930	298444
2–Mar–16	931	933	924	929	219824
3–Mar–16	928	937	921	923	227502
4–Mar–16	923	932	921	929	224784
7–Mar–16	930	966	928	966	356532
8–Mar–16	979	1019	948	974	1615136
9–Mar–16	967	984	952	973	477926
10–Mar–16	973	996	958	959	448858
11–Mar–16	957	970	953	959	210556
14–Mar–16	956	985	954	958	323326
15–Mar–16	957	962	942	947	316010
16–Mar–16	945	953	938	945	208930
17–Mar–16	945	958	933	941	368344
18–Mar–16	941	968	938	953	569422
21–Mar–16	952	960	935	936	421148
22–Mar–16	935	941	926	928	338930
23–Mar–16	928	946	927	934	255578
24–Mar–16	934	939	916	919	334168
25–Mar–16	918	927	913	924	206274
28–Mar–16	924	929	916	916	133666
29–Mar–16	916	925	916	919	101090
30–Mar–16	919	933	918	930	149818
31–Mar–16	931	933	923	929	90506
1–Apr–16	930	939	926	930	131410
5–Apr–16	928	934	919	924	70514
6–Apr–16	924	928	919	924	60644
7–Apr–16	950	974	950	970	270314
8–Apr–16	969	972	959	966	225814
11–Apr–16	968	988	967	973	341354

续表

date	open	high	close	low	volume
12–Apr–16	975	1006	973	1004	393466
13–Apr–16	1003	1018	986	994	539890
14–Apr–16	992	999	986	997	288062
15–Apr–16	999	1027	996	998	831750
18–Apr–16	995	1015	988	1007	366578
19–Apr–16	1010	1033	1003	1021	518168
20–Apr–16	1023	1039	1013	1034	533512
21–Apr–16	1033	1068	1024	1056	581168
22–Apr–16	1056	1061	1019	1022	439478
25–Apr–16	1021	1057	1021	1034	345168
26–Apr–16	1035	1045	1004	1012	366906
27–Apr–16	1015	1017	990	999	330320
28–Apr–16	1000	1006	992	993	209252
29–Apr–16	993	1012	992	998	257268
3–May–16	1002	1002	951	961	313266
4–May–16	960	968	956	964	201322
5–May–16	966	970	955	957	192686
6–May–16	959	963	934	945	288584
9–May–16	945	966	925	933	415448
10–May–16	932	944	927	941	291512
11–May–16	941	959	941	957	288340
12–May–16	956	971	952	964	268442
13–May–16	962	981	942	957	534808
16–May–16	955	979	951	975	351982
17–May–16	976	983	963	977	316802
18–May–16	975	982	954	955	345562
19–May–16	954	962	947	957	292742
20–May–16	956	979	952	975	321394
23–May–16	975	978	932	940	417996
24–May–16	940	946	927	939	386754
25–May–16	942	946	933	941	308448
26–May–16	943	959	938	958	310228

续表

date	open	high	close	low	volume
27–May–16	957	974	948	973	397940
30–May–16	972	1000	967	1000	434574
31–May–16	1007	1034	1007	1023	586928
1–Jun–16	1024	1036	1014	1028	543358
2–Jun–16	1030	1045	1002	1009	921324
3–Jun–16	1008	1018	995	1008	812420
6–Jun–16	1011	1022	997	1018	763948
7–Jun–16	1020	1031	1013	1019	475174
8–Jun–16	1017	1025	1009	1020	292470
13–Jun–16	1018	1034	1012	1023	305778
14–Jun–16	1023	1027	1003	1009	420594
15–Jun–16	1010	1015	1002	1013	311732
16–Jun–16	1014	1019	987	988	372452
17–Jun–16	988	998	973	996	491420
20–Jun–16	996	1008	990	995	306986
21–Jun–16	995	1020	993	1018	323776
22–Jun–16	1016	1022	1009	1016	357284
23–Jun–16	1014	1025	1011	1019	408068
24–Jun–16	1019	1027	1007	1010	374134
27–Jun–16	1008	1059	1008	1051	573240
28–Jun–16	1048	1054	1037	1047	319582
29–Jun–16	1050	1052	1033	1044	353788
30–Jun–16	1043	1085	1042	1085	662712

附录 II　常用统计表

附表 1　正态分布概率表

$$F(z) = P\{|x - \overline{x}|\sigma < z\}$$

z	$F(z)$	z	$F(z)$	z	$F(z)$	z	$F(z)$
0.00	0.0000	0.35	0.2737	0.70	0.5161	1.05	0.7063
0.01	0.0080	0.36	0.2812	0.71	0.5223	1.06	0.7109
0.02	0.0160	0.37	0.2886	0.72	0.5285	1.07	0.7154
0.03	0.0239	0.38	0.2961	0.73	0.5346	1.08	0.7199
0.04	0.0319	0.39	0.3035	0.74	0.5407	1.09	0.7243
0.05	0.0399	0.40	0.3108	0.75	0.5467	1.10	0.7287
0.06	0.0478	0.41	0.3182	0.76	0.5527	1.11	0.7330
0.07	0.0558	0.42	0.3255	0.77	0.5587	1.12	0.7373
0.08	0.0638	0.43	0.3328	0.78	0.5646	1.13	0.7415
0.09	0.0717	0.44	0.3401	0.79	0.5705	1.14	0.7457
0.10	0.0797	0.45	0.3473	0.80	0.5763	1.15	0.7499
0.11	0.0876	0.46	0.3545	0.81	0.5821	1.16	0.7540
0.12	0.0955	0.47	0.3616	0.82	0.5878	1.17	0.7580
0.13	0.1034	0.48	0.3688	0.83	0.5935	1.18	0.7620
0.14	0.1113	0.49	0.3759	0.84	0.5991	1.19	0.7660
0.15	0.1192	0.50	0.3829	0.85	0.6047	1.20	0.7699
0.16	0.1271	0.51	0.3899	0.86	0.6102	1.21	0.7737
0.17	0.1350	0.52	0.3969	0.87	0.6157	1.22	0.7775
0.18	0.1428	0.53	0.4039	0.88	0.6211	1.23	0.7813
0.19	0.1507	0.54	0.4108	0.89	0.6265	1.24	0.7850
0.20	0.1585	0.55	0.4177	0.90	0.6319	1.25	0.7887
0.21	0.1663	0.56	0.4245	0.91	0.6372	1.26	0.7923
0.22	0.1741	0.57	0.4313	0.92	0.6424	1.27	0.7959
0.23	0.1819	0.58	0.4381	0.93	0.6476	1.28	0.7995
0.24	0.1897	0.59	0.4448	0.94	0.6528	1.29	0.8030

续表

z	$F(z)$	z	$F(z)$	z	$F(z)$	z	$F(z)$
0.25	0.1974	0.60	0.4515	0.95	0.6579	1.30	0.8064
0.26	0.2051	0.61	0.4581	0.96	0.6629	1.31	0.8098
0.27	0.2128	0.62	0.4647	0.97	0.6680	1.32	0.8132
0.28	0.2205	0.63	0.4713	0.98	0.6729	1.33	0.8165
0.29	0.2282	0.64	0.4778	0.99	0.6778	1.34	0.8198
0.30	0.2358	0.65	0.4843	1.00	0.6827	1.35	0.8230
0.31	0.2434	0.66	0.4907	1.01	0.6875	1.36	0.8262
0.32	0.2510	0.67	0.4971	1.02	0.6923	1.37	0.8293
0.33	0.2586	0.68	0.5035	1.03	0.6970	1.38	0.8324
0.34	0.2661	0.69	0.5098	1.04	0.7017	1.39	0.8355
1.40	0.8385	1.75	0.9199	2.20	0.9722	2.90	0.9962
1.41	0.8415	1.76	0.9216	2.22	0.9736	2.92	0.9965
1.42	0.8444	1.77	0.9233	2.24	0.9749	2.94	0.9967
1.43	0.8473	1.78	0.9249	2.26	0.9762	2.96	0.9969
1.44	0.8501	1.79	0.9265	2.28	0.9774	2.98	0.9971
1.45	0.8529	1.80	0.9281	2.30	0.9786	3.00	0.9973
1.46	0.8557	1.81	0.9297	2.32	0.9797	3.20	0.9986
1.47	0.8584	1.82	0.9312	2.34	0.9807	3.40	0.9993
1.48	0.8611	1.83	0.9328	2.36	0.9817	3.60	0.99968
1.49	0.8638	1.84	0.9342	2.38	0.9827	3.80	0.99986
1.50	0.8664	1.85	0.9357	2.40	0.9836	4.00	0.99994
1.51	0.8690	1.86	0.9371	2.42	0.9845	4.50	0.999994
1.52	0.8715	1.87	0.9385	2.44	0.9853	5.00	0.999999
1.53	0.8740	1.88	0.9399	2.46	0.9861		
1.54	0.8764	1.89	0.9412	2.48	0.9869		
1.55	0.8789	1.90	0.9426	2.50	0.9876		
1.56	0.8812	1.91	0.9439	2.52	0.9883		
1.57	0.8836	1.92	0.9451	2.54	0.9889		
1.58	0.8859	1.93	0.9464	2.56	0.9895		
1.59	0.8882	1.94	0.9476	2.58	0.9901		
1.60	0.8904	1.95	0.9488	2.60	0.9907		
1.61	0.8926	1.96	0.9500	2.62	0.9912		
1.62	0.8948	1.97	0.9512	2.64	0.9917		
1.63	0.8969	1.98	0.9523	2.66	0.9922		

续表

z	$F(z)$	z	$F(z)$	z	$F(z)$	z	$F(z)$
1.64	0.8990	1.99	0.9534	2.68	0.9926		
1.65	0.9011	2.00	0.9545	2.70	0.9931		
1.66	0.9031	2.02	0.9566	2.72	0.9935		
1.67	0.9051	2.04	0.9587	2.74	0.9939		
1.68	0.9070	2.06	0.9606	2.76	0.9942		
1.69	0.9090	2.08	0.9625	2.78	0.9946		
1.70	0.9109	2.10	0.9643	2.80	0.9949		
1.71	0.9127	2.12	0.9660	2.82	0.9952		
1.72	0.9146	2.14	0.9676	2.84	0.9955		
1.73	0.9164	2.16	0.9692	2.86	0.9958		
1.74	0.9181	2.18	0.9707	2.88	0.9960		

附表 2 t 分布临界值表

$$P\{|t(v)| > t_\alpha(v)\} = \alpha$$

单侧 双侧	$\alpha = 0.10$ $\alpha = 0.20$	0.05 0.10	0.025 0.05	0.01 0.02	0.005 0.01
$\nu =$ 1	3.078	6.314	12.706	31.821	63.657
2	1.886	2.920	4.303	6.965	9.925
3	1.638	2.353	3.182	4.541	5.841
4	1.533	2.132	2.776	3.747	4.604
5	1.476	2.015	2.571	3.365	4.032
6	1.440	1.943	2.447	3.143	3.707
7	1.415	1.895	2.365	2.998	3.499
8	1.397	1.860	2.306	2.896	2.355
9	1.383	1.833	2.262	2.821	3.250
10	1.372	1.812	2.228	2.764	3.169
11	1.363	1.796	2.201	2.718	3.106
12	1.356	1.782	2.179	2.681	3.055
13	1.350	1.771	2.160	2.650	3.012
14	1.345	1.761	2.145	2.624	2.977
15	1.341	1.753	2.131	2.602	2.947
16	1.337	1.746	2.120	2.583	2.921
17	1.333	1.740	2.110	2.567	2.898
18	1.330	1.734	2.101	2.552	2.878
19	1.328	1.729	2.093	2.539	2.861
20	1.325	1.725	2.086	2.528	2.845
21	1.323	1.721	2.080	2.518	2.831
22	1.321	1.717	2.074	2.508	2.819
23	1.319	1.714	2.069	2.500	2.807
24	1.318	1.711	2.064	2.492	2.797
25	1.316	1.708	2.060	2.485	2.787
26	1.315	1.706	2.056	2.479	2.779
27	1.314	1.703	2.052	2.473	2.771
28	1.313	1.701	2.048	2.467	2.763
29	1.311	1.699	2.045	2.462	2.756
30	1.310	1.697	2.042	2.457	2.750

续表

单侧 双侧	$\alpha = 0.10$ $\alpha = 0.20$	0.05 0.10	0.025 0.05	0.01 0.02	0.005 0.01
40	1.303	1.684	2.021	2.423	2.704
50	1.299	1.676	2.009	2.403	2.678
60	1.296	1.671	2.000	2.390	2.660
70	1.294	1.667	1.994	2.381	2.648
80	1.292	1.664	1.990	2.374	2.639
90	1.291	1.662	1.987	2.368	2.632
100	1.290	1.660	1.984	2.364	2.626
125	1.288	1.657	1.979	2.357	2.616
150	1.287	1.655	1.976	2.351	2.609
200	1.286	1.653	1.972	2.345	2.601
∞	1.282	1.645	1.960	2.326	2.576

附表 3 χ^2 分布临界值表

$$P\{\chi^2(\nu) > \chi^2_\alpha(\nu)\} = \alpha$$

ν	显著性水平 (α)												
	0.99	0.98	0.95	0.90	0.80	0.70	0.50	0.30	0.20	0.10	0.05	0.02	0.01
1	0.0002	0.0006	0.0039	0.0158	0.0642	0.148	0.455	1.074	1.642	2.706	3.841	5.412	6.635
2	0.0201	0.0404	0.103	0.211	0.446	0.713	1.386	2.403	3.219	4.605	5.991	7.824	9.210
3	0.115	0.185	0.352	0.584	1.005	1.424	2.366	3.665	4.642	6.251	7.815	9.837	11.341
4	0.297	0.429	0.711	1.064	1.649	2.195	3.357	4.878	5.989	7.779	9.488	11.668	13.277
5	0.554	0.752	1.145	1.610	2.343	3.000	4.351	6.064	7.289	9.236	11.070	13.388	15.068
6	0.872	1.134	1.635	2.204	3.070	3.828	5.348	7.231	8.558	10.645	12.592	15.033	16.812
7	1.239	1.564	2.167	2.833	3.822	4.671	6.346	8.383	9.803	12.017	14.067	16.622	18.475
8	1.646	2.032	2.733	3.490	4.594	5.527	7.344	9.524	11.030	13.362	15.507	18.168	20.090
9	2.088	2.532	3.325	4.168	5.380	6.393	8.343	10.656	12.242	14.684	16.919	19.679	21.666
10	2.558	3.059	3.940	4.865	6.179	7.267	9.342	11.781	13.442	15.987	18.307	21.161	23.209
11	3.053	3.609	4.575	5.578	6.989	8.148	10.341	12.899	14.631	17.275	19.675	22.618	24.725
12	3.571	4.178	5.226	6.304	7.807	9.304	11.340	14.011	15.812	18.549	21.026	24.054	26.217
13	4.107	4.765	5.892	7.042	8.634	9.926	12.340	15.119	16.985	19.812	22.362	25.472	27.688
14	4.660	5.368	6.571	7.790	9.467	10.821	13.339	16.222	18.151	21.064	23.685	26.873	29.141
15	5.229	5.985	7.261	8.547	10.307	11.721	14.339	17.322	19.311	22.307	24.996	28.259	30.578
16	5.812	6.614	7.962	9.312	11.152	12.624	15.338	18.413	20.465	23.542	26.296	29.633	32.000
17	6.408	7.255	8.672	10.035	12.002	13.531	16.338	19.511	21.615	24.769	27.587	30.995	33.409
18	7.015	7.906	9.390	10.865	12.857	14.440	17.338	20.601	22.760	25.989	28.869	32.346	34.805
19	7.633	8.567	10.117	11.651	13.716	15.352	18.338	21.689	23.900	27.204	30.144	33.687	36.191
20	8.260	9.237	10.851	12.443	14.578	16.266	19.337	22.775	25.038	28.412	31.410	35.020	37.566
21	8.897	9.915	11.591	13.240	15.445	17.182	20.337	23.858	26.171	29.615	32.671	36.343	38.932
22	9.542	10.600	12.338	14.041	16.314	18.101	21.337	24.939	27.301	30.813	33.924	37.659	40.289
23	10.196	11.293	13.091	14.848	17.187	19.021	22.337	26.018	28.429	32.007	35.172	37.968	41.638
24	10.856	11.992	13.848	15.659	18.062	19.943	23.337	27.096	29.553	33.196	36.415	40.270	42.980
25	11.524	12.697	14.611	16.473	18.940	20.867	24.337	28.172	30.675	34.382	37.652	41.566	44.314
26	12.198	13.409	15.379	17.292	19.820	21.792	25.336	29.246	31.795	35.563	38.885	42.856	45.642
27	12.897	14.125	16.151	18.114	20.703	22.719	26.336	30.319	32.912	36.741	40.113	44.140	46.963
28	13.565	14.847	16.928	18.930	21.588	23.647	27.336	31.391	34.027	37.916	41.337	45.419	48.278
29	14.256	15.574	17.708	19.768	22.475	24.577	28.336	32.461	35.139	39.087	42.557	46.693	49.588
30	14.593	16.306	18.493	20.599	23.364	25.508	29.336	33.530	36.250	40.256	43.773	47.962	50.892

附表 4 F 分布临界值表

$$P\{F(\nu_1,\nu_2) > F_\alpha(\nu_1,\nu_2)\} = \alpha$$

$$(\alpha = 0.05)$$

ν_2 \ ν_1	1	2	3	4	5	6	8	10	15
1	161.4	199.5	215.7	224.6	230.2	234.0	238.9	241.9	245.9
2	18.51	19.00	19.16	19.25	19.30	19.33	19.37	19.40	19.43
3	10.13	9.55	9.28	9.12	9.01	8.94	8.85	8.79	8.70
4	7.71	6.94	6.59	6.39	6.26	6.16	6.04	5.96	5.86
5	6.61	5.79	5.41	5.19	5.05	4.95	4.82	4.74	4.62
6	5.99	5.14	4.76	4.53	4.39	4.28	4.15	4.06	3.94
7	5.59	4.74	4.35	4.12	3.97	3.87	3.73	3.64	3.51
8	5.32	4.46	4.07	3.84	3.69	3.58	3.44	3.35	3.22
9	5.12	4.26	3.86	3.63	3.48	3.37	3.23	3.14	3.01
10	4.96	4.10	3.71	3.48	3.33	3.22	3.07	2.98	2.85
11	4.84	3.98	3.59	3.36	3.20	3.09	2.95	2.85	2.72
12	4.75	3.89	3.49	3.26	3.11	3.00	2.85	2.75	2.62
13	4.67	3.81	3.41	3.18	3.03	2.92	2.77	2.67	2.53
14	4.60	3.74	3.34	3.11	2.96	2.85	2.70	2.60	2.46
15	4.54	3.68	3.29	3.06	2.90	2.79	2.64	2.54	2.40
16	4.49	3.63	3.24	3.01	2.85	2.74	2.59	2.49	2.35
17	4.45	3.59	3.20	2.96	2.81	2.70	2.55	2.45	2.31
18	4.41	3.55	3.16	2.93	2.77	2.66	2.51	2.41	2.27
19	4.38	3.52	3.13	2.90	2.74	2.63	2.48	2.38	2.23
20	4.35	3.49	3.10	2.87	2.71	2.60	2.45	2.35	2.20
21	4.32	3.47	3.07	2.84	2.68	2.57	2.42	2.32	2.18
22	4.30	3.44	3.05	2.82	2.66	2.55	2.40	2.30	2.15
23	4.28	3.42	3.03	2.80	2.64	2.53	2.37	2.27	2.13
24	4.26	3.40	3.01	2.78	2.62	2.51	2.36	2.25	2.11
25	4.24	3.39	2.99	2.76	2.60	2.49	2.34	2.24	2.09
26	4.23	3.37	2.98	2.74	2.59	2.47	2.32	2.22	2.07
27	4.21	3.35	2.96	2.73	2.57	2.46	2.31	2.20	2.06
28	4.20	3.34	2.95	2.71	2.56	2.45	2.29	2.19	2.04
29	4.18	3.33	2.93	2.70	2.55	2.43	2.28	2.18	2.03
30	4.17	3.32	2.92	2.69	2.53	2.42	2.27	2.16	2.01
40	4.08	3.23	2.84	2.61	2.45	2.34	2.18	2.08	1.92
50	4.03	3.18	2.79	2.56	2.40	2.29	2.13	2.03	1.87
60	4.00	3.15	2.76	2.53	2.37	2.25	2.10	1.99	1.84
70	3.98	3.13	2.74	2.50	2.35	2.23	2.07	1.97	1.81
80	3.96	3.11	2.72	2.49	2.33	2.21	2.06	1.95	1.79
90	3.95	3.10	2.71	2.47	2.32	2.20	2.04	1.94	1.78
100	3.94	3.09	2.70	2.46	2.31	2.19	2.03	1.93	1.77
125	3.92	3.07	2.68	2.44	2.29	2.17	2.01	1.91	1.75
150	3.90	3.06	2.66	2.43	2.27	2.16	2.00	1.89	1.73
200	3.89	3.04	2.65	2.42	2.26	2.14	1.98	1.88	1.72
∞	3.84	3.00	2.60	2.37	2.21	2.10	1.94	1.83	1.67

$(\alpha = 0.01)$

ν_2 \ ν_1	1	2	3	4	5	6	8	10	15
1	4052	4999	5403	5625	5764	5859	5981	6056	6157
2	98.50	99.00	99.17	99.25	99.30	99.33	99.37	99.40	99.43
3	34.12	30.82	29.46	28.71	28.24	27.91	27.49	27.23	26.87
4	21.20	18.00	16.69	15.98	15.52	15.21	14.80	14.55	14.20
5	16.26	13.27	12.06	11.39	10.97	10.67	10.29	10.05	9.72
6	13.75	10.92	9.78	9.15	8.75	8.47	8.10	7.87	7.56
7	12.25	9.55	8.45	7.85	7.46	7.19	6.84	6.62	6.31
8	11.26	8.65	7.59	7.01	6.63	6.37	6.03	5.81	5.52
9	10.56	8.02	6.99	6.42	6.06	5.80	5.47	5.26	4.96
10	10.04	7.56	6.55	5.99	5.64	5.39	5.06	4.85	4.56
11	9.65	7.21	6.22	5.67	5.32	5.07	4.74	4.54	4.25
12	9.33	6.93	5.95	5.41	5.06	4.82	4.50	4.30	4.01
13	9.07	6.70	5.74	5.21	4.86	4.62	4.30	4.10	3.82
14	8.86	6.51	5.56	5.04	4.69	4.46	4.14	3.94	3.66
15	8.86	6.36	5.42	4.89	4.56	4.32	4.00	3.80	3.52
16	8.53	6.23	5.29	4.77	4.44	4.20	3.89	3.69	3.41
17	8.40	6.11	5.19	4.67	4.34	4.10	3.79	3.59	3.31
18	8.29	6.01	5.09	4.58	4.25	4.01	3.71	3.51	3.23
19	8.18	5.93	5.01	4.50	4.17	3.94	3.63	3.43	3.15
20	8.10	5.85	4.94	4.43	4.10	3.87	3.56	3.37	3.09
21	8.02	5.78	4.87	4.37	4.04	3.81	3.51	3.31	3.03
22	7.95	5.72	4.82	4.31	3.99	3.76	3.45	3.26	2.98
23	7.88	5.66	4.76	4.26	3.94	3.71	3.41	3.21	2.93
24	7.82	5.61	4.72	4.22	3.90	3.67	3.36	3.17	2.89
25	7.77	5.57	4.68	4.18	3.85	3.63	3.32	3.13	2.85
26	7.72	5.53	4.64	1.14	3.82	3.59	3.29	3.09	2.81
27	7.68	5.49	4.60	4.11	3.78	3.56	3.26	3.06	2.78
28	7.64	5.45	4.57	4.07	3.75	3.53	3.23	3.03	2.75
29	7.60	5.42	4.54	4.04	3.73	3.50	3.20	3.00	2.73
30	7.56	5.39	4.51	4.02	3.70	3.47	3.17	2.98	2.70
40	7.31	5.18	4.31	3.83	3.51	3.29	2.99	2.80	2.52
50	7.17	5.06	4.20	3.72	3.41	3.19	2.89	2.70	2.42
60	7.08	4.98	4.13	3.65	3.34	3.12	2.82	2.63	2.35
70	7.01	4.92	4.07	3.60	3.29	3.07	2.78	2.59	2.31
80	6.96	4.88	4.04	3.56	3.26	3.04	2.74	2.55	2.27
90	6.93	4.85	4.01	3.53	3.23	3.01	2.72	2.52	2.42
100	6.90	4.82	3.98	3.51	3.21	2.99	2.69	2.50	2.22
125	6.84	4.78	3.94	3.47	3.17	2.95	2.66	2.47	2.19
150	6.81	4.75	3.91	3.45	3.14	2.92	2.63	2.44	2.16
200	6.76	4.71	3.88	3.41	3.11	2.89	2.60	2.41	2.13
∞	6.63	4.61	3.78	3.32	3.02	2.80	2.51	2.23	2.04

参 考 文 献

方开泰. 实用多元统计分析. 上海: 华东师范大学出版社, 1989.

何晓群. 多元统计分析. 北京: 中国人民大学出版社, 2004.

胡国定, 张润楚. 多元数据分析方法: 纯代数处理. 天津: 南开大学出版社, 1989.

雷钦礼. 经济管理多元统计分析. 北京: 中国统计出版社, 2002.

黎自任. 经济多元分析. 北京: 中国统计出版社, 1995.

林海明. 如何用 SPSS 软件一步算出主成分得分值. 统计信息与论坛. 2007 (9).

林海明, 杜子芳. 主成分分析综合评价应该注意的问题. 统计研究. 2013(8).

王学仁, 王松桂. 实用多元统计分析. 上海: 上海科学技术出版社, 1990.

于秀林, 任雪松. 多元统计分析. 北京: 中国统计出版社, 2002.

张润楚. 多元统计分析. 北京: 科学出版社, 2006.

张尧庭, 方开泰. 多元统计分析引论. 北京: 科学出版社, 1982.

朱建平. 数据挖掘中的统计方法及实践. 北京: 中国统计出版社, 2005.

朱建平. 应用多元统计分析. 3版. 北京: 科学出版社, 2015.

朱建平. 高级计量经济学导论. 北京: 北京大学出版社, 2009.

朱建平, 贵军, 晓葳. 数据时代下数据分析理念的辨析. 统计研究, 2014(2).

Johnson R A, Wichern D W. Applied Multivariate Statistical Analysis. 4th Ed. Prentice-Hall, 1998.

Lattin J M,Carroll J D, Green P E. Analyzing Multivariate Data. 北京: 机械工业出版社, 2003.